高等职业教育云计算系列规划教材

云开发技术应用（Python）

李　力　李清莲　主　编
郎登何　左　岑　李　萍　副主编

电子工业出版社

Publishing House of Electronics Industry
北京·BEIJING

内 容 简 介

本书共 14 个项目，从 Python 语言的起源、发展前景和优缺点开始，介绍了 Python 的安装和配置、数据类型及运算符、流程控制、序列和字典、文件处理、函数等，内容由浅入深，循序渐进，逐步引入高级话题，包括面向对象编程、模块和包、异常处理、图形用户界面编程、数据库、网络编程、多线程和多进程编程、Web 开发等。

本书内容精练全面、编排合理，适合作为高职高专计算机类教材或教学参考书，也可作为应用型本科相关专业教材，还可以作为软件开发技术人员的参考书和各类程序开发培训机构的培训资料。

未经许可，不得以任何方式复制或抄袭本书之部分或全部内容。
版权所有，侵权必究。

图书在版编目（CIP）数据

云开发技术应用：Python／李力，李清莲主编. —北京：电子工业出版社，2018.9
高等职业教育云计算系列规划教材
ISBN 978-7-121-34417-6

Ⅰ．①云… Ⅱ．①李… ②李… Ⅲ．①软件工具－程序设计－高等职业教育－教材 Ⅳ．①TP311.561

中国版本图书馆 CIP 数据核字（2018）第 124238 号

策划编辑：徐建军（xujj@phei.com.cn）
责任编辑：韩玉宏
印　　刷：北京虎彩文化传播有限公司
装　　订：北京虎彩文化传播有限公司
出版发行：电子工业出版社
　　　　　北京市海淀区万寿路 173 信箱　邮编 100036
开　　本：787×1 092　1/16　印张：18.25　字数：467.2 千字
版　　次：2018 年 9 月第 1 版
印　　次：2018 年 9 月第 1 次印刷
定　　价：42.00 元

凡所购买电子工业出版社图书有缺损问题，请向购买书店调换。若书店售缺，请与本社发行部联系，联系及邮购电话：（010）88254888，88258888。

质量投诉请发邮件至 zlts@phei.com.cn，盗版侵权举报请发邮件至 dbqq@phei.com.cn。
本书咨询联系方式：（010）88254570。

前言 Preface

Python 是目前较流行的编程语言之一，它是开源的，并且有极其活跃的社区，拥有许多强大的模块及第三方库，并且许多有用的"轮子"仍然被不断地发明出来。这些"轮子"能胜任许多不同领域的开发工作，包括但不限于通用应用程序、服务器运维、自动化插件、网站、软件即服务（SaaS）产品、网络爬虫、数值分析、科学计算、人工智能等。Python 也是一门非常易学的语言，学习成本较低，见效快。另外，Python 的开发效率也非常高，能够让开发者在极短的时间内实现一个产品原型，从而抢占商机。

Python 在云计算、大数据和网络编程等领域有着极为广泛的应用，像 OpenStack 这样优秀的云平台就是由 Python 实现的，许多平台即服务（PaaS）产品都支持 Python 作为开发语言。近年来，随着 AlphaGo 几番战胜人类顶级棋手，深度学习为人工智能指明了方向。Python 语言简单针对深度学习的算法，以及独特的深度学习框架，将在人工智能领域编程语言中占重要地位。学习 Python，无论是对将来就业，还是对个人长远的发展，都是非常有利的。

和 Python 目前火热的应用现状和良好的发展前景相对照，国内的高职高专院校欠缺优秀的教学资源，这也是我们编写本书的原因。本书从 Python 基本知识开始，介绍 Python 语法特性和编程基础，由浅入深，逐步过渡到 Python 开发的高级话题。本书共 14 个项目，分别讲述了 Python 的安装和配置、数据类型及运算符、流程控制、序列和字典、文件处理、函数及函数式编程、面向对象编程、模块和包、异常处理、图形用户界面编程、数据库、网络编程、多线程和多进程编程、Web 开发。在内容结构上，本书兼顾了传统教材的全面和任务驱动式教材的高效，适合高职高专和应用型本科院校的教学。

本书由重庆电子工程职业学院计算机学院的教师和中国电子科技集团公司第五十五研究所的专家共同策划并组织编写。本书由重庆电子工程职业学院的李力、李清莲担任主编，由郎登何、左岑、李萍担任副主编。在编写过程中，武春岭教授热情相助，提出了宝贵意见，在此表示衷心感谢。

为了方便教师教学，本书配有电子教学课件，请需要的教师登录华信教育资源网（www.hxedu.com.cn）注册后免费下载，如有问题可在网站留言板留言或与电子工业出版社联系（E-mail：hxedu@phei.com.cn）。

虽然我们精心组织，认真编写，但疏漏之处在所难免，同时，由于编者水平有限，书中也存在诸多不足之处，恳请广大读者给予批评和指正，以便在今后的修订中不断改进。

编 者

目 录
Contents

项目 1　Python 语言概述及安装、配置 ·· (1)
 1.1　任务 1　认识 Python 语言 ··· (1)
  1.1.1　Python 的起源和发展前景 ·· (1)
  1.1.2　Python 的优缺点 ··· (2)
  1.1.3　Python 与云计算 ··· (5)
 1.2　任务 2　下载和安装 Python ··· (6)
  1.2.1　Python 版本差异 ·· (6)
  1.2.2　Python 虚拟机简介 ·· (6)
  1.2.3　下载 Python ··· (7)
  1.2.4　在 Windows 环境下安装 Python ·· (8)
  1.2.5　在 Windows 下配置 Python 环境 ··· (8)
  1.2.6　在 Linux/UNIX 下使用 Python 源代码安装 Python ······················ (9)
 1.3　任务 3　使用开发工具 ··· (11)
  1.3.1　使用交互式解释器 ·· (11)
  1.3.2　使用文本编辑器 ·· (11)
  1.3.3　使用集成开发环境 ·· (12)
  1.3.4　使用 Python 增强工具 ·· (12)
 1.4　任务 4　获取帮助和查看文档 ··· (13)
  1.4.1　查看特定对象的可用操作 ·· (13)
  1.4.2　文档字符串 ·· (14)
  1.4.3　使用帮助函数 ·· (14)
  1.4.4　使用文档 ·· (14)
 1.5　小结 ··· (14)
 1.6　习题 ··· (15)

项目 2　数据类型、运算符和用户交互 ·· (16)
 2.1　任务 1　掌握 Python 数据类型 ··· (16)
  2.1.1　基本数据类型 ·· (16)

    2.1.2 容器数据类型 ………………………………………………………………… (17)
  2.2 任务 2 掌握运算符及其优先级 …………………………………………………………… (18)
    2.2.1 运算符 ……………………………………………………………………… (18)
    2.2.2 运算符的优先级 …………………………………………………………… (21)
  2.3 任务 3 了解 Python 代码的规范性要求 ……………………………………………… (21)
    2.3.1 合法的变量名 ……………………………………………………………… (22)
    2.3.2 转义字符 …………………………………………………………………… (22)
    2.3.3 编写注释 …………………………………………………………………… (23)
    2.3.4 单行多语句与单句跨行 …………………………………………………… (23)
  2.4 任务 4 程序设计：手机屏幕 PPI 测算器 …………………………………………… (24)
    2.4.1 程序功能设计与分析 ……………………………………………………… (24)
    2.4.2 数学运算与 math 模块 …………………………………………………… (24)
  2.5 任务 5 初步了解 Python 中的对象和工厂函数 ……………………………………… (25)
    2.5.1 不可变对象 ………………………………………………………………… (25)
    2.5.2 可变对象 …………………………………………………………………… (26)
    2.5.3 工厂函数 …………………………………………………………………… (26)
  2.6 任务 6 了解 Python 程序的交互方法 …………………………………………………… (26)
    2.6.1 input()函数 ………………………………………………………………… (26)
    2.6.2 raw_input()函数 ………………………………………………………… (27)
    2.6.3 print 语句的特性 ………………………………………………………… (27)
    2.6.4 格式化输出 ………………………………………………………………… (28)
    2.6.5 任务：输出员工信息表 …………………………………………………… (29)
  2.7 小结 …………………………………………………………………………………… (30)
  2.8 习题 …………………………………………………………………………………… (30)
项目 3 流程控制 ……………………………………………………………………………… (31)
  3.1 任务 1 了解语句块和程序流程图 …………………………………………………… (31)
    3.1.1 语句块与缩进 ……………………………………………………………… (31)
    3.1.2 程序流程图 ………………………………………………………………… (32)
  3.2 任务 2 掌握分支结构 …………………………………………………………………… (32)
    3.2.1 单条件分支结构 …………………………………………………………… (33)
    3.2.2 多条件分支结构 …………………………………………………………… (33)
    3.2.3 嵌套的分支结构 …………………………………………………………… (34)
    3.2.4 单句多条件和短路逻辑 …………………………………………………… (36)
    3.2.5 多个 if 语句块 ……………………………………………………………… (36)
    3.2.6 if 语句的三目运算形式 …………………………………………………… (37)
  3.3 任务 3 掌握循环结构 …………………………………………………………………… (37)
    3.3.1 while 语句 ………………………………………………………………… (37)
    3.3.2 break 语句 ………………………………………………………………… (39)
    3.3.3 continue 语句 ……………………………………………………………… (40)
    3.3.4 循环结构中的 else 语句 …………………………………………………… (40)

		3.3.5 pass 语句	(41)
3.4	任务 4	掌握高级循环：for 循环、推导式及生成器	(42)
		3.4.1 for 循环	(42)
		3.4.2 列表推导式	(43)
		3.4.3 生成器	(44)
3.5	小结		(46)
3.6	习题		(46)

项目 4　容器数据类型：序列、映射和集合 (47)

4.1	任务 1	了解序列类型	(47)
	4.1.1	容器数据类型简介	(47)
	4.1.2	列表和元祖	(48)
	4.1.3	序列的索引和切片操作	(48)
	4.1.4	列表常用方法	(50)
	4.1.5	列表和数据结构	(50)
	4.1.6	可变对象的复制	(51)
	4.1.7	元组	(53)
	4.1.8	序列类型变量的创建	(54)
4.2	任务 2	了解字符串	(54)
	4.2.1	字符串简介	(54)
	4.2.2	字符串常用方法	(55)
	4.2.3	方法和函数的连续调用	(56)
4.3	任务 3	了解字符编码	(57)
	4.3.1	Python 代码中的编码	(57)
	4.3.2	外部数据编码	(58)
4.4	任务 4	了解字典	(58)
	4.4.1	字典简介	(58)
	4.4.2	字典的创建和访问	(59)
	4.4.3	键必须是可哈希的	(60)
	4.4.4	字典相关方法	(61)
	4.4.5	子任务：员工信息系统	(61)
4.5	任务 5	了解集合	(63)
	4.5.1	集合简介	(63)
	4.5.2	可变集合和不可变集合	(64)
4.6	小结		(65)
4.7	习题		(65)

项目 5　文件操作及系统交互 (66)

5.1	任务 1	认识文件对象	(66)
	5.1.1	文件的打开	(66)
	5.1.2	文件的读取	(67)
	5.1.3	文件指针操作	(68)

5.1.4　文件的写入 ………………………………………………………………………（68）
　　5.1.5　文件和编码 ………………………………………………………………………（69）
　　5.1.6　文件的缓冲 ………………………………………………………………………（69）
5.2　任务 2　掌握文件和目录的管理 ………………………………………………………（71）
　　5.2.1　文件的复制 ………………………………………………………………………（71）
　　5.2.2　文件的删除 ………………………………………………………………………（71）
　　5.2.3　文件的属性获取 …………………………………………………………………（72）
　　5.2.4　文件的重命名 ……………………………………………………………………（74）
　　5.2.5　目录的创建 ………………………………………………………………………（74）
　　5.2.6　目录的删除 ………………………………………………………………………（75）
　　5.2.7　显示和改变当前目录 ……………………………………………………………（76）
　　5.2.8　运行系统命令 ……………………………………………………………………（76）
　　5.2.9　带有参数的源代码脚本执行方式 ………………………………………………（77）
　　5.2.10　子任务：文本替换程序 …………………………………………………………（77）
5.3　任务 3　掌握时间和日期的处理 ………………………………………………………（78）
　　5.3.1　时间戳及时间元组 ………………………………………………………………（78）
　　5.3.2　格式化时间和日期 ………………………………………………………………（79）
　　5.3.3　程序运行时间控制 ………………………………………………………………（80）
　　5.3.4　日期的置换 ………………………………………………………………………（80）
　　5.3.5　日期和时间的差值计算 …………………………………………………………（81）
5.4　任务 4　了解序列化 ……………………………………………………………………（82）
　　5.4.1　序列化和反序列化 ………………………………………………………………（82）
　　5.4.2　JSON 和 JSON 化 ………………………………………………………………（83）
5.5　任务 5　基于文件存储的用户账户登录功能 …………………………………………（83）
　　5.5.1　程序功能设计 ……………………………………………………………………（84）
　　5.5.2　程序实现 …………………………………………………………………………（84）
5.6　小结 ………………………………………………………………………………………（86）
5.7　习题 ………………………………………………………………………………………（86）

项目 6　函数 …………………………………………………………………………………（87）

6.1　任务 1　掌握函数的定义和调用 ………………………………………………………（87）
　　6.1.1　函数的定义和调用 ………………………………………………………………（87）
　　6.1.2　函数对象赋值 ……………………………………………………………………（89）
　　6.1.3　位置参数 …………………………………………………………………………（89）
　　6.1.4　关键字参数 ………………………………………………………………………（90）
　　6.1.5　默认参数 …………………………………………………………………………（90）
　　6.1.6　可变参数和关键字收集器 ………………………………………………………（92）
　　6.1.7　参数组 ……………………………………………………………………………（93）
6.2　任务 2　了解函数的高级特性和功能 …………………………………………………（93）
　　6.2.1　作用域和名称空间 ………………………………………………………………（93）
　　6.2.2　在函数中操作全局变量 …………………………………………………………（95）

		6.2.3 匿名函数……………………………………………………………………(95)
		6.2.4 用函数实现生成器……………………………………………………………(96)
		6.2.5 子任务：重新实现 file.xreadlines()…………………………………………(97)
		6.2.6 递归函数……………………………………………………………………(97)
		6.2.7 函数闭包……………………………………………………………………(99)
		6.2.8 装饰器………………………………………………………………………(99)
	6.3 任务 3 认识函数式编程……………………………………………………………(101)
		6.3.1 什么是函数式编程……………………………………………………………(101)
		6.3.2 map()…………………………………………………………………………(102)
		6.3.3 reduce()………………………………………………………………………(103)
		6.3.4 filter()…………………………………………………………………………(104)
		6.3.5 sorted()………………………………………………………………………(105)
		6.3.6 其他相关函数…………………………………………………………………(106)
	6.4 小结……………………………………………………………………………………(106)
	6.5 习题……………………………………………………………………………………(107)
项目 7 面向对象编程………………………………………………………………………(108)
	7.1 任务 1 了解什么是面向对象编程……………………………………………………(108)
		7.1.1 面向对象思想…………………………………………………………………(108)
		7.1.2 对象和类………………………………………………………………………(109)
		7.1.3 封装……………………………………………………………………………(109)
	7.2 任务 2 掌握类和实例的语法规则……………………………………………………(110)
		7.2.1 类和对象的创建………………………………………………………………(110)
		7.2.2 类的构造方法…………………………………………………………………(110)
		7.2.3 类方法及 self 参数……………………………………………………………(111)
		7.2.4 类和对象的属性………………………………………………………………(111)
		7.2.5 为实例添加属性和方法………………………………………………………(111)
		7.2.6 静态方法………………………………………………………………………(112)
		7.2.7 静态属性………………………………………………………………………(114)
		7.2.8 私有字段………………………………………………………………………(114)
		7.2.9 私有方法………………………………………………………………………(115)
		7.2.10 嵌套类…………………………………………………………………………(116)
		7.2.11 对象的销毁与回收……………………………………………………………(117)
	7.3 任务 3 掌握类的继承和派生…………………………………………………………(117)
		7.3.1 父类和子类……………………………………………………………………(118)
		7.3.2 继承……………………………………………………………………………(118)
		7.3.3 覆盖方法………………………………………………………………………(119)
		7.3.4 多重继承………………………………………………………………………(119)
		7.3.5 钻石问题………………………………………………………………………(120)
		7.3.6 新式类…………………………………………………………………………(121)
	7.4 任务 4 了解类的其他特性和功能……………………………………………………(123)

		7.4.1 抽象类和抽象方法	(124)

        7.4.1 抽象类和抽象方法 (124)
        7.4.2 动态定义类 (124)
        7.4.3 运算符重载 (125)
  7.5 小结 (126)
  7.6 习题 (127)

项目 8 模块和程序打包 (128)

  8.1 任务 1 熟悉模块的概念和用法 (128)
        8.1.1 定义模块 (128)
        8.1.2 导入模块 (129)
        8.1.3 导入和加载 (129)
        8.1.4 模块文件和关键变量 (129)
        8.1.5 模块的别名 (130)
        8.1.6 反射 (131)
  8.2 任务 2 熟悉包的概念和用法 (132)
        8.2.1 如何使用包 (132)
        8.2.2 搜索路径与环境变量 (133)
        8.2.3 名称空间 (133)
  8.3 任务 3 熟悉标准库的查询和帮助 (134)
        8.3.1 模块的查询 (134)
        8.3.2 源代码的查询 (134)
  8.4 任务 4 了解标准库常用的包和模块 (135)
        8.4.1 Python 增强 (135)
        8.4.2 系统互动 (136)
        8.4.3 网络 (136)
  8.5 任务 5 模块化程序设计：用户账户登录（总体设计） (137)
        8.5.1 设计目标 (137)
        8.5.2 程序结构 (137)
  8.6 任务 6 模块：验证码生成和校验（实现） (138)
        8.6.1 什么是验证码 (138)
        8.6.2 随机数：random 模块 (139)
        8.6.3 验证码功能的实现 (139)
  8.7 任务 7 模块：创建新账户（实现） (140)
        8.7.1 创建新账户的关键步骤 (140)
        8.7.2 输入字符时遮盖内容 (140)
        8.7.3 信息加密：hashlib 模块 (141)
        8.7.4 创建新账户的实现 (142)
  8.8 任务 8 模块：账户锁定和密码核对（实现） (143)
        8.8.1 为什么要锁定账户 (143)
        8.8.2 锁定账户的实现 (144)
        8.8.3 密码核对模块的实现 (145)

8.9 任务9 模块：用户登录系统主程序（实现） ·· (146)
    8.9.1 用户登录过程中的关键步骤 ·· (146)
    8.9.2 主程序的实现 ··· (146)
8.10 任务10 程序打包和部署 ··· (148)
    8.10.1 使用 dinstutils 打包 ·· (148)
    8.10.2 使用 Pyinstaller 创建可执行文件 ······································ (149)
8.11 小结 ··· (150)
8.12 习题 ··· (151)

项目9 异常处理 ··· (152)
9.1 任务1 了解什么是异常 ··· (152)
    9.1.1 异常和错误 ·· (152)
    9.1.2 为什么要使用异常处理机制 ·· (153)
9.2 任务2 掌握异常的检测和处理 ··· (153)
    9.2.1 常见的异常类型 ·· (153)
    9.2.2 处理异常 ··· (154)
    9.2.3 else 子句 ·· (155)
    9.2.4 处理多个异常 ··· (156)
    9.2.5 在单 except 语句里处理多个异常 ······································· (157)
    9.2.6 获取异常发生的原因 ·· (157)
    9.2.7 捕获所有异常 ··· (158)
    9.2.8 finally 子句 ··· (159)
    9.2.9 单独的 try-finally 语句 ··· (159)
9.3 任务3 掌握处理异常的其他方法 ·· (160)
    9.3.1 主动触发异常：raise 语句 ·· (160)
    9.3.2 封装内建函数 ··· (160)
    9.3.3 自定义异常处理方法 ·· (161)
    9.3.4 上下文管理：with 语句 ·· (163)
    9.3.5 断言：assert 语句 ··· (163)
    9.3.6 回溯最近发生的异常 ·· (164)
9.4 小结 ·· (164)
9.5 习题 ·· (165)

项目10 图形用户界面编程 ·· (166)
10.1 任务1 了解 Python GUI 编程的基本概念 ··································· (166)
    10.1.1 常用的 Python GUI 工具介绍 ··· (166)
    10.1.2 wxPython 的安装 ··· (167)
    10.1.3 关于帮助 ··· (167)
    10.1.4 GUI 程序设计的一般流程 ·· (168)
10.2 任务2 掌握 GUI 框架的设计 ·· (169)
    10.2.1 使用 wx.Frame 创建框架 ·· (169)
    10.2.2 理解应用程序对象的生命周期 ··· (170)

            10.2.3　如何管理 wxPython 对象的 ID ··· (170)
            10.2.4　wx.Point 和 wx.Size ··· (171)
            10.2.5　创建窗口面板 ··· (171)
            10.2.6　Frame 的样式设置 ·· (172)
      10.3　任务 3　掌握基本组件的使用 ··· (173)
            10.3.1　静态文本框 ·· (173)
            10.3.2　文本样式设置 ··· (174)
            10.3.3　图片显示 ··· (175)
            10.3.4　文本框 ·· (176)
            10.3.5　按钮和事件驱动 ·· (177)
            10.3.6　对话框 ·· (179)
            10.3.7　菜单栏、工具栏和状态栏 ·· (183)
            10.3.8　子任务：编写一个文本编辑器 ·· (185)
      10.4　任务 4　了解组件的高级应用 ··· (190)
            10.4.1　单选按钮 ··· (190)
            10.4.2　复选框 ·· (191)
            10.4.3　列表框、下拉框和组合框 ·· (192)
            10.4.4　树形控件 ··· (194)
            10.4.5　窗口滚动条 ·· (195)
            10.4.6　滑块 ·· (196)
            10.4.7　微调控制器 ·· (197)
            10.4.8　进度条 ·· (198)
            10.4.9　布局管理器 ·· (199)
      10.5　小结 ·· (201)
      10.6　习题 ·· (201)
项目 11　与数据库交互 ·· (202)
      11.1　任务 1　了解数据库的概念 ·· (202)
            11.1.1　关系型数据库 ··· (202)
            11.1.2　结构化查询语言 ·· (203)
            11.1.3　PythonDB-API ·· (204)
            11.1.4　数据库的选择 ··· (205)
      11.2　任务 2　熟悉在 Python 中操作 SQLite ·· (205)
            11.2.1　SQLite 简介 ·· (205)
            11.2.2　SQLite 的安装和配置 ··· (206)
            11.2.3　sqlite3 模块的使用 ··· (206)
            11.2.4　SQLite 基础应用：用户账户信息 ··· (207)
      11.3　任务 3　熟悉在 Python 中操作 MySQL ··· (209)
            11.3.1　MySQL 简介 ··· (209)
            11.3.2　获取和安装 MySQL ··· (210)
            11.3.3　MySQL 编码设置 ·· (211)

11.3.4	常见问题	(212)
11.3.5	Python 中的 MySQL 驱动	(213)
11.3.6	mysqlclient 的基本使用	(214)
11.3.7	使用 exceutemany()方法批量插入数据	(215)
11.3.8	导入海量数据	(216)
11.3.9	mysql-connector-python 的使用	(217)
11.4	小结	(218)
11.5	习题	(219)

项目 12 网络编程 (220)

- 12.1 任务 1 了解网络编程基本知识 (220)
  - 12.1.1 计算机网络层次结构 (220)
  - 12.1.2 C/S 模型 (221)
  - 12.1.3 套接字 (222)
  - 12.1.4 面向连接通信与无连接通信 (222)
- 12.2 任务 2 掌握基于套接字的网络编程 (223)
  - 12.2.1 socket 模块及其对象 (223)
  - 12.2.2 创建 TCP 服务器 (224)
  - 12.2.3 创建 TCP 客户端 (225)
  - 12.2.4 创建 UDP 服务器/客户端 (226)
- 12.3 任务 3 掌握服务器多并发功能的实现 (227)
  - 12.3.1 SocketServer 模块 (227)
  - 12.3.2 创建支持多并发的服务器端 (228)
  - 12.3.3 通过 SocketServer 传输文件 (230)
- 12.4 小结 (232)
- 12.5 习题 (232)

项目 13 多线程和多进程 (233)

- 13.1 任务 1 了解进程和线程的概念 (233)
  - 13.1.1 多道程序设计和对称多处理 (233)
  - 13.1.2 进程 (234)
  - 13.1.3 线程 (235)
- 13.2 任务 2 掌握 Python 中的多线程编程 (236)
  - 13.2.1 thread 模块与多线程示例 (236)
  - 13.2.2 thread 中的线程锁 (237)
  - 13.2.3 threading 模块 (239)
  - 13.2.4 Thread 类 (239)
  - 13.2.5 守护线程 (240)
  - 13.2.6 抢占和释放 CPU (240)
- 13.3 任务 3 了解多线程有关的高级话题 (241)
  - 13.3.1 线程与队列 (241)
  - 13.3.2 生产者-消费者问题 (242)

13.3.3　线程锁、临界资源和互斥 …… (243)
　　13.3.4　死锁 …… (245)
　　13.3.5　信号量 …… (246)
　　13.3.6　全局解释器锁 …… (247)
13.4　任务 4　掌握 Python 中的多进程编程 …… (248)
　　13.4.1　multiprocessing 模块 …… (248)
　　13.4.2　Process 类 …… (249)
　　13.4.3　跨进程全局队列 …… (250)
　　13.4.4　Value 类和 Array 类 …… (251)
　　13.4.5　Manager 类 …… (252)
　　13.4.6　进程池 …… (253)
　　13.4.7　异步和同步 …… (253)
　　13.4.8　再论多进程和多线程 …… (255)
13.5　小结 …… (255)
13.6　习题 …… (256)

项目 14　Web 开发 …… (257)

14.1　任务 1　了解 Web 基本知识 …… (257)
　　14.1.1　B/S 架构 …… (257)
　　14.1.2　网页与 HTML …… (258)
　　14.1.3　URL …… (259)
14.2　任务 2　认识 Python 中的 Web 开发工具 …… (260)
　　14.2.1　用于 Web 开发的著名框架 …… (260)
　　14.2.2　Django 简介 …… (260)
　　14.2.3　MVC 和 MTV 开发模式 …… (261)
　　14.2.4　Django 的安装 …… (262)
14.3　任务 3　使用 Django 开发一个 Blog …… (262)
　　14.3.1　创建项目 …… (262)
　　14.3.2　内置的 Web 开发服务器 …… (263)
　　14.3.3　允许远程访问 Web 服务器 …… (264)
　　14.3.4　创建 Blog 应用 …… (265)
　　14.3.5　设计 Model …… (265)
　　14.3.6　设置数据库 …… (266)
　　14.3.7　设置 admin 应用 …… (267)
　　14.3.8　建立页面 …… (271)
　　14.3.9　其他工作 …… (273)
14.4　小结 …… (274)
14.5　习题 …… (275)

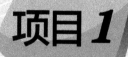

Python 语言概述及安装、配置

本项目首先初步介绍 Python 语言,包括它的起源、发展前景和优缺点,帮助读者对 Python 有一个初步的认识;然后介绍在不同系统下如何下载和安装 Python,并使用不同的方法进行 Python 的编程练习;最后对如何规范代码和如何使用帮助和文档进行说明。

1.1 任务 1 认识 Python 语言

Python 是一门近年来流行的编程语言,读者可能会有诸多疑问:Python 有什么与众不同的地方?学习它之后我们能干什么?等等。本节致力于回答这些问题。当然,完整地学习本书之后,读者一定会对答案有更深刻的认识。

1.1.1 Python 的起源和发展前景

Python 是由荷兰人吉多·罗萨姆于 1989 年发布的。作为 Monty Python 飞行马戏团的狂热爱好者,吉多·罗萨姆选择了 Python 作为这门语言的名字。Python 的第一个公开发行版发行于 1991 年。

Python 的官方定义(https://www.python.org):Python 是一种解释型的、面向对象的、带有动态语义的高级程序设计语言。通俗来讲,Python 是一种少有的、既简单又功能强大的编程语言,它注重的是如何解决问题而不是编程语言的语法和结构。

根据 TIOBE 排行榜(https://www.tiobe.com/tiobe-index),Python 的使用率从 2001 年后呈线性增长。2018 年 9 月,Python 在 TIOBE 排行榜的排名是第三,如图 1-1 所示。TIOBE 排行榜每月更新一次,依据的指数由世界范围内的资深软件工程师和第三方供应商提供,其结果作为当前业内程序开发语言的流行使用程度的有效指标。现在全世界差不多有 600 多种编程语言,但流行的编程语言也就二十多种。在 TIOBE 排行榜能跻身前三,这在一定程度上说明该编程语言的实用性与强大性,更关键的是该语言与当今 IT 发展的契合度。

Sep 2018	Sep 2017	Change	Programming Language	Ratings	Change
1	1		Java	17.436%	+4.75%
2	2		C	15.447%	+8.06%
3	5	∧	Python	7.653%	+4.67%
4	3	∨	C++	7.394%	+1.83%
5	8	∧	Visual Basic .NET	5.308%	+3.33%
6	4	∨	C#	3.295%	-1.48%
7	6	∨	PHP	2.775%	+0.57%
8	7	∨	JavaScript	2.131%	+0.11%
9	-	∧	SQL	2.062%	+2.06%
10	18	∧	Objective-C	1.509%	+0.00%
11	12	∧	Delphi/Object Pascal	1.292%	-0.49%
12	10	∨	Ruby	1.291%	-0.64%
13	16	∧	MATLAB	1.276%	-0.35%
14	9	∧	Assembly language	1.232%	-0.41%
15	13	∨	Swift	1.223%	-0.54%

图 1-1 TIOBE 排行榜

(https://www.tiobe.com/tiobe-index)

Python 的应用非常广泛，很多公司都在使用 Python。例如：Google 用它实现网络爬虫（一种按照一定的规则，自动地抓取万维网信息的程序或者脚本）和搜索引擎中的很多组件；Intel、Cisco、IBM 等知名企业使用 Python 进行硬件测试；许多大型网站就是用 Python 开发的，如国外知名的 YouTube、Instagram，以及国内的豆瓣、知乎等；微信公众号也支持 Python 语言；经济市场预测领域、高科技含量领域等都有 Python 语言的身影及 NASA（美国航空航天局）也大量地使用 Python，不仅用于主程序开发，也用做脚本语言。

Python 在科学计算领域也有着重要地位，Python 在科学计算库方面有着近乎完美的生态系统，集成了用 C 与 Fortran 写的经过高度优化的代码而显示出的极佳性能等优势，这些优势使其在科学计算中有优秀的表现。在日渐火热的人工智能领域，Python 也是崭露头角。例如，对于深度学习，在 Python 下有许多知名的第三方库：TensorFlow、Theano、Keras、PyTorch 等。你只要有相关的背景知识，加上 Python 基本语法，就能做深度学习的相关应用。

学习 Python 以后的发展也是多元化的，你可以持续发展成为 Python 开发工程师、自动化开发工程师、前端开发工程师、运维工程师、大数据分析和数据挖掘工程师、数据研发工程师等。可以说，Python 带来无限可能。

1.1.2 Python 的优缺点

首先需要指出的是 Python 也有我们熟悉的东西。类似于其他通用编程语言，Python 同样有语句、表达式、操作符、函数、模块、方法和类。另外，Python 还有许多优势，这些优势让 Python 大放异彩。

1. Python 的优点

Python 的优点可总结为以下几点。

（1）语言简洁

Python 是一种代表简单主义思想的语言。吉多·罗萨姆对 Python 的定位是"优雅，明确，简单"。Python 拒绝了"花俏"的语法，而选择明确的没有或者很少有歧义的语法，着重解决问题。Python 开发者的哲学是"用一种方法，最好是只有一种方法来做一件事"，这样的开发思维使得编程语言既简洁又强大。例如，完成同一个任务，C 语言要写 1000 行代码，Java 只需要写 100 行，而 Python 可能只要 20 行。

Python 语言的简洁对大多数学习者、开发者来说都是喜闻乐见的。对学习者来说，Python 的代码是很"直白"的，非常容易懂，也非常容易学习。对开发者来说，比较直观的语言有两个好处：一是加速了开发速度，用比较少的语言就能够完成想要的结果；二是强化了可读性，相应地提高了代码的可重用性和可维护性。实际上，优秀的程序员知道，代码是为下一个会阅读它而进行维护或重用的人写的。如果那个人无法理解代码，在现实的开发场景中，则代码毫无用处。

（2）丰富的基础代码库

基础代码库称作 Python 的"内置电池"。Python 具有丰富和强大的库来被调用。用 Python 开发，许多功能不必从零编写，直接使用现成的即可。当用一种语言开始进行真正的软件开发时，除了编写代码外，开发者还需要很多基本的已经写好的现成的东西，以帮助其加快开发进度。Python 3.0 有 70 多种内置功能函数 BIF 和大量预加载内置模块，覆盖了网络、文件、图形用户界面（Graphical User Interface，GUI）、数据库、文本等大量内容，这些已经能够帮助快速处理常见的基本需求了。

例如，要编写一个电子邮件客户端，如果先从最底层开始编写网络协议相关的代码，则估计需要很长时间。高级编程语言通常都会提供一个比较完善的基础代码库，让开发者直接调用，如针对电子邮件协议的 SMTP 库、针对桌面环境的 GUI 库，在这些已有的代码库的基础上开发，一个电子邮件客户端几天就能开发出来。

Java 和 C 等也有不错的库以供使用，然而对这些程序设计语言来说，最大的问题是即使完成简单的操作也要编写大量的代码。为了完成一个简单的工作，我们必须花费大量时间编写很多无用、冗长的代码。Python 则不同，Python 调用它的库是非常简单的，这一点归功于 Python 的第一个特点——语言简洁。

除此之外，Python 还有一个强大的后援——PyPI（https://pypi.python.org/pypi）。PyPI 是第三方 Python 模块集中存储库，可以把它当成一个社区或论坛，其界面如图 1-2 所示。当你的需求在内置模块中找不到时，你可以求助于 PyPI。全世界的 Python 用户都可以上传他们的模块以供分享，可以想象它的强大。当然你也可以上传你的模块供全世界使用，这确实是一件很有成就感的事情。

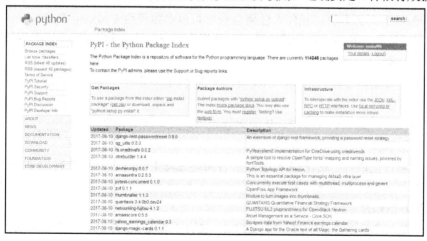

图 1-2　PyPI 社区

（来源：https://pypi.python.org/pypi?:action=login）

(3) 可扩展性

这个特性常常为 Python 爱好者津津乐道，Python 经常用于将不同语言（尤其是 C/C++）编写的程序"粘"在一起，即 Python 的很多模块或者组件都是用其他语言写的，而 Python 的一个功能就是把这些模块很轻松地联结在一起。所以，人们也常常称 Python 为"胶水语言"。

常见的一种应用情形是，使用 Python 快速生成程序的原型（有时甚至是程序的最终界面），然后对其中有特别要求的部分，用更合适的语言改写。例如，3D 游戏中的图形渲染模块，性能要求特别高，就可以用 C/C++重写，而后封装为 Python 可以调用的扩展类库。Python 本身被设计为可扩充的。Python 提供了丰富的 API 和工具，可以使用户避免被"过分"的语法羁绊而将精力主要集中到所要实现的程序任务上。例如，在现实开发需求中，我们想要做系统调用或者组件集成的时候，可能第一时间就想到 Python。我们也可为现成的模块加上 Python 接口，使其发展成为 Python 可调用的。在这一点上，我们常用的 C、C++、Java 等均不能达到同样的效果。

(4) 开源

Python 是自由/开源软件，使用者可以自由地发布这个软件的副本，阅读它的源代码，对它做改动，把它的一部分用于新的自由软件中。

基于团体分享知识的理念，Python 在一群人的不断创造和改进中持续变得更加优秀。

(5) 跨平台性

在 20 世纪 90 年代，操作系统比较单一，跨平台性并没有那么重要，但是随着如 Linux、Mac OS 等操作系统的出现，跨平台几乎成为各大企业的主要需求之一。而一个软件若想要在每个平台上发布，需要在每个平台上都做开发，这无疑太难了，并且投入的成本巨大。所以，可跨平台的编程语言是市场的需求，也是时代的需要。

Python 的跨平台性可总结为"一次编写，到处运行"。所有 Python 程序无须修改就可以在下述任何平台上面运行：Linux、Windows、FreeBSD、Macintosh、Solaris、OS/2、Amiga、AROS、AS/400、BeOS、OS/390、z/OS、Palm OS、QNX、VMS、Psion、Acom RISC OS、VxWorks、PlayStation、Sharp Zaurus、Windows CE、PocketPC 等。Python 是跨平台的，和 Java 相似，主要是源码跨平台，编译之后不一定能跨平台。Java 要装虚拟机，Python 要装编译运行环境。

由于 Python 的开源本质，任何人任何企业都可以自由使用 Python，Python 已经被移植在许多平台上。反过来，Python 本身的优势和对多平台的支持也使得 Python 的应用越来越广泛。

(6) 面向对象

Python 既支持面向过程的编程，也支持面向对象的编程。

(7) 可嵌入型

Python 可以嵌入到 C/C++程序，从而向程序用户提供脚本功能。

(8) 解释型语言

Python 是解释型语言，这使得 Python 语言简单且易于移植（只需要把 Python 程序复制到另一台计算机上，它就可以进行了）。

2. Python 的缺点

当然，作为众多编程语言中的一种，Python 也有不可避免的缺点，Python 的主要缺点有以下两点：

（1）运行速度相对较慢（较 C、C++而言）

Python 是解释型语言，其代码在执行时会一行一行地翻译成计算机能理解的机器码，这个翻译过程非常耗时，所以运行速度很慢。相比较而言，C 程序（编译型语言）是在运行前直接编译成计算机能执行的机器码，所以运行速度非常快。

但是，Python 节省下来的大量的编程时间和维护时间足以弥补这一缺点，快速开发意味着更容易抓住商机，而且在多数情况下，程序员的人工成本比硬件设备要大。

目前大量的应用都是 I/O 密集型负载，而并非 CPU 密集型负载。虽然 Python 的执行效率比较低，但它毕竟是在 CPU 上执行的。我们知道 CPU 比 I/O 设备快许多个数量级，因此对于 I/O 密集型负载，系统更多的时候是在等待 I/O 操作而并非程序本身的执行过程，在这种情况下，使用 C 或 Python 并没有太显著的区别。

Python 也有很多手段可以提高运行速度。例如，Python 采用 PyPy[一种使用实时（Just-In-Time，JIT）技术的 Python 编译器]和调用 C 扩展能够在很大程度上提高速度。Python 用户常常提的一点是：Python 并不慢，因为在实际的应用中，如果你认为程序跑得还不够快，可以"粘"一段 C 程序在关键处理上，如对内存的读取、排序等，这样能够同时兼顾开发和速度。因为 Python 运行时调用了大量 C 库，而 C 是很快的。

反过来想想，这正反映了其"胶水语言"的事实。至今还没有一种高级语言，开发速度比 Python 快，运行速度比 C 快，我们在实际应用中可以同时利用 C 和 Python 的优点。也就是说，在实际开发中，不同工具通过合适的结合和使用，是可以相互提升和弥补缺陷的。

（2）代码不能加密

一般来讲，发布 Python 程序，实际上就是发布源代码。这一点跟 C 语言不同，C 语言不用发布源代码，只需要把编译后的机器码（可以直接运行的程序，如 Windows 上常见的 EXE 文件）发布出去。要从机器码反推出 C 代码是不可能的，所以，编译型语言都没有这个问题，而对于解释型的语言，则必须把源码发布出去。当然，靠卖软件授权的商业模式已经一去不返了，现在更多的是靠网站和移动应用卖服务的模式，后一种模式不需要把源码给别人。

总地来说，Python 是一种想让你在编程实现自己想法时不那么"碍手碍脚"的程序设计语言，你可以花较少的代价实现想要的功能，并且编写的程序清晰易懂。Python 的优势不在于运行效率，而在于开发效率和高可维护性，而不管在任何领域，质量和效率往往都是人们比较关注的问题，尤其是对企业来说，敏捷开发正是降低成本较有效手段之一，这也是人们选择 Python 的主要原因之一。在实际使用 Python 时，要注意有的放矢，扬长避短。例如，当我们对运行速度要求比较高时，慎用 Python，而考虑相对有优势的 C 或者 Java 等，而当要求高开发速度，或者需要多调用其他语言模块的时候，Python 可能就是比较好的选择了。所以，针对特定的问题选择特定的工具也是一项技术能力。

1.1.3　Python 与云计算

当今，云计算在我国发展得如火如荼，其应用的领域也是方方面面。Python 作为一门研究云计算的热门语言一直受到广泛关注。实际上，云计算可以采用许多不同的途径与方法来实现，但是我们需要选择最佳的方案。

2010 年 7 月，基于 Python 的开源云平台 OpenStack 问世。在整个 IT 领域，这是一件大事情。从此，云计算就有了允许任何人（不限国籍）均可自由使用，而且品质优秀的软件包，人们不用再为云计算烦恼了。实际上，这种所谓的"自由云软件"非常复杂，涉及许多外在因素，是一种超大型的"应用软件"，需要具备极高的"灵活性"。选择什么样的编程语言来编写这种"云软件"就成了一个问题，于是 Python 因其是当今世界上最灵活、易用的模块化编程语言而脱颖而出。

随着 Python 在云计算方面的优势展现出来，支持 Python 的云平台也层出不穷，最典型的就是各种 PaaS（Platform as a Service，平台即服务）产品，如 Google App Engine（GAE）、Sina App Engine（SAE）、Baidu App Engine（BAE）、DeployFu、PiCloud、DjangoZoom、Nuage、DotCloud、Pydra 等。

1.2 任务 2 下载和安装 Python

1.2.1 Python 版本差异

在下载和安装 Python 之前，先来看看目前主流的版本，以及它们之间的差异。Python 有两大版本，即 Python 2 和 Python 3，目前业界正处在从 Python 2 向 Python 3 转移的阶段。

在 Python 2 家族中，次版本号为 4，即 Python 2.4，这个版本曾得到广泛应用。Python 3 对 Python 2.4 及更早版本的兼容性并不好，很多用 Python 2.4 写出来的代码，不被 Python 3.0 支持。所以后面又开发出了 Python 2.6 以部分兼容 Python 3.0，也就是说 Python 2.6 比 Python 3.0 推出的时间要晚。

Python 2.6 及以后的版本完全兼容 Python 2.4，并且继承了很多 Python 3.0 的新特性。例如，对于打印输出，可以使用 print 语句，也可以使用 print()函数，后者是 Python 3.0 的特性。

Python 2.7 是 Python 2 家族的最后一个版本，该版本稳定，文档齐全，第三方库和其他工具非常丰富。本书大部分例题使用 Python 2.7 实现，但是我们也会在许多关键的地方告诉读者 Python 3.X 的特性，并对书中的许多例题同时提供 Python 3.X 的代码。此外，本项目还会介绍一个名为 2to3 的脚本，它能自动将 Python 2 代码翻译成合法的 Python 3.X 代码。

1.2.2 Python 虚拟机简介

通常意义上说的 Python 是 CPython，即完全用 C 语言实现的 Python，它支持 C 的扩展。Python 解释器"编译" Python 源代码，生成对应的字节码文件.pyc，字节码随后在 CPython 虚拟机上执行。有时候，我们因为看到.pyc 文件而认为 Python 是编译型的，这也有一些合理性。如果之前运行过的 Python 代码，并生成了.pyc 文件，再次运行时速度明显要快得多，因为这次不需要再次编译生成字节码了。

Python 有很多实现。CPython 是最通用的，被认为是"默认"的实现，同时是其他虚拟机实现的参考解释器。

除了 CPython，较著名的就是 Jython 了，Jython 是完全用 Java 实现的 Python。CPython 生成在 CPython 虚拟机上运行的字节码，而 Jython 生成在 JVM 上运行的 Java 字节码（这同编译 Java 程序生成 Java 字节码的过程是一样的）。Jython 具有许多 Java 特性，如垃圾回收机制。

利用 CPython 很容易为 Python 代码写 C 扩展，因为最终都是由 C 解释器执行的。另外，Jython 和其他 Java 程序共同工作很容易：不需要做其他工作，就可导入任何 Java 类，并在 Jython

程序中使用其他 Java 类。

IronPython 是另一个很流行的 Python 实现，完全用 C#实现，面向.NET 平台。它运行在.NET 虚拟机的平台上，这是 Microsoft 的公共语言运行时（Common Language Runtime，CLR），同 JVM 相对应。

PyPy 是一个用 Python 写的 Python 的实现，这听起来有点儿像一个奇怪的循环。PyPy 使用 JIT 技术来提高运行速度。我们知道，本地机器码的运行速度比字节码的运行速度快很多，那么，如果能将一些字节码直接编译成本地机器码再去运行它会怎样呢？虽然必须花费一些代价（如时间）来将字节码编译为本地机器码，但如果最终的运行速度更快，那么这个代价就是值得的。这就是 JIT 编译器的动机，即结合了解释器和编译器的优点，简单来讲，JIT 就是想通过编译技术提升脚本解释器系统的速度。

虽然目前 Python 的实现（或者说 Python 虚拟机）很多，但 CPython 仍然有不可替代的优势。我们说过，Python 的应用已经深入到许多不同的领域，有数不清的优秀、便捷的第三方框架可以使用，其中有很多只有基于 CPython 的实现。在本书中，我们只介绍默认的、纯粹的 Python，即 CPython。

1.2.3 下载 Python

Mac OS X 会预安装 Python 2，绝大多数 UNIX/Linux 也会预安装，不同的发行版可能有不同的版本，例如，RHEL（Redhat Enterprise Linux）6/CentOS 5 预安装的是 Python 2.4，而 RHEL 6/CentOS 6 预安装的是 Python 2.6。

Windows 没有内置任何 Python 版本。在 cmd 命令行下输入 "python V" 可以查询是否安装 Python 及其版本信息，如图 1-3 所示。

图 1-3 cmd 命令行

访问 Python 的官网 https://www.python.org，在下载页面中单击 downloads 按钮，如图 1-4 所示。根据所用操作系统（Windows、Linux/UNIX、Mac OS X 或者其他）来选择对应的安装程序。有时候该页面会自动获悉用户的操作系统类别，跳转到对应的下载列表。对于 Windows 平台，这里提供了 32 位和 64 位各 3 种安装包：基于 Web 页面安装的可执行安装包、EXE 格式的自解压缩安装包、调用 Microsoft Installer 的 MSI 安装包。对于 UNIX/Linux，推荐的安装方式是下载源代码然后编译安装。

图 1-4 Python 官网上的下载页面

1.2.4　在 Windows 环境下安装 Python

在 Windows 环境下安装 Python 非常简单，我们以 MSI 格式的安装包为例，假设要安装 Python 2.7（主版本号和此版本号之后还有一个修订版本号，所以下载的安装包可能是 2.7.14 或其他数字号）。对于 Windows 32 位系统，选择 Download Windows x86 MSI installer；对于 Windows64 位系统，选择 Download Windows x86-64 MSI installer。我们会得到一个扩展名为 msi 的文件，将它放在计算机的任何位置均可。

下载完毕后，双击运行所下载的文件，开启 Python 安装向导，可以接受默认设置，一路单击"下一步"按钮，直到安装完成。不过，为了省去后面配置环境变量的操作，也可以在安装向导中选择"Add python.exe to Path"选项，如图 1-5 所示。

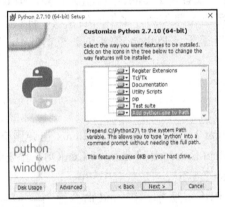

图 1-5　安装向导

若一切正常，在 Windows 的"开始"菜单即可找到 IDLE（Python GUI），即 Python 集成开发环境（Python Integrated Development Environment），它既简单又非常有用，打开后会有如下信息：

Python 2.7.13rc1 (v2.7.13rc1:4d6fd49eeb14, Dec　3 2016, 21:56:35) [MSC v.1500 64 bit (AMD64)] on win32
Type "copyright", "credits" or "license()" for more information.
>>>

1.2.5　在 Windows 下配置 Python 环境

如果在安装 Python 的时候没有启用"Add python.exe to Path"选项，则需要手动将环境变量添加到系统中。这样做的目的是为后面的工作提供便利，以便用户在任何路径下都能用命令行工具（cmd 或 PowerShell）启动 Python 或 Python 上的第三方框架提供的工具。

操作系统其实并不是那么"聪明"，如果不显性地"告诉"它要运行的程序的详细路径，则它就会"犯糊涂"。在没有配置环境变量的情况下，例如，Python 安装在默认位置 C:\Python 2.7\python.exe，当在命令行工具中输入"python"的时候可能得到一个错误提示："'python' 不是内部或外部命令，也不是可运行的程序或批处理文件。"则这时必须输入完整路径 C:\Python 2.7\python.exe，程序才能如期运行。

配置环境变量能让操作系统稍微"聪明"一点儿，例如，把 C:\Python 2.7\这个文件夹加入环境变量中，当只输入"python"而不是"C:\Python 2.7\python.exe"时，它就会在指定的位置，即 C:\Python 2.7\下去寻找，这样就能找到 python.exe 了。

当环境变量中有多个路径时，系统会遍历所有的路径，依次寻找。所以，我们要添加 3 个目录：

C:\Python 2.7
C:\Python 2.7\Scripts
C:\Python27\Lib\site-packages

第一个路径是 Python 主程序所在的文件夹，其他两个路径是常用的脚本和第三方框架提供的工具。右击"计算机"（Windows 10 中称为"此电脑"）图标，在弹出的快捷菜单中选择"属性"命令，在打开的"系统属性"对话框中选择"高级"选项卡，再单击"环境变量"，然后在"系统变量"列表中找到"path"，双击打开，将前面列举的 3 个目录添加到列表中，用分号隔开。注意不要删除原先的环境变量。

注意：在本书中，有时候使用文件夹（Windows）这一名词，有时候使用目录（UNIX/Linux），这取决于使用的平台，但它们本质上是一样的。

1.2.6 在 Linux/UNIX 下使用 Python 源代码安装 Python

绝大多数 Linux 和 UNIX 会预安装 Python，读者可以在 Shell 中输入"python"进行验证，运行这个命令会启动交互式 Python 解释器，同时会有如下输出：

Python 2.7.13rc1 (v2.7.13rc1:4d6fd49eeb14, Dec 3 2016, 21:56:35) [GCC 4.0.1(Apple Computer.Inc.build 5367)] on win32
Type "copyright", "credits" or "license()" for more information.
\>>>

注意：要退出交互式解释器，可以使用快捷键 Ctrl+D。如果没有安装 Python，则可能会看到类似于下面的错误信息：

bash: python: command not found

1. 使用包管理器

Linux 有多种包管理系统和安装机制。如果使用的操作系统是包含某种包管理器的 Linux，那么可以很轻松地安装 Python。

注意：在 Linux 中使用包管理器安装 Python 可能需要系统管理员（root）权限。

例如，如果使用的操作系统为 Debian/Ubuntu，则应该可以用下面的命令来安装 Python：

apt-get install python

如果使用的操作系统 Gentoo Linux，则使用 emerge：

emerge python

如果使用的操作系统 RHEL/CentOS，则使用 yum：

yum install python

注意：许多包管理器有自动下载的功能，包括 YUM、Synaptic（Ubuntu Linux 专有的包管理器)及其他 Debian 样式的管理器。通过这些管理器可以获得最新版本的 Python。

2. 从源文件编译

使用源代码编译方式安装的一个很常见的原因是，Linux/UNIX 版本已经自带了某个特定的 Python 版本，但不符合用户需求。例如，RHEL/CentOS 6.x 自带了 Python 2.6，而用户需要的开发环境是 Python 2.7。不能粗暴地删掉已有的 Python 版本，因为有些 Linux 自带的软件包依赖它，如 YUM。所以，多版本的 Python 必须共存。

通过编译源代码的方式安装 Python 之前，需要先安装一些软件包。

1）readline-devel：如果不安装它，则在 Python 交互式解释器中，用户可能无法正常使用 Backspace（退格）键。

2）zlib、zlib-devel：它们是 Python 的一些有用的工具依赖的包，如 easy_install 和 pip。

以 RHEL/CentOS 为例，安装软件包的方法很简单，使用以下命令即可：

```
yum install readline-devel zlib zlib-devel
```

接下来，设法获取所需要的 Python 版本的源代码文件。可以通过浏览器访问下载网页（参见在 Windows 上安装 Python 的步骤），然后下载合适的 Python 版本的源代码；或者，通过浏览器获取源代码的 URL，然后在 Linux 命令行使用 wget 命令：

```
wget -P ~/python_source_code https://www.python.org/ftp/python/2.7.13/Python-2.7.13.tgz
```

参数 P 表示下载到指定的目录，符号"~"表示用户主目录。如果不指定目录，则默认下载到用户主目录。下载完成后通过 tar 命令来解压缩：

```
tar -xzvf Python-2.7.13.tgz
```

如果使用的 tar 版本不支持 -z 选项，则可以先使用 gunzip 进行解压缩，然后使用 tar -xvf 命令。解压缩完成后，进入解压缩的文件夹：

```
cd Python-2.7.13
```

现在可以执行下面的命令，以配置安装路径和其他安装选项：

```
./configure --prefix=<your_install_path>
```

要查看其他可用的配置选项，可执行以下命令：

```
./configure --help
```

可以把软件安装在其他方便的位置，如用户主目录，但我们推荐使用规范的方法，放在 /usr/local/ 目录下，即

```
./configure --prefix=/usr/local/python27
```

执行完这一步之后，就可以使用 make 和 make install 命令了。也可以使用 && 符号来一次完成两条命令，例如：

```
make && make install
```

接下来就是编译过程，编译完成后，创建一个软链接（快捷方式）：

```
ln -s /usr/local/python27/bin/python2.7 /usr/bin/python27
```

这里也可以取一个其他的名字，但最好能够"见名知意"，如 py。

由于/usr/bin/已经位于环境变量中，用户可以通过输入软链接的名字（即 python27），直接运行 Python 2.7，同时，原先旧版本的 Python 及依赖它的其他软件包不会受到影响。

1.3 任务3 使用开发工具

可以通过 3 种不同的方法来启动 Python。最简单的方法就是使用交互式解释器，通过每次输入一行 Python 代码来执行。另一种启动 Python 的方法是运行 Python 脚本，这样会调用相关的脚本解释器。最后一种方法是用集成开发环境中的图形用户界面运行 Python。集成开发环境通常整合了其他的工具，如集成的调试器、文本编辑器，而且支持各种像 CVS 这样的源代码版本控制工具。

1.3.1 使用交互式解释器

在命令行上启动解释器，可以马上开始编写 Python 代码。在 UNIX/Linux 的 Shell 中，或 Windows 的命令提示符窗口/PowerShell 工具，或其他任何命令行工具中，都可以这么做。启动交互式解释器的方法是直接输入"python"。

在交互式环境的提示符">>>"下，直接输入代码，按 Enter 键，就可以立刻得到代码执行结果。现在我们来试试著名的"hello world"程序：

```
>>> print "hello world!"      # 从井号开始，直到本行结束的所有字符，均为注释
hello world!
>>>
```

1.3.2 使用文本编辑器

在 Python 的交互式命令行写程序的好处是可以马上得到结果，坏处是结果没法保存，下次想运行的时候，还得重新写程序。所以，在实际开发的时候，我们总是使用一个文本编辑器来写代码，并将其保存为一个文件，这样程序就可以反复运行了。

目前有许多优秀的文本编辑器，UNIX/Linux 平台上有著名的 VIM 和 Emacs，Windows 平台上有 Sublime Text、Notepad++。不推荐使用 Windows 自带的记事本作为文本编辑器，因为它不提供显示行号、语法高亮、代码补全等功能。

下面我们把"hello world"程序用文本编辑器写出来：

```
print "hello world!"          # 注意要顶格写，也就是左边不要留空格
```

我们把这个文件保存为 hello.py，要注意的是，文件名只能是英文字母、数字和下画线的组合。它的扩展名名必须是 py。保存好之后，在命令行中切换到这个文件所在的文件夹，然后调用 Python 解释器执行它：

```
python hello.py
```

在上面这条命令中，"python"是命令本身，后面的"hello.py"是源代码文件的文件名（如果不在当前目录下，需要加上路径），是命令的参数。如果当前目录下没有 hello.py 这个文件，

则运行"python hello.py"命令就会报错：

```
python hello.py
python: can't open file 'hello.py': [Errno 2] No such file or directory
```

Windows 上不能直接运行.py 文件，而在 UNIX/Linux 中是可以的。首先在.py 文件的第一行加上以下内容：

```
#!/usr/bin/env python
```

其作用是告诉操作系统，该脚本用 Python 执行，并且要在/usr/bin/这个位置去找 Python 的可执行文件。接下来还须给它授权，通过以下命令实现：

```
chmod a+x hello.py
```

其作用是允许 hello.py 文件被直接执行，但注意要加上路径名，至少要以相对路径的形式体现，例如：

```
./hello.py        # 符号./表示当前目录
```

1.3.3 使用集成开发环境

使用集成开发环境（IDE）有很多好处，除了具备代码补全和语法高亮等功能外，常见的 IDE 还支持项目管理、代码跳转、代码分析、断点执行、Debug 等功能。Python 在 Windows 平台上有一个自带的、轻量级的 IDE，叫作 IDLE，安装好 Python 之后就可以使用它了。

作为 IDE，IDLE 的功能有些简单。在 Windows 下，我们推荐 PyCharm。PyCharm 带有一整套可以帮助用户在使用 Python 语言开发时提高其效率的工具，如调试、语法高亮、项目管理、代码跳转、智能提示、自动完成、单元测试、版本控制等。此外，该 IDE 提供了一些高级功能，用于支持 Django 框架下的专业 Web 开发；同时支持 GAE 和 IronPython。

PyCharm 提供收费的专业版和免费的社区版，可以访问它的主页以下载安装包：

```
http://www.jetbrains.com/pycharm/download/
```

当然，也可以使用 Eclipse 或者 Microsoft Visual Studio。

在 Linux 下，推荐使用 VIM 或 Eclipse，如果使用 Eclipse 则还需要安装 PyDev。

1.3.4 使用 Python 增强工具

除了 IDE 之外，Python 还提供了一些增强工具，下面简单介绍一些常用增强工具。

1. easy_install 和 pip

easy_install 和 pip 均用来下载安装 Python 的一个公共资源库 PyPI 的相关资源包。pip 是 easy_install 的改进版，提供更好的提示信息、删除包等功能。使用 easy_install 和 pip 来安装第三方包非常方便，使用如下命令即可：

```
easy_install install <packageName>
# 或者：
pip install <packageName>
```

2. anaconda

anaconda 指的是一个开源的 Python 发行版本，其包含了 conda、Python 等多个科学包及其依赖项。anaconda 可以看作 Python 的一个集成安装，anaconda 里面集成了很多关于 Python 科学计算的第三方库，安装它后就默认安装了 Python、IPython、PIP 工具、集成开发环境 Spyder 及众多的包和模块，非常方便。

3. IPython

IPython 是一个 Python 的交互式 Shell，比默认的 Python Shell 好用得多，支持变量自动补全、自动缩进功能，支持 Bash Shell 命令，内置了许多有用的功能和函数。学习 IPython 将会让我们以更高的效率来使用 Python，同时它也是利用 Python 进行科学计算和交互可视化的一个最佳的平台。

4. 2to3 脚本

把 2to3 脚本归为 Python 增强工具其实有点牵强，毕竟它是 Python 自带的，位于 Python 安装目录下的 Tools\Scripts\。2to3 脚本即 2to3.py 文件，它可以自动地将 Python 2 代码翻译成 Python 3 代码。

2to3 脚本的使用方法如下：

首先对 Python 2 源代码进行备份，然后进入 2to3 脚本所在的文件夹，运行此脚本，并以目标文件夹作为参数。例如，假设 Python 2 代码位于 D:\Project1\，那么对应的命令如下：

```
python 2to3.py -w D:\Project1\
```

如果要对单个.py 文件进行翻译，则用这样的命令：

```
python 2to3.py -w D:\Project1\example.py
```

2to3 脚本并不是完全可靠的，主要问题是由于 Python 的动态性，代码有可能翻译之后还需要人工来改。不过更加痛苦的是，由 2to3 翻译的代码只能在 Python 3 运行，造成了这样一个局面：如果用户想要提供一个库，并且 Python 2 和 Python 3 都有，用户就必须保留原始的 Python 2 代码。

1.4 任务 4　获取帮助和查看文档

现在是信息爆炸的时代，一个人不可能牢牢记住所有用到的知识点。即使对单独一门程序设计语言来说，要记住所有的内置对象、函数、模块和类也是不可能的，所以需要掌握获取帮助和查询文档的技巧。

1.4.1 查看特定对象的可用操作

dir()函数是 Python 的一个内建函数（Python 的内建函数可以直接调用，它是 Python 自带的函数，无须通过模块的方式导入，任何时候都可以被使用），函数原型如下：

```
dir([object])
```

其作用是返回一个列表，列举该对象所有的属性和方法。当利用 dir()函数查看一个模块的时候，还能获取该模块中已定义的所有的类、函数和常量。

1.4.2 文档字符串

许多对象都有自己的文档字符串（又称为 DocStrings）。文档字符串用于为模块、类、函数等添加说明性的文字，使程序易读、易懂，更重要的是可以通过 Python 自带的标准方法将这些描述性文字信息输出。文档字符串是对象的属性之一，可以使用 objectName.__doc__ 来访问它。注意它的名称，前后各有两个下画线。

注意：当不是函数、方法、模块等调用 doc 时，而是具体对象调用 doc 时，会显示此对象从属类型的构造函数的文档字符串。

1.4.3 使用帮助函数

help()函数也是 Python 的一个内置函数。如果不确定一个函数或模块的用途，或者想进一步了解它，就可以用 help()函数来查看帮助文档。操作方法很简单，在 help()括号内填写参数再按 Enter 键即可打开这个模块的帮助文档，例如：

```
help(str)           # 查看关于字符串类型的帮助文档
help(str.join)      # 查看关于字符串对象的 join()方法的帮助文档
```

help()函数用于查看函数或模块用途的详细说明，而 dir()函数用于查看函数或模块内的操作方法，输出的是方法列表。

1.4.4 使用文档

Python 文档可以在很多地方找到。最便捷的方式就是从 Python 官网查看在线文档，也可在 C:\Python2x\Doc\目录下找到一个名为 Python2x.chm 的离线帮助文档。它使用 IE 接口，所以用户实际上是使用网页浏览器来查看文档的。

1.5 小结

本项目介绍了 Python 语言的起源和发展前景、Python 语言的特性和优势，针对不同的系统平台介绍了如何安装 Python 和配置开发环境，还介绍了文本编辑器、IDE 和其他 Python 增强工具，并介绍了 Python 代码的书写规范及查看帮助文档的方法。

- Python 的起源和发展前景。
- Python 的优缺点和擅长的领域。
- Python 的版本差异及 Python 虚拟机的不同实现。
- 下载及安装 Python。
- 配置环境变量。
- 源代码安装 Python。
- 交互式解释器、文本编辑器以及 IDE。
- Python 增强工具。
- 帮助函数。
- 查看文档。

1.6 习题

1．试在自己的计算机上安装 Python（Python 2.7 或 Python 3.X 均可）。
2．为自己安装的 Python 安装 easy_install 和 PIP 工具。
3．为你自己编写身份信息，包括姓名、年龄、身份证号、联系方式等，然后使它们显示在屏幕上。
4．将题 3 的小程序保存为.py 源代码文件，然后执行它。
5．帮助函数 help()能否查询它自身的用法？如果可以，会显示什么信息？

项目 2 数据类型、运算符和用户交互

本项目将介绍 Python 的基本语法规则，包括基本数据类型、运算符和表达式。对大多数通用编程语言来说，这也是语法最基本的构成部分。通过了解这些基本的语法规则，读者就可以开始着手编写自己的小程序了。

2.1 任务 1 掌握 Python 数据类型

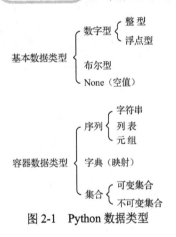

图 2-1 Python 数据类型

Python 是由 C 语言编写的，更严谨地说，在 Python 的各种实现中，最广泛、最主流、文档最齐全、第三方库最多的是由 C 语言实现的 CPython。其基本数据类型、运算符都以类似 C 语言的方式工作。区别在于 Python 简化了其中一些内容，或者为程序员提供了一些更加简洁的方式来使用它们。

Python 的数据类型可以简单地划分为两种：基本数据类型和容器数据类型。基本数据类型是单一对象，包括数字型、布尔型以及 None（空值），容器类型包括序列、映射和集合，如图 2-1 所示。

2.1.1 基本数据类型

下面介绍基本数据类型。

1. 整型（int）

整型数据的值必须是整数，和 C、Java 等静态语言不同的是，在 Python 中，整型变量并没有固定的长度限制，整数的最大值只受内存容量所限，也就是说用户可以定义巨大得超乎想像的整数。Python 2 中有 int 和 long（长整型），但不需要程序员手动去指定，它是自适应的——

当整数的位数超过 4 字节后，其会自动转换成 long。Python 3 没有长整型，但 int 像 Python 2 中的 long 一样，没有大小限制。可以通过 type()函数来查看当前变量的数据类型。可以使用内建函数 int()或 long()（这种和数据类型同名的函数称为工厂函数）将一个浮点型变量或一个纯数字的字符串转换为整型/长整型。

2. 浮点型

浮点型数据即数学中的小数，类似于 C 语言里的 double 型（双精度浮点数）。整数与浮点数进行算术运算的结果是浮点型。当一个非整数被赋值给一个变量时，这个变量就是浮点型的。可以使用工厂函数 float()来将一个整型变量或一个纯数字的字符串转换为浮点型。

3. 布尔型

布尔型数据的取值只有两个，即 True 和 False，默认为 True。其他变量也可以作为布尔值，其中数字 0、空字符串、空的列表和元组、空的集合、None 都被视为 False，非 0 和非空容器类型则被视为 True。和其他类型一样，可以使用工厂函数 bool()来将不同的变量转换为布尔型。

4. None

None 表示一个空对象，没有方法和属性，它的特性如下：
- None 是一个特殊的常量。
- None 和 False 不同。
- None 不是 0。
- None 不是空字符串。
- None 和任何其他的数据类型比较永远返回 False。
- None 有自己的数据类型 NoneType。
- 可以将 None 赋值给任何变量，但不能创建其他 NoneType 对象。

作为一种动态语言，Python 具有自适应的数据类型，对程序员来说，这可以算是一个不小的"福利"。声明一个变量时无须显性地指明它的数据类型，其数据类型可以由赋值数据来决定。例如，将一个整数赋值给一个变量，此时它是一个整型变量；将一个字符串赋值给同一个变量，则它将被转换为字符串类型。

2.1.2 容器数据类型

容器数据类型是基本数据类型按某种方式组织起来的数据结构，也可以理解为基本数据类型的集合。我们将在项目 4 详细讲解各种容器类型的特性、功能和常用方法，这里只做简单介绍。

1. 字符串（str）

字符串是字符的集合，位于成对的单引号、双引号或三引号（连续三个单引号或双引号）之间。字符串和下面将要介绍的列表和元组一样，都属于序列类型。这表示它们可以使用方括号（[]）来索引组成自身的各个元素。所有的序列类型都有相同的索引规则，第一个元素的索引数字是 0，第二个元素的索引数字是 1，以此类推，最后一个元素的索引数字是-1。通过索引号，就能访问到想要访问的元素。

2. 列表（list）和元组（tuple）

Python 中的数组类似于 C 语言中的数组，不过它们支持不同类型的元素，可以是数字、字符串、其他列表、字典或集合。列表和元组的差异可参考项目 4，这里不再赘述。

3. 字典（dict）

字典是无序的，因此不支持数字序号用作索引；它使用键来索引对应的值。键值对一一映射，所以字典是一种映射类型。每个键必须是唯一的，不允许有相同的键，而值可以相同。

4. 可变集合（set）与不可变集合（frozenset）

集合是一个无序不重复元素集，由于它是无序的，所以不能执行索引操作。集合分为可变集合与不可变集合。可变集合允许添加和删除集合中的元素，而不可变集合则不能；可变集合不是可哈希的，所以不允许被当作其他集合的成员，也不能被当作字典的键；不可变集合则相反，它有哈希值，所以它可以作为其他集合的成员，也可以作为字典的键。

2.2 任务2 掌握运算符及其优先级

将需要处理的数据（如常量、变量、函数等），用运算符按一定的规则连接起来的、有意义的组合称为表达式。和表达式密切相关的是运算符，如果一个运算符需要两个变量参与，则它是双目运算符；如果只需要一个变量参数，则它是单目运算符。Python 中的运算符分为六大类，分别是数学运算符、比较运算符、赋值运算符、位运算符、身份运算符和逻辑运算符。下面依次介绍。

2.2.1 运算符

1. 数学运算符

数学运算符处理的对象是数字类型，并且都是双目运算符，它们连接两个不同的数字，返回一个运算结果，该结果也是数字类型。数学运算符见表 2-1。

表 2-1 数学运算符

运算符类别	描述	示例
+	用于加法运算	2+3
-	用于减法运算	3-1
*	用于乘法运算	2*3
/	用于除法运算	10/3 # 结果为 3 10.0/3 # 结果为 3.333333333333 # 当参与运算的数字是整数或浮点数时，得到的结果是不同的
%	取模（除法取余）	10/3 # 结果为 1
**	乘方（幂运算）	2**3 # 结果为 8
//	整除（针对浮点数）	10.0//3 # 结果为 3.0

需要说明的是，在 Python 中，+和-也可用于单目运算，此时它们表示正负号，--n 会被解释为-(-n)，负负得正，从而得到+n，++n 同理。Python 不支持 C 语言中的++（自增 1）运算符和--（自减 1）运算符，不过，Python 有自己的自增、自减赋值方法，稍后会详细介绍。

有些数学运算符（如+和*），对于某些容器类型的对象（如列表和字符串）也是有效的，本书会在项目 4 介绍这些内容。

2. 比较运算符

比较运算符用于连接相同类型的对象，按照运算符的含义进行判断，并返回一个逻辑对象（True 或 False）。比较运算符见表 2-2。

表 2-2 比较运算符

运算符类别	描述	示例
==	是否相等	2==2 # 结果为 True
!=	是否不相等	3!=3 # 结果为 False
<>	是否不相等（早期版本）	
>	是否大于	3>4 # 结果为 False
<	是否小于	3<4 # 结果为 True
>=	是否大于等于	3>=3 # 结果为 True
<=	是否小于等于	3<=4 # 结果为 True

比较运算符除了可以用于比较数值和逻辑对象，也可以用于比较容器对象，同样，我们会在项目 4 详细介绍。

3. 赋值运算符

赋值运算符用于将该运算符右侧的对象的值赋给左侧的对象。左侧的对象不能是常量，因为它必须接受（被更改为）右侧的值，常量是不允许被更改的。赋值运算符见表 2-3。

表 2-3 赋值运算符

运算符类别	描述	示例
=	简单赋值	a=5、b='abc'、d=a+2
+=	自加赋值	a+=1 # 等效于 a=a+1，类似于 C 语言中的 a++ a+=b # 等效于 a=a+b
-=	自减赋值	a-=b # 等效于 a=a-b
*=	自乘赋值	a*=b # 等效于 a=a*b
/=	自除赋值	a/=b # 等效于 a=a/b
%=	自取模赋值	a%=b # 等效于 a=a%b
**=	自乘方赋值	a**=b # 等效于 a=a**b
//=	自整除赋值	a//=b # 等效于 a=a//b

Python 允许用非常灵活的方式来使用简单赋值语句，例如，可以给多个变量批量赋值：

```
>>> a,b,c = 1,2,3        # 同时为 3 个变量赋值
>>> print a
1
```

还可以使用简单赋值语句来实现变量值的相互交换。在 C 语言中，我们一般通过设置一个中间变量，或者使用三重加减法来实现，而在 Python 中只需要一个交叉赋值语句即可。假设 a=3，b=5，表 2-4 展示了 3 种方法的差异。

表 2-4　交换变量

中间变量法	三重加减法	交叉赋值法（Pythonic）
temp=a　　# temp=3 a=b　　　# a=5 b=temp　　# b=3	a=a+b　　# a=8 b=a-b　　# b=3 a=a-b　　# a=5	a,b = b,a

简单赋值语句支持交叉赋值方式，可以看出，这种方法在交换变量时非常高效、简洁，这就是 Python 式的优美特性，即 Pythonic。

4．位运算符

位运算符用于处理二进制位。Python 共有 6 种位运算符，其中有 3 个双目运算符、3 个单目运算符，见表 2-5。

表 2-5　位运算符

运算符类别	描　述	示　例
&	与运算（双目）	1&1=1　1&0=0　0&1=0　0&0=0
|	或运算（双目）	1|1=1　1|0=1　0|1=1　0|0=0
^	异或运算（双目）	1^1=0　1^0=1　0^1=1　0^0=0
~	取反运算（单目）	~1=0　~0=1
<<	左移 n 位，右侧多出的 n 位均以 0 填充。如果处理数字，本质上相当于乘以 2 的 n 次幂。（单目）	5 << 2 = 20 128<<2 = 256
>>	向右移 n 位，右侧超出的 n 位均被舍弃。如果处理数字，本质上相当于整除以 2 的 n 次幂。（单目）	15 >> 2 = 3 128>>2 = 64

5．身份运算符

Python 中的对象包含三要素：id、type、value。id 是对象的身份，用来唯一标识一个对象，本质上是对象在内存中的逻辑地址；type 用于标识对象的数据类型；value 是对象的值。

关键字 is 用于判断 id 或 type，例如，以下语句表示，如果对象 a 和 b 具有相同的内存地址（即表明它们是同一个对象），则输出信息 True。

```
>>> b = a
>>> a is b
True
```

由此可见，变量 a 和 b 具有相同的内存地址，是同一个对象。在 Python 中，变量和值之间是一种链接关系，当这个变量被赋值给另一个变量时，其实是使后者链接到了相同的目标。

Is 也可以用来判断一个变量是否是某个数据类型。以下语句表示，如果对象 a 属于整型，则输出信息 True。

```
>>> a = 2
>>> type(a) is int    # type()是一个内建函数，用于查询对象的数据类型
True
```

is 还可以用于判断对象是否属于一个容器（包括列表、元组、字典或集合）。

和 is 作用相反的运算符是 is not，它用来判断对象 a 是否不是对象 b，或 a 是否不属于容器 c。

判断对象是否属于一个容器，也可以使用 in 或 not in。

```
>>> l1 = [1,2,3,4]
>>> 3 in l1
True
```

6. 逻辑运算符

逻辑运算符包括 3 种：and（与）、or（或）、not（非）。它们和位运算中的与、或、非运算符其实是类似的，具体使用规则如表 2-6。

表 2-6　逻辑运算符的使用规则

与运算表达式	结　　果	或运算表达式	结　　果	非运算表达式	结　　果
True and True	True	True or True	True	not True	False
False and True	False	False or True	True	not not True	True
True and False	False	True or False	True	not False	True
False and False	False	False or False	False	not not False	False

两个 not 运算符连在一起，其效果会相互抵消，类似于数学计算中的"负负得正"。

2.2.2　运算符的优先级

不同的运算符有不同的优先级，优先级高的运算先进行。例如，在算术四则运算中，乘除法的优先级就比加减法的优先级要高。对程序设计来说，同样如此。在一个表达式中，Python 会根据运算符的优先级从高到低进行计算。在表 2-7 中，优先级先在左列从低到高排列，然后在右列从低到高排列。

表 2-7　运算符的优先级

运　算　符	描　　述	运　算　符	描　　述
or	布尔或	^	按位异或
and	布尔与	&	按位与
not x	布尔非	<<、>>	移位
in、not in	成员测试	+、-	加减法
is、is not	同一性测试	+x、-x	正负号
<、<=、>、>=、!=、==	比较运算	~x	按位翻转
|	按位或	**	指数计算

2.3　任务 3　了解 Python 代码的规范性要求

计算机编程语言和自然语言的最大区别在于，自然语言在不同的语境下有不同的理解，而计算机要根据编程语言执行任务，就必须保证编程语言写出的程序绝不能有歧义。所以，任何一种编程语言都有自己的一套代码规范,Python 也不例外。

2.3.1 合法的变量名

程序的本质是指令和数据,数据可能是相当复杂的,因此需要为它们定义一些简短、易记的名称。和 C 语言类似,变量名也称标识符,只能以字母或下画线开头,不能是数字或其他字符。变量名的其他部分可以由字母、下画线和数字组成。变量名对大小写敏感,因此 varname 和 varName 是两个不同的变量。此外,变量不能是任何 Python 的保留字(关键字),如表 2-8 所示。

表 2-8 Python 中的保留字

and	exec	not	def	if	return
assert	finally	or	del	import	try
break	for	pass	elif	in	while
class	from	print	else	is	with
continue	global	raise	except	lambda	yield

下面是一些约定成俗的规则:

1)常量全部大写,如果常量名由多个单词构成,则使用下画线分隔,如 CONST_NAME。
2)类名首字母大写,如果类名由多个单词构成,则每个单词的首字母大写,如 ClassName。
3)对于单个单词构成的变量,单词全部使用小写。如果变量名由多个单词构成,首个单词全部小写,其他单词的首字母大写(驼峰命名法);也可以每个单词都使用小写,并通过下画线来分隔,如 var、varName 或 var_name。

2.3.2 转义字符

所有的 ASCII 码都可以用反斜杠"\"加数字(一般是八进制数字)来表示。而很多程序设计语言,如 C、Java、Python 等,定义了一些字符前加上反斜杠来表示常见的那些不能直接显示的 ASCII 字符,如换行符、制表符等,这种形式的字符就称为转义字符(因为反斜杠后面的字符已经不是它自身在 ASCII 编码中的字符意思了,可以这么理解)。常见的使用转义字符的场景是字符串,表 2-9 列举了 Python 中的转义字符。

表 2-9 Python 转义字符

转义字符	描述	转义字符	描述
\	续行符	\v	纵向制表符
\\	反斜杠"\"	\t	横向制表符
\'	单引号	\r	回车
\"	双引号	\f	换页
\a	响铃	\yy	使用一个八进制数,代表对应的 ASCII 字符
\b	退格	\xyy	使用一个十六进制数,代表对应的 ASCII 字符
\e	转义	\other	其他字符以普通格式输出
\n	换行		

2.3.3 编写注释

对任何一门程序设计语言来说,注释都是非常重要的,它可以起到一个备注的作用。团队合作进行开发的时候,个人编写的代码经常会被多人调用,为了让别人能更容易理解代码的用途,使用注释是非常有效的。此外,当程序复杂之后,我们可能很快会迷失在自己的代码中,忘记了某个函数的作用,这时注释也能提醒自己。注释还可以用做程序的简介,向用户介绍这个程序的功能。

Python 中有两种注释方式,一种是单行注释,以#作为注释的开头,在#之后直到当前行的末尾,所有的字符均被视为注释,解释器会忽略掉注释,不予执行。需要注意的是,如果使用的是 Python 2 并且在源代码中加入了中文注释,则需要在文件的头部添加以下代码:

```
# coding:utf-8
```

项目 4 会详细介绍关于字符编码的相关知识,这里不再赘述。

另一种注释是多行注释,如果使用三重引号将多行字符引起来,则这些连续的行会被视为多行字符串,同时也可以作为多行注释。需要注意的是,必须使用统一的双引号或单引号,不能一端是双引号而另一端是单引号。一个合法的多行注释是这样的:

```
""" hello everyone
    happy newyear """
```

多行注释不会单独被执行,但它毕竟是字符串的一种形式,因此可以赋值、作为函数的参数、被输出。有一个关于九九乘法表的冷笑话是这样的:通过程序设计语言,如何用最简单的方式输出一个九九乘法表?在 Python 中不必使用任何循环结构,只需要用多行字符串写出完整的九九乘法表就行了,一条 print 语句便可以输出。

2.3.4 单行多语句与单句跨行

和 C 语言中使用分号作为一行语句的结束有所不同,Python 以换行作为语句的结束。但是,在一行中书写多行语句,也是允许的。可以在一行语句的结尾写上分号,然后不换行,接着写第二行语句,例如:

```
>>> a=3;b=4;print a+b
7
```

我们并不提倡这样做,这会降低代码的可读性。

除了可以在单行中书写多行语句,也可以在多行中书写单行语句。尽管现在的宽屏显示器已经可以单屏显示超过 256 列字符,Python 规范仍然坚持行的最大长度不得超过 78 个字符的标准(除非长的导入模块语句或注释里的 URL)。对于超长的行,可采用两种常用的方法来缩短宽度。

1)在括号(包括圆括号、方括号和花括号)内换行。例如,这里有一个列表类型的对象(暂且将它理解为类似于 C 语言里的数组,不过列表中的元素可以是其他数据类型),它使用方括号来定义数据,则可以每写一个数据就新起一行。下面的代码展示了单行书写和多行书写的差异:

```
list1=['anna', 'elsa', 'christophe', 'hans']

list2=[
    'anna',                    # 注意多一层缩进
    'elsa',
    'christophe',
    'hans',
]
```

2）在长行中加入续行符（即反斜杠"\"）强行断行，然后在下一行书写其余内容，它们仍然被 Python 解释器视为单独的一行。约定俗成地，续行符应放在表达式的操作符前，且换行后多一层缩进，以使维护人员看代码的时候看到代码行首即可判定这里存在换行，例如：

```
>>> print 3\
        +2         # 注意 2 在新行的行首而不是旧行的行尾，上一行的续行符不可省略
5
```

2.4 任务 4 程序设计：手机屏幕 PPI 测算器

了解了 Python 的基本语法规则之后，就可以写一些小程序练练手了。近年来，手机是一个飞速增长的技术范式，主流消费级产品的性能每年都有长足的提升。PPI（Pixels Per Inch，每英寸像素数目）是手机屏幕清晰度的一个重要指标。下面我们来编写一个小程序，用于在已知屏幕尺寸和像素总数的情况下计算屏幕的 PPI。

2.4.1 程序功能设计与分析

项目 3 将介绍如何用框图表示程序逻辑，在这里，我们仅用文字来描述。交互式程序的一个重要功能就是获取参数，然后处理数据。因此，计算 PPI 的程序需要有提供用户输入的功能。屏幕 PPI 的计算方式很简单：

$$\text{PPI} = \frac{\sqrt{W^2 + H^2}}{D} \quad ①$$

式中，W 是屏幕像素列数；H 是屏幕像素行数；D 是屏幕对角线，单位是英寸。所以，本程序应该使用 3 个变量，W 和 H 可以使用整数，而 D 需要使用浮点数。最后，我们要让程序计算出公式①的结果，并输出返回信息。

2.4.2 数学运算与 math 模块

经过前面的设计，现在可以确定这个程序最核心的功能是对公式①的计算。四则运算很容易实现，但如何计算平方根是一个难题。很幸运，Python 提供了很多模块用于特殊用途，和数学有关的模块有 math、numpy、sympy、scipy 等。其中，math 是 Python 自带的模块，其他模块则属于第三方模块。math 模块中用于计算平方根的函数是 math.sqrt()。

首先导入模块（导入模块的语句是 import moduleName），然后通过 moduleName.function() 使用模块中的函数。有些模块也提供一些常用的常量。

```
>>> import math                    # 导入 math 模块
>>> a1 = math.redians(90)          # 使用 math 模块中的 redians()函数，将弧度转换为角度
>>> print math.sin(a1)             # 使用 math 模块中的 sin()函数，并输出结果
1.0
>>> print math.pi                  # 输出 math 模块中的常量 pi
3.141592653589793
```

可以通过 dir()函数来查看模块中有哪些可用的函数和常量，然后使用 help()函数查看具体函数的帮助信息。关于模块的其他内容，本书将在项目 8 详细介绍。下面是手机屏幕 PPI 计算程序的实现：

```
import math
height = input('Enter the height of the Screen:')      # 提示用户输入像素行数
width = input('Enter the width of the Screen:')        # 提示用户输入像素列数
screenSize = input('Enter the size of the Screen:')    # 提示用户输入屏幕对角线尺寸
temp = math.sqrt(height ** 2 + width ** 2)             # 高度的二次方与宽度的二次方之和开平方根
ppi = temp/screenSize
print "The PPI of the Screen = ", ppi                  # 一次输出多个对象时，可以用逗号分隔
```

思考：检查以上代码，对于变量 screenSize，用户可能会输入一个整数，从而得到不精确的整除结果。对此，是否需要将变量 screenSize 指定为浮点型？内建函数 float()可以直接将整数转换为浮点数。不过，对于上面的问题，其实并不需要，因为 math.sqrt()函数的返回值是浮点数，只要它正常执行，就一定会返回一个浮点数。

```
>>> import math
>>> math.sqrt(100)
10.0
```

2.5 任务5 初步了解 Python 中的对象和工厂函数

Python 同时支持面向过程和面向对象编程，且其对面向对象编程的支持是十分彻底的。在 Python 中，所有的一切都是对象，包括每一个字符、每一个数字。

2.5.1 不可变对象

不可变对象，顾名思义，其内容不可改变。在前面介绍的数据类型中，数字型（整型和浮点型）、布尔型、None、字符串、元组、不可变集合都是不可变对象。以数字型为例，当将一个数字赋值给一个变量时，实际上是将这个数字链接到了该变量，或者说该变量引用了这个数字。

Python 中的变量存放的是对象引用，所以对于不可变对象而言，尽管对象本身不可变，但变量对对象的引用是可变的。这么看来，不可变对象似乎也可以变化了。图 2-2 描述了赋值引起的引用的变化。在给对象重新赋值的前后，不可变对象的特征没有变，变的只是创建了新对象，改变了变量的对象引用。

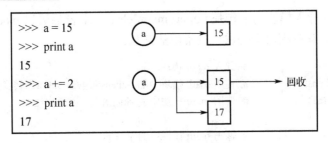

图 2-2　不可变对象的赋值

2.5.2　可变对象

可变对象是指对象的内容是直接可变的，也就是说，无须重新赋值便可更改其内容。可变对象有列表、字典和（可变的）集合。可变对象的变化方式基于对象自身的方法（在 C++中，类和对象的方法称为成员函数），例如，对于列表（一种类似于 C 语言中数组的数据类型），它有一些方法可以用来修改自己。下面的代码演示了列表对象如何通过 append()方法来追加一个元素（即成员数据）：

```
>>> list1 = [1,2,3]
>>> list1.append(5)
>>> print list1
[1, 2, 3, 5]
```

本项目不会过多地介绍列表这一数据类型，这里只是为了说明一个可变对象如何变化——不需要再次赋值。

你可能已经注意到了，不可变对象的类型要比可变对象多。那么，为什么要设计出这么多不可变对象呢？因为不可变对象一旦创建，其内部的数据就不能修改，从而减少了修改数据导致的错误。此外，由于对象不变，多任务环境下同时读取对象不需要加锁，同时读操作不会受到任何影响。在编写程序时，如果情况允许，就尽量使用不可变对象。

2.5.3　工厂函数

之前我们已经见过了一些工厂函数，这些和数据类型同名的函数其实是内建的类，用户只不过是调用了类的构造方法，从而产生了该类的一个实例。因此，一种数据类型就是一个类，具体的数据则是由该类产生的对象。有关类和构造函数的更多信息请参考项目 8。

2.6　任务 6　了解 Python 程序的交互方法

很多程序都会涉及和用户的交互，最简单的交互方式就是由用户输入信息。在 Python 中可以通过函数 input()和 raw_input()来接收用户输入。

2.6.1　input()函数

input()函数用于获取用户输入的原始值。根据用户输入的字符类型，分以下几种情况：

1)如果用户输入的是数字,则其会被判定为整型或浮点型(取决于是否有小数点)。
2)如果用户输入的是字符,则 Python 解释器会试图查找是否有和该字符匹配的变量名。
① 如果有,则将此变量的值作为输入。
② 如果没有,则解释器会抛出错误,提示此变量名称未被定义,程序被终止。
③ 如果字符被合法的引号括起来,则其被判定为字符串。
虽然 input()函数可以接收字符串,但不建议这样做,以避免获取错误的值或导致运行错误。

2.6.2 raw_input()函数

和 input()函数不同,raw_input()函数直接将用户输入的信息作为字符串来接收,无论输入什么内容都会被视为字符串。

```
>>> a = input('Enter a Number:')
Enter a Number: 22
>>> b = raw_input('Enter an other Number:')
Enter an other Number: 180
>>> a
22
>>> b
'180'
```

在 Python 3 中,raw_input()函数被更名为 input(),而原先的 input()函数被移除了。也就是说,在 Python 3 中使用 input()函数来输入数字,将会得到一个字符串对象。因此,如果要输入数字,需要结合数字类型的工厂函数来使用,例如:

```
>>> a = input('Enter a Number:')
Enter a Number: 22
>>> a
'22'
>>> b = int(input('Enter a Number:'))    # 使用 int()工厂函数
>>> b
22
```

2.6.3 print 语句的特性

使用输出语句 print 可以按变量名输出,也可以不使用变量名,直接按对象的值输出。例如,直接输出一个数字、字符串或其他类型数据。当然,混合输出也是可以的,一条 print 语句可以输出多个对象,只要用逗号分隔开即可。请看下面的例子:

```
1    s1 = '1+2='
2    print s1,3
3    print 'next row'
```

执行结果:

```
1+2= 3
next row
```

从执行结果可以看到，同时输出多个对象的时候，每两个对象之间会以一个空格隔开。第二行输出了变量 s1 和数字 3，在输出的时候它们中间加上了空格。

另一个特性是，尽管我们没有使用换行符\n，但每一条 print 语句结束后都进行了换行，因此两条 print 语句的输出结果为两行。如果在多条 print 语句之间不想换行，可以在该语句的最后加上一个逗号。

```
1    s1 = '1+2='
2    print s1,3,
3    print 'next row'
```

执行结果：

1+2= 3 next row

在 Python 3 中，要想 print 语句结束之后不换行，处理上稍微有点不同。在 Python 3 中，print()函数有一个参数 end，当未指定此参数的值时，默认为换行符\n。因此，如果不想换行，可将此参数指定为空字符串。

```
1    s1 = '1+2='
2    print(s1,3,end='')
3    print('next row')
```

执行结果：

1+2= 3next row

2.6.4　格式化输出

Print 语句可以实现更加复杂的格式化输出，在由一对引号包含起来的字符串中，%表示格式化字符串的占位符。如果引号内有一个%，则引号结束后对应地必须有一个%和对应的参数；如果引号内有多个%，则引号结束后对应地必须有一个%及圆括号（即元组）内的多个参数。

字符串内的占位符%之后要跟一个需要格式化的类型，该类型对应了最后的参数。例如，引号内有%s，引号结束后的参数必须是字符串。具体对应关系如表 2-10 所示。

表 2-10　格式化输出的对应关系

格　式	对　应　内　容
%s	字符串
%d	整数
%f	浮点数
%.2f	浮点数，精度为 2 位
%8.2f	浮点数，精度为 2 位且带指定显示的位宽（空格填充），这里表示总共 8 个字符的宽度
%-10s	字符串按 10 个字符的宽度来显示，并且左对齐。仅当指定宽度大于字符串实际宽度时有效
%08d	整数占位符含数据总共 8 个字符的宽度，并且用 0 填充。只有数字类型才可以用 0 填充，字符串不支持

```
>>> age = 22
>>> sum = 2.5
```

```
>>> name = 'Hanmeimei'
>>> print 'Her name is %s' % name
Her name is Hanmeimei
>>> print 'She %d years old, and in debt to me %f $.' % (age, sum)
She 12 years old, and in debt to me 2.500000 $.
```

使用这种方式时，请特别注意其语法格式。字符串包含占位符，字符串之外（即引号外）需要再跟一个百分号，然后用空格将最后的参数分隔开。如果参数有多个，则必须使用圆括号，即元组的形式。

多数情况下，可以使用%s 来代替其他类型，因为要将内容输出，只需要字符串就足够了，只有在特殊情况下才需要%d、%f 等。换言之，整数和浮点数都能够以字符串形式来表示，反之则不然。有时候，两种方法也会有微妙的差别，请看下面的代码。

```
>>> pi = 3.14159
>>> print 'The Conconstant PI is %f.' % pi
The Conconstant PI is 3.141590.
>>> print 'The Conconstant PI is %s.' % pi
The Conconstant PI is 3.14159.
```

其区别在于使用浮点数占位符，具有默认的 6 位小数宽度，不足之处会以数字 0 补全。

2.6.5 任务：输出员工信息表

程序处理数据，并将处理好的结果提交给用户。很多时候，我们希望这些结果按照某种格式来呈现，这是人之常情。在计算机和打印机大规模代替笔墨之前，如果我们不得不阅读或者查看别人书写的文章或报告，那么我们希望看到的是工整的字迹，而不是晦涩难懂的鬼画桃符。为什么不尽量让程序输出的数据具有更加规范、整齐的格式呢？

现在假设某单位需要一个小程序——员工信息展示板。这个程序由每个员工输入姓名、年龄、岗位、职级，方便人力资源管理人员或其他领导随时查看。为了使展示的效果更好，这个程序在显示每条信息的时候必须能够使它们对齐，也就是说，要求以格式化的方式输出：

```
Name: XXXXXXX
Age  : XXXXX
Post : XXX
Rank : XXXXX
```

要实现这样的输出效果，使用前面介绍的格式化输出即可。以下代码作为参考：

```
name = raw_input('Please input your name:')
age = raw_input('Age:')
post = raw_input('Post:')
rank = raw_input('Rank:')
print '''                          # 使用三引号进行多行文本输出
Personal information of %s:       # 占位符->变量 name
    Name    : %16s                # 占位符->变量 name
    Age     : %16s                # 占位符->变量 age
    Job     : %16s                # 占位符->变量 post
    Rank    : %16s                # 占位符->变量 rank
-------------------------------
```

```
''' % (name,name,age,post,rank)       # 每个占位符对应的变量,严格按顺序排列
```

执行结果:
```
Please input your name:Robert Heinlein
Age:60
Post:CTO
Rank:Senior Engineer
Personal information of Robert Heinlein:
    Name  :  Robert Heinlein
    Age   :  60
    Job   :  CTO
    Rank  :  Senior Engineer
---------------------------------
```

2.7 小结

本项目介绍了 Python 表达式的基本元素:数据类型和运算符,同时对对象这一概念及用户交互方法也进行了简单介绍。
- ❑ 基本数据类型。
- ❑ 容器数据类型。
- ❑ 运算符。
- ❑ 运算符的优先级。
- ❑ 用户输入。
- ❑ 屏幕输出。
- ❑ 格式化输出。

2.8 习题

1. 在交互式解释器中给不同的变量赋予不同数据类型的值,如浮点数、字符串等,输入变量名并按 Enter 键,然后针对相同的变量使用 print 语句,"输入变量名并按 Enter 键"与"用 print 语句输出变量"的操作有何区别?

2. 用表达式来描述下列命题。
(1) n 是 m 的倍数   (2) n 是小于正整数 k 的偶数
(3) x≥y 或 x<y   (4) x、y 中有一个小于 z
(5) x、y 都小于 z   (6) x、y 都大于 z,且为 z 的倍数

3. 手工计算(或心算)下列表达式的值,然后用代码来验证是否正确。
(1) 16/4-2**5*8/4%5//2
(2) ~30<<2*12**-6*22
(3) 6**2+40&1*5

4. 设计一个程序,让用户输入平面坐标系中的两个坐标,然后计算出两点之间的距离。

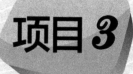

项目 3

流程控制

计算机并不是那么聪明,如果不控制代码的执行流程,它就只能从第一行代码开始,按顺序一条一条地执行,直到最后一行。本项目引入了两种典型的流程方式:分支和循环,通过这两种非顺序执行方式的组合,进而能够设计出更复杂的程序。

3.1 任务 1 了解语句块和程序流程图

3.1.1 语句块与缩进

语句块是指成块的代码,通常由若干行组成(也有的只有单条语句的语句块),和块外的代码处于不同的层次关系。除了条件语句、循环语句等流程控制语句,定义函数、类及类方法、异常处理等语句都涉及语句块。

Python 的语句块不使用大括号{}来控制类、函数以及其他逻辑判断,而是使用行首的缩进来标明语句块。Python 解释器并没有限制在每一级缩进的时候使用几个空格,只要同一个代码块中所有行的缩进距离相同即可。约定俗成的是使用 4 个空格来定义一级缩进,如果有两级缩进,那就是 8 个空格,以此类推。在严格要求的代码缩进之下,Python 代码非常整齐规范,赏心悦目,提高了可读性,在一定程度上也提高了可维护性。

不建议使用制表符(即使用 Tab 键)来缩进。如果使用文本编辑器来编写代码,不同平台的制表符有不一样的缩进距离。Windows 的制表符的宽度是 8,而 Linux 的制表符的宽度是 4,因此,制表符可能会使代码在跨平台执行的时候出错。

当然,现在的 IDE 和一些具有很多新特性的文本编辑器支持 py 源代码文件格式的各种特性,这包括将制表符自动地转换为 4 个空格,在这种特性的支持下,可以使用 Tab 键。

定义语句块非常简单,只有以下几条规律:

❑ 定义语句块的语句需要以冒号结束,它表示从下一行开始需要增加一级缩进。此后的每一行都属于同一个语句块,需要有相同的缩进量。

❏ 当在语句块中进一步定义一个新的语句块时，就需要第二级缩进，以此类推。
❏ 当在语句块中减少缩进量时，表示当前语句块已经结束，后续的行将回退到上一层。
特别地，语句缩进量为 0（顶格书写）表示当前语句块已经位于顶层代码。

因为没有额外的字符（如括号或标签）来控制缩进，代码更简洁，并且相同代码块有相同的缩进，程序的层次结构一目了然，因而程序具有更高的可读性。

对于 Java、C、C++、Delphi 等语言，缩进对编译器来说没有任何的意义，它只是使得代码更加容易理解。但对于 Python，缩进就是代码块的标识，不符合规范的缩进会导致名为 IndentationError 的语法错误。

3.1.2 程序流程图

程序流程图也称程序框图，是以特定的图形符号加上说明表示算法的图。程序流程图使用一些标准符号代表某些类型的动作，如决策用菱形框表示，具体活动用方框表示。但比这些符号规定更重要的是必须清楚地描述工作过程的顺序。程序流程图也可用于设计改进工作过程，具体做法是先画出事情应该怎么做，再将其与实际情况进行比较。

为便于识别，绘制程序流程图的习惯做法如下：
❏ 圆角矩形表示"开始"与"结束"，如图 3-1（a）所示。
❏ 菱形表示问题判断或选择环节，如图 3-1（b）所示。
❏ 箭头代表工作流方向，如图 3-1（c）所示。
❏ 矩形表示处理步骤，如图 3-1（d）所示。
❏ 平行四边形表示输入/输出，如图 3-1（e）所示。

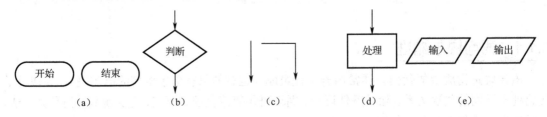

图 3-1　程序流程图的图例

3.2　任务 2　掌握分支结构

程序由多条语句组成，用于描述计算的执行步骤。人们利用计算机解决一个问题时，必须先将问题转化为计算机语句（描述解题步骤），也就是程序。一般来说，计算机执行的程序是按照一定的程序流程编写的。常见的流程控制结构分为顺序结构、分支结构、循环结构。

程序设计理论已经证明，任何程序可以由以上 3 种基本结构组成。前面涉及的程序均属于顺序结构。Python 用 if 语句实现分支结构，用 for 语句和 while 语句实现循环结构。下面先介绍分支结构。

3.2.1 单条件分支结构

分支结构有两大类,第一种是最简单的 if 句型,即单条件分支:如果条件成立,做特定的处理,否则什么也不做,直接执行后续代码。图 3-2(a)表示了这种简单的分支结构。下面是一个简单例子:

```
>>> a,b = 5,4            # a=5, b=4
>>> if a>b:              # 如果 a 比 b 大,则输出 a 的值
...     print a
5
```

单条件分支的另一种形式是 if...else...句型,其仍然只有单个条件,但稍微复杂一些,要求条件成立的时候做一种特定的处理,而条件不成立则要做另一种处理。if...else...句型的逻辑流程如图 3-2(b)所示。

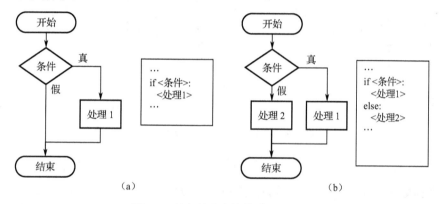

图 3-2 单条件分支结构的两种形式

3.2.2 多条件分支结构

第二类分支结构是 if...elif 句型,其中 elif 子句可以有多个,对应多个条件,因此它是多条件分支结构。实际上 elif 就是 else if 的缩写。在 if...else 语句中,当条件 1 成立时执行处理 1,当条件 2 成立时执行处理 2,以此类推。如果所有条件均不成立,则什么都不做,直接执行后续语句,如图 3-3(a)所示。

多条件分支结构也有带 else 子句的形式,即 if...elif...else 句型。它仍然在多个条件中执行符合条件的语句,但额外地,当所有条件均不成立时,它会执行 else 子句下的语句块,如图 3-3(b)所示。

下面看一个例子,用分支结构将考试成绩由百分制转换为五级制:

```
x = input("请输入您的总分:")
if x >= 90:
    print '优'     #如果所输入分数大于等于 90,则为优
elif x>=80:
    print '良'
elif x >= 70:
```

```
        print '中'
elif x >= 60:
        print '合格'
else:
        print '不合格'
```

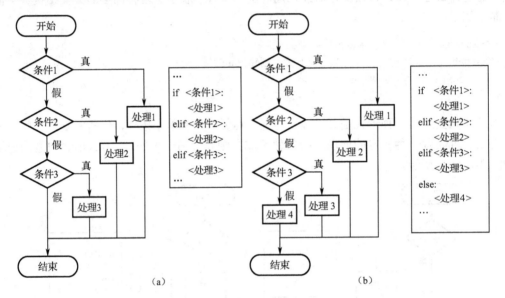

图 3-3 多条件分支结构的两种形式

执行结果（1）：

请输入您的总分：92
优

执行结果（2）：

请输入您的总分：37
不合格

执行结果（3）：

请输入您的总分：72
中

3.2.3 嵌套的分支结构

在一个分支结构的语句块中，继续进行新的条件判断，继而产生新的分支，这种情况称为嵌套的分支结构。图 3-4 展示了一个在顶层有多个分支，并且其中一个分支具有嵌套分支的复杂结构。

下面是一个嵌套分支结构的例子，用户输入三角形 3 条边的长度，然后程序对其进行判断，是否满足三角形基本定义：任意两条边的长度之和大于第三条边的长度；如果满足则进一步判断该三角形的类型，如等边三角形、等腰三角形、直角三角形或普通三角形。代码如下：

```
import math
a = input('please input side A: ')       # 输入第一条边
b = input('please input side B: ')       # 输入第二条边
c = input('please input side C: ')       # 输入第三条边
if a > b:                                # 为方便计算，我们希望 3 条边的长度依次递增，A 最短，C 最长，即 A<B<C
    a, b = b, a                          # 因此，如果边 A 比 B 长，则交换它们的值
if a > c:                                # 同样，如果边 A 比 C 长，则交换它们的值
    a, c = c, a
if b > c:                                # 如果边 B 比 C 长，则交换它们的值
    b, c = c, b
```

```
    if a+b > c and a+c > b and b+c > a:            # 若任意两条边长度之和大于第三条边，则是三角形
        s = (a+b+c)/2.0                            # s 为边长的 1/2
        area = math.sqrt(s*(s-a)*(s-b)*(s-c))      # 用海伦公式计算三角形面积
        print "Triangle's area is", area           # 输出三角形的面积
        if a = b = c:                              # 判断是否为等边三角形
            print "Triangle is Equilateral."
        elif a = b or b = c or a = c:              # 判断是否为等腰三角形
            print "Triangle is Isosceles."
        elif a*a + b*b = c*c:                      # 判断是否为直角三角形
            print "Triangle is right-angled."
        else:                                      # 或者为普通三角形
            print "Triangle is Normal."
    else:                                          # 如果不满足任意两边长度之和大于第三条边，则不是三角形
        print "No triangle."
```

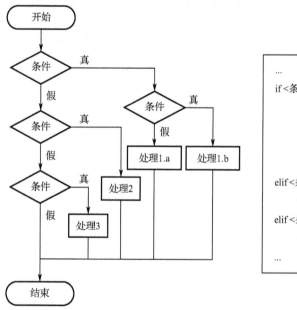

图 3-4 嵌套的分支结构

执行结果（1）：

please input side A: 1
please input side B: 1
please input side C: 1
Triangle's area is 0.433012701892
Triangle is Equilateral.

执行结果（2）：

please input side A: 3
please input side B: 4
please input side C: 5
Triangle's area is 6.0
Triangle is right-angled.

执行结果（3）：

please input side A: 2
please input side B: 2
please input side C: 3
Triangle's area is 1.9843134833
Triangle is Isosceles.

执行结果（4）：

please input side A: 2
please input side B: 4
please input side C: 3
Triangle's area is 2.90473750966
Triangle is Normal.

执行结果（5）：

please input side A: 1
please input side B: 1
please input side C: 5
No triangle.

3.2.4 单句多条件和短路逻辑

我们知道，逻辑运算和数学运算一样，可以进行多重运算，因此，可以在单个 if 语句中给出多个条件，并使用逻辑运算符来连接它们，表达如下：

```
if condition1 and condition2 and condition3 ... :      # 多条件与
if condition1 or condition2 or condition3 ... :        # 多条件或
if condition1 and condition2 or not condition3 ... :   # 多条件组合(与或非都有了)
```

要特别强调的是，Python 中的逻辑运算是短路逻辑，规则如下：

1）对于用运算符 and 连接的两个逻辑表达式，如果第一个条件为假，则结果一定为假，故对第二个条件表达式不做计算，直接跳过。

2）对于用运算符 or 连接的两个逻辑表达式，如果第一个条件为真，则结果一定为真，故对第二个条件表达式不做计算，直接跳过。

短路逻辑同时也体现在 if ... elif 语句块中，如果 if 子句条件为真，并且每个 elif 子句条件都为真，则只执行 if 子句下的语句块。请看下面的代码：

```
x = 100
if x >= 90:
    print '优'
elif x >= 80:
    print '良'
elif x >= 70:
    print '中'
```

执行结果：

```
优
```

3.2.5 多个 if 语句块

短路逻辑对程序具有积极意义。由于避免了执行冗余的逻辑运算，提高了程序的效率，在项目越庞大、逻辑运算越多的情况下，短路逻辑的优势体现得越明显。对于 if ... elif 句型，如果确有特殊需要，希望将所有的逻辑运算执行完毕，则可以使用多个 if 语句块，这样程序在运行时会遍历所有 if 语句（不管每个 if 后的逻辑运算是否为 True）。下面是代码示例：

```
x = 100
if x >= 90:
    print '优'
if x >= 80:
    print '良'
if x >= 70:
    print '中'
```

执行结果：

```
优
```

良
中

3.2.6 if 语句的三目运算形式

条件语句的一般用法是使用语句块，如果块中的语句很少，且较为简短，就没必要单独书写。if 语句支持三目运算形式，可以将条件句写在单独的一行中，格式如下：

var = a if <condition> else b

对于多行代码，例如，比较两个变量的大小，返回数值较大的一个，传统的做法是这样的：

if a>b:
    bigger = a
else:
    bigger = b

它等价于下面的三目运算形式：

bigger = a if a > b else b

在这行代码中，bigger=a 的前提条件是 a>b，如果不满足则 bigger=b。更简单地说，条件为真时，返回左侧的表达式，否则返回右侧的表达式。

3.3 任务 3 掌握循环结构

循环结构是程序执行重复任务的基础，循环可以分为无限循环、可控循环和有限次数循环 3 种。Python 提供了 while 循环和 for 循环两种方式，while 循环可以实现上述 3 种循环结构，而 for 循环主要用于遍历一个可迭代对象，如字符串、列表等。

3.3.1 while 语句

就如同 if 语句那样，while 语句的关键也是一个逻辑表达式，如果该表达式的结果为真，则循环运行 while 后面的语句块，否则终止循环，如图 3-5 所示。

下面介绍无限循环、可控循环和有限次数循环的设计思路。

1. 无限循环

无限循环即死循环，如果 while 条件表达式的值始终为 True，则它是一个死循环，最典型的写法如下：

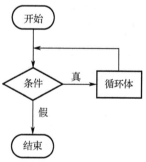

图 3-5 while 循环的基本结构

while True:
    ... # 循环体

无限循环一般用于交互式操作，例如，一个后台程序需要监控用户输入，它就必须永久等待，当用户输入信息时做相应的处理，然后继续等待下一个输入。又如，在服务器/客户端

（Server/Client，C/S）架构中，服务器端程序需要永久等待客户端的请求。在其他时候，程序语义上的错误有可能导致意外的无限循环，对于 Python 控制台程序，可以发送键盘中断请求（Ctrl+C 键）来终止程序。

下面我们用无限循环来实现一个骰子模拟器，程序永久循环等待用户操作，用户只要按下 Enter 键，系统就随机地从 1～6 中挑选一个数字输出。除了无限循环的 while 形式，我们还需要用到 random 模块中的 randint()函数，它用于在指定的整数范围内随机返回一个数字，函数原型为 random.randint(a,b)，即返回 a～b 之间的随机整数。

代码如下：

```
import random
while True:          # 循环条件为真，并且始终为真
    n = raw_input('Press any key and Enter:')
    if n:
        print random.randint(1,6)
```

这个骰子模拟器是一个纯粹的死循环，程序无法正常退出，只能通过 Ctrl+C 键或 Kill 进程等方法来终止。现在我们稍微修改一下，让它成为一个可控循环，用户可以选择正常结束，也可以永久循环下去。代码如下：

```
import random
switch = True
while switch:                   # 是否循环取决于变量 switch 的值是否为真
    n = raw_input('Press any key and Enter to get a Random Number, Type Q to quit.')
    if n == 'q' or n == 'q':    # 如果用户输入 Q 或 q，终止循环
        switch = False
    else:
        print random.randint(1,6)
```

2. 可控循环

如果 while 的条件表达式的值依赖于一个可以由块内代码或用户控制的变量，则它是一个可控循环，典型的写法如下：

```
loopCondition = True
while loopCondition:
    ...                         # 循环体
    if branchCondition:         # 通过块内代码控制：当满足特定条件时，终止循环
        loopCondition = False
    ...
```

也可以让用户来控制循环，用 input()或 raw_input()让用户输入一个信息，令 while 条件表达式的值为 False，从而终止循环。此方法可以让用户自行决定终止循环的时机。

3. 有限次数循环

有限次数循环又称计数器循环，非常适合于在循环执行之前就知道要重复执行次数的那些情况。有限次数循环其实是一种特殊的可控循环，用户可以设置一个和数值有关的条件表达式，例如，在循环开始之前声明一个变量作为计数器，初始值为 0，并且 while 条件表达式规定计数器的值不得超过某个数字；最后，在循环体中使计数器进行自增 1 的运算。这样每一轮循环，计数器都会增加 1，直到超过 while 条件表达式中规定的数字，从而令表达式的值为 False，终

止循环。有限次数循环典型的写法如下：

```
counter = 0
while counter < 100:    # 假设我们希望只循环 100 次，当 counter 增加到 100 时终止循环
    ...
    counter += 1
```

这个程序还可以稍微修改一下，使它更加"Pythonic"。为什么要设置计数器的初始值为 0 并且让它自增呢？如果反过来则效果会更好。设置计数器的初始值为想要循环的总次数，然后在循环体中使它每次自减 1。我们知道，0 在条件表达式中被视为 False，因此 while 条件句可以是计数器自身，不必再做比较运算。对比代码如下：

```
counter = 100
while counter:    # 当 counter 为 0 时终止循环
    ...
    counter -= 1
```

下面是一个通过有限次数循环来输出九九乘法表的例子。我们通过两个计数器变量来控制两层嵌套的循环：外层计数器的值每次循环自增 1，从 1 递增到 9；内层计数器每次循环自增 1，从 1 递增到外层计数器的当前值。参考代码如下：

```
out_counter = 1
while out_counter<=9:
    in_counter = 1
    while in_counter <= out_counter:
        print "%sx%s=%s" % (out_counter, in_counter, out_counter*in_counter),
        # 注意 print 语句最后的逗号，表示每输出一个乘法式子不进行换行
        in_counter += 1
    print '\r'            # 仅当外层循环每一轮结束后才换行
    out_counter += 1
```

3.3.2 break 语句

回想骰子模拟器的例子，为了让用户可以决定什么时候终止循环，我们令用户输入信息，并以此信息为 while 条件表达式中的关键变量赋值。相同的任务可以通过 break 语句来完成，并且实现更加简单。break 语句的作用是，无论循环条件是什么，只要程序执行到 break 这里，就立即终止循环。请看使用 break 语句之后的骰子模拟器是如何工作的：

```
import random
while True:
    n = raw_input('Press any key and Enter to get a Random Number, Type Q to quit.')
    if n == 'q' or n == 'q':    # 如果用户输入 Q 或 q，终止循环
        break
    print random.randint(1,6)
```

注意：在之前的代码中，我们使用了 if ... else 结构，因为即使用户输入参数 Q 令循环条件为假，当前的这一轮循环仍然会执行完毕。如果采用单独的 if 语句，则即使用户输入 Q，程序还会输出一次随机数，因此需要 if ... else 结构，这样当用户输入 Q 时，不会执行 else 子句中的

代码。

作为对比,在使用了 break 语句之后,我们不再需要那个 else 子句了。只要执行了 break 语句,循环立刻从这里结束,即使在 break 之后还有其他语句,也不会再执行了。

3.3.3 continue 语句

break 语句的作用是立刻终止循环,而 continue 语句的作用是立刻跳过当前这一轮循环的剩余语句,进入下一轮循环。

假设有一个热线电话的接线员,允许我们猜一猜她的年龄,并且会在我们猜错的时候给出提示"太小了/太老了",用代码来表示是这样的:

```
real_age = 23                                              # 接线员真实年龄是 23 岁
while True:
    age = raw_input("Guess hers age(Type 'Q' to drop):")   # 输入一个表示年龄的数字
    if age == 'Q' or age == 'q':                           # 如果输入 Q/q,终止循环
        break
    elif age.isdigit():                                    # 如果输入的是数字
        if int(age) > real_age:                            # 将数字字符串转换为整数,并和真实年龄对比
            print 'Think younger.'                         # 提示猜得太小了,并跳过当轮循环
            continue
        elif int(age) == real_age:                         # 猜对后终止循环
            print 'Good! 10 $.'
            break
        else:
            print 'Think older.'                           # 提示猜得太老了,并跳过当轮循环
            continue
    else:                                                  # 如果输入的是其他字符...
        print "Neither it is a number nor a 'Q', again please!"
```

注意: 当我们猜错时,会因为 continue 语句进入下一轮循环。理论上讲,当输入非法字符时(根据程序逻辑,这里 Q 表示退出,数字是合法字符,其他均为非法字符),获得提示要求重新输入,也可以通过 continue 语句进入下一轮循环,但在这段代码里并不需要,因为到这里已经是 while 语句块中的最后一条语句了,无论是否有 continue,都会直接进入下一轮循环。

3.3.4 循环结构中的 else 语句

在循环结构中引入 else 语句是 Python 的一大特色,C 和 Java 没有这样的设计。循环结构中的 else 基本语法如下:

```
while condition:
    <block>
else:
    <block>
...
```

说明: 当循环结束后,首先执行 else 语句下的语句块,然后执行外部的后续语句。那么,else 语句下的语句块和后续语句有何区别呢?关键在于,仅当循环正常结束时,else 下的语句

块才会执行;如果使用 break 语句终止循环,则不会执行。使用 while 条件控制和使用 break 语句的对比如下。

使用 while 条件控制:

```
#使用 while 条件控制
switch = True
counter = 0
while switch:
    print counter
    counter += 1
    if counter > 3:
        switch = False
else:
    print "the loop is over."
```

执行结果:

```
0
1
2
3
the loop is over.
```

使用 break 语句:

```
# 使用 break 语句
switch = True
counter = 0
while switch:
    print counter
    counter += 1
    if counter > 3:
        break
else:
    print "the loop is over."
```

执行结果:

```
0
1
2
3
```

3.3.5 pass 语句

pass 语句是空语句,不做任何事情,主要作用是保持程序结构的完整性,一般用做占位符。以分支结构为例,pass 语句的用法如下:

```
if condition:
    pass        # 当条件满足时,什么都不做
```

pass 语句可以在任意语句块中使用,除了分支结构和循环结构,还可以在函数定义、类定义、异常处理等语句块中使用。使用 pass 语句最多的场景是定义抽象类中的方法,详见项目 7。

3.4 任务 4 掌握高级循环:for 循环、推导式及生成器

3.4.1 for 循环

Python 中的 for 循环和 C、Java 等语言中的 for 循环有很大的区别,它不是用做单纯的循环次数和条件控制,而是通过遍历一个可迭代对象来作为循环的基础,当遍历对象完成时,循环也就结束了。for 循环最简单的例子就是遍历一个数组形式的列表,代码如下:

```
list1 = [1,2,3,4,5]
str1 = 'Hello world!'
for item in list1:      # 列表是可迭代对象
    print i,            # 以逗号结束避免换行
for item in str1:       # 字符串也是可迭代对象
    print i,
```

执行结果:

```
1 2 3 4 5
H e l l o   w o r l d !
```

从这段代码的执行结果可以看出,for 循环遍历一个可迭代对象,对象拥有的元素(即成员数据)个数决定了循环的次数,与此同时,元素的内容可以被加以利用。

for 循环中的 item(名字任意),在遍历可迭代对象的时候用于存储该对象中的当前元素的值。本质上,每次循环相当于把遍历到的元素赋值给了 item 变量。此外,item 是一个局部变量,仅在 for 的语句块内有效。因此,不同的 for 循环,其 item 变量可以使用相同的标识符。

for 循环在很多时候和内建函数 range() 搭配使用。range() 函数的原型如下:

```
range(stop)
range(start, stop [, step])
```

根据函数定义,可以指定一个整型参数 stop,然后返回一个从 0 开始、直到 stop 的值减 1 结束的整数数列。例如,range(5) 会返回一个列表,内容为[0, 1, 2, 3, 4]。

也可以同时指定 start 和 stop,这样可以指定数列的起始数字。例如,range(4,10) 会返回列表[4, 5, 6, 7, 8, 9]。

还可以同时指定 start、stop 和 step,step 是数列的步长,即每个元素之间的差。例如,range(0,10,2) 会返回小于 10 的所有偶数。

注意:在 Python 3 中,range() 函数不会返回一个列表,而是返回一个迭代器对象,与 Python 2 中的 xrange() 相同。可以通过 list() 函数将这个迭代器转换为列表,或直接在 for 循环中迭代它。

那么,本节前面的这段代码的第一行就可以改写为:

```
list1 = range(1,6)
```

如果只想用 for 循环来进行有限次数的相同任务,那么可以在 for 语句中使用函数 range():

```
for item in range(stop):
    <block>
```

如果想遍历一个对象 object，则直接使用 for item in object 的形式。例如，通过 dir()函数来查询一个对象，实际上是返回了一个列表，其中每个元素都是一个字符串，保存了该对象的所有属性和方法。当直接输出这个列表时，其内容显示并不是那么友好，请看下面的代码：

```
list1=dir(list)
print list1
```

执行结果：

['__add__', '__class__', '__contains__', '__delattr__', '__delitem__', '__delslice__', '__doc__', '__eq__', '__format__', '__ge__', '__getattribute__', '__getitem__', '__getslice__', '__gt__', '__hash__', '__iadd__', '__imul__', '__init__', '__iter__', '__le__', '__len__', '__lt__', '__mul__', '__ne__', '__new__', '__reduce__', '__reduce_ex__', '__repr__', '__reversed__', '__rmul__', '__setattr__', '__setitem__', '__setslice__', '__sizeof__', '__str__', '__subclasshook__', 'append', 'count', 'extend', 'index', 'insert', 'pop', 'remove', 'reverse', 'sort']

这里，可以用 for 循环来遍历 dir(object)返回的内容：

```
for item in dir(list):
    print item
```

执行结果：

```
__add__
__class__
__contains__
__delattr__
__delitem__
__delslice__
__doc__
__eq__
__format__
__ge__
...    （因为行数过多，下略）
```

和 while 循环一样，for 循环支持 break 和 continue 这两个跳转控制语句，支持 pass 占位语句、else 子句。可以像在 while 循环中一样，在 for 循环使用它们。

3.4.2 列表推导式

在 3.2.6 节中，我们介绍了如何在单独的一行中书写 if ... else 语句。对于 for，其循环也有类似的方法，称为列表推导式或列表解析。列表推导式的语法规则如下：

```
variable = [out_exp_res for out_exp in input_list if out_exp]
```

赋值表达式右侧方括号中的内容如下。

out_exp_res：列表生成元素表达式，可以是有返回值的函数。

for out_exp in input_list：迭代 input_list 将 out_exp 传入 out_exp_res 表达式中。
if out_exp：根据条件过滤列表中的一部分值（可选）。
左侧则是一个列表，其中的每个元素对应了每次迭代所获得的数据。
下面看一些例子。

1）对 10 以内的数字进行 3 次幂运算：

```
>>> l1 = [x**3 for x in range(10)]
>>> print l1
[0, 1, 8, 27, 64, 125, 216, 343, 512, 729]
```

2）对字符串中的每个字符进行 ASCII 编码的编号查找：

```
>>> l2 = [ord(x) for x in 'So high, so low, so many things to know.']
>>> print l2
[83, 111, 32, 104, 105, 103, 104, 44, 32, 115, 111, 32, 108, 111, 119, 44, 32, 115, 111, 32, 109, 97, 110, 121, 32, 116, 104, 105, 110, 103, 115, 32, 116, 111, 32, 107, 110, 111, 119, 46]
```

3）对符合条件的元素进行处理：

```
>>> l3 = [x for x in 'au2fad7ui9q2z3jf20pm83q42yafj2o' if x.isdigit()]
# 把字符串中所有的数字搜集起来
>>> print l3
['2', '7', '9', '2', '3', '2', '0', '8', '3', '4', '2', '2']

>>> l4 = [x**2 for x in range(100) if x%9 == 0]
# 对 100 以内所有能被 9 整除的数字进行 2 次幂计算
>>> print l4
[0, 81, 324, 729, 1296, 2025, 2916, 3969, 5184, 6561, 8100, 9801]
```

4）嵌套的列表推导式：

```
>>> matrix = [[1,2,3],        # 将一个二维矩阵降维成一维矩阵
...           [4,5,6],
...           [7,8,9]]
>>> print [i for row in matrix for i in row]
[1, 2, 3, 4, 5, 6, 7, 8, 9]
# 这使用了两个 for 循环迭代整个矩阵。外层（第一个）循环按行迭代，内部（第二个）循环对该行的
# 每个项进行迭代
```

3.4.3 生成器

列表推导式可以直接用来代替 for 循环以创建一个列表。但是，受到内存限制，列表容量肯定是有限的。另外，创建一个包含 100 万个元素的列表，不仅占用很大的存储空间，如果我们仅仅需要访问前面几个元素，那么后面绝大多数元素占用的空间都白白浪费了。

所以，如果列表元素可以按照某种算法推算出来，那么是否可以在循环的过程中不断推算出后续的元素呢？这样就不必创建完整的列表，从而节省大量的空间。这种概念称为延迟求值，属于惰性计算的一种。在 Python 中，它叫作生成器（generator）。

生成器有两种创建方法，这里只介绍其中一种，即将列表推导式所用的方括号[]更改为圆

括号()。对于 3.4.2 节的第 3 个例子，下面用生成器来实现并进行对比：

```
>>> l4 = [x**2 for x in range(100) if x%9 == 0]
>>> g4 = (x**2 for x in range(100) if x%9 == 0)
>>> print l4
[0, 81, 324, 729, 1296, 2025, 2916, 3969, 5184, 6561, 8100, 9801]
>>> print g4
<generator object <genexpr> at 0x00000000028CA3A8>
>>> type(g4)
<type 'generator'>
```

结果有那么一点儿诡异。当我们输出列表推导式对象 l4 时，正常输出了它的每一个元素的值，而生成器对象 g4 的内容却不能成功地输出，而是获得了一个对象描述信息。为什么呢？我们已经说过，生成器是在循环的过程中不断地计算后续元素，因此现在它并没有完整的信息。

生成器对象有一个 next()方法，每调用一次，它就完成一轮循环的计算，并返回对应的值，然后清理数据，如下所示：

```
>>> g4.next()
0
>>> g4.next()
81
>>> g4.next()
324
... (略)

>>> g4.next()
9801
>>> g4.next()
Traceback (most recent call last):
    File "<stdin>", line 1, in <module>
StopIteration
```

从代码可以看到，每调用一次 next()就获得一次循环所产生的数据，当迭代完序列之后就不再有可计算的对象，因此如果继续使用 next()就会抛出 StopIteration 错误。

很明显，不断调用 next()并不是一个好的体验，正确的做法是使用 for 循环来迭代生成器，因为生成器也是可迭代对象。示例如下：

```
g4 = (x**2 for x in range(100) if x%9 == 0)      # 创建生成器
for item in g4:                                   # 遍历生成器
    print item
0
81
324
729
1296
2025
... (略)
```

有些计算任务比较复杂，很难用列表推导式在一行代码中完成，因此很难用同样的生成器来完成。这就需要使用生成器的另一种方法，即 yield。由于 yield 属于函数的高级特性，我们将在项目 6 介绍。

3.5 小结

本项目主要介绍 Python 流程控制的内容，先介绍了分支结构，即 if 语句的基本用法，然后介绍了循环结构的两种语句（while 和 for）的用法，并针对 for 循环的高级方法（列表推导式和生成器）进行了介绍。

- 定义语句块。
- 程序流程图。
- 单条件分支结构。
- 多条件分支结构。
- 嵌套的分支结构。
- 短路逻辑。
- while 语句。
- 无限循环、可控循环和有限次数循环。
- break 语句和 continue 语句。
- 循环结构中的 else 语句。
- for 循环。
- 列表推导式。
- 生成器。

3.6 习题

1. 写出条件语句与循环语句的语句结构。
2. 简述 break 语句和 continue 语句的区别。
3. 写出 if ... if 和 if ... elif 的区别，并举例、编程说明。
4. 求 1～100 之间的所有素数，并统计素数的个数。
5. 编程显示任意输入 5 个数字中的最大值、最小值和平均值。
6. 杨辉三角形遵循二项式乘方展开式的系数规律，它的性质包括：

- 每个数等于它上方两个数之和。
- 每行数字左右对称，由 1 开始逐渐变大。
- 第 n 行的数字有 n 项。
- 第 n 行数字和为 2n-1。

杨辉三角形的图形如图 3-6 所示。
请通过编程实现杨辉三角形，用普通循环和列表推导式均可。

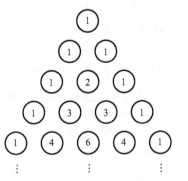

图 3-6 杨辉三角形的图形

项目 4

容器数据类型：序列、映射和集合

从本项目开始，我们将介绍容器数据类型，即有别于数字、布尔值等单一数据的复合类型，它们包括序列、映射和集合，本质上是已经实现了的数据结构，作为 Python 基本功能的一部分提供给用户使用。Python 的容器数据类型提供了非常强大的类方法，本项目将从最基本的容器数据类型——序列开始，介绍它们的常用方法及高级特性；然后介绍其他容器，包括字典和集合。

4.1 任务 1　了解序列类型

4.1.1 容器数据类型简介

容器数据类型是其他数据类型按某种方式组织起来的数据结构，按照组织方法，可以分为序列、映射和集合。其中，序列有 6 种：列表、元组、字符串、Unicode 字符串、buffer 对象和 xrange 对象。映射只有 1 种，即字典，集合分为可变集合和不可变集合。

序列是容器数据类型中的一个主要子类，是一种有序的数据结构，它包含的元素（即成员）都进行了编号（从 0 开始）。

我们也可以根据对象是否可变来对容器数据类型进行分类。

1）不可变类型：除非重新获得赋值操作，否则对象的内容不能够改变（not mutable），这些类型主要有字符串类型、元组、不可变集合。

2）可变类型：对象的内容能够改变（mutable），主要有列表、字典、可变集合。

可以使用内建函数 len() 来查看一个容器包含的数据个数。

```
>>> l1 = [1,2,3]
>>> len(l1)
3
```

4.1.2 列表和元组

列表和元组是基础的序列类型。列表类似于 C 语言中的数组，但和数组不同的是，在列表中，可以混合安排不同的数据类型，列表还有很多功能强大的方法可以使用。

列表的特点如下：
- 用方括号"[]"包围数据集合，不同的成员之间用逗号","分隔。
- 元素可重复，可包含任何数据类型。
- 所有的序列类型都可以通过下标（索引序号）来访问其中的元素。
- 列表支持嵌套，并且支持多层嵌套。
- 列表提供了多种方法，可以对其包含的元素进行添加、删除、排序等处理。
- 列表可以修改自身，所以它是可变类型。
- 列表支持由 del 语句或 del() 函数来删除它的一个元素。
- 所有序列类型都支持加法和乘法（动态运算符），可以用加号"+"连接两个列表，可以用乘号"*"来将列表乘以一个整数 n，使得 n 个相同列表被连接在一起。

下面的例子展示了如何使用动态运算符操作列表：

```
>>> l1 = [1,2,3]
>>> l2 = [4,5,6]
>>> l1+l2                    # 列表对象 l1 和 l2 相连
[1, 2, 3, 4, 5, 6]
>>> l1*3                     # 相当于 3 个 l1 相连
[1, 2, 3, 1, 2, 3, 1, 2, 3]
```

元组和列表非常相似。从外在来看，元组和列表的唯一区别是它使用圆括号"()"来包围数据集合，而并非方括号；内在的差异更多，元组是不可变对象，因此它没有能够更改自身数据的方法。更改一个元组唯一的方式就是重新对它（或其元素）进行赋值。

4.1.3 序列的索引和切片操作

序列类型都可以通过索引来访问其中的元素。索引又称下标，以数字 n 表示序列第 n 个元素。无论哪种类型的序列，其索引都使用方括号[]来表达。索引从 0 开始，表示第 1 个元素，索引 1 表示第 2 个元素，以此类推。索引编号也可以使用负数，-1 表示最后一个元素，-n 表示倒数第 n 个元素。访问一个超出索引范围的编号，程序会抛出 IndexError 错误。下面是索引访问示例：

```
>>> l1 = range(1,11)
>>> l1
[1, 2, 3, 4, 5, 6, 7, 8, 9, 10]
>>> l1[1]
2
>>> l1[4]
5
>>> l1[-1]
10
```

```
>>> ll[22]
Traceback (most recent call last):
    File "<stdin>", line 1, in <module>
IndexError: list index out of range
```

切片是索引的高级应用形式,能够同时索引多个元素。应用切片时,可以指定要访问的范围,包括开始元素、结束元素,也可以指定步长(可选)。语法如下:

listObject[start: stop]
listObject[start: stop: step]

方括号里的内容代表了一个半开区间,它表示截取的字符串子串将会包含编号为 start 的元素,但不包含编号为 stop 的元素。例如,[3:5]表示截取第 3 个元素和第 4 个元素,不包含第 5 个元素。由于 start 表示起始元素的下标,stop 表示最终元素(不包含)的下标,因此 start 应当小于 stop,否则返回结果将是一个空列表。对于上面的列表对象 ll,切片示例如下:

```
>>> ll[3:5]
[4, 5]
>>> ll[6:2]           # 当 start !< stop,返回空列表
[]
>>> ll[6:]            # 省略 stop,表示截取从 start 到最后一个元素,返回一个新列表
[7, 8, 9, 10]
>>> ll[:7]            # 省略 start,表示截取第 0 个到第 6 个元素,返回一个新列表
[1, 2, 3, 4, 5, 6, 7]
```

根据上面的代码,很显然,如果同时省略 start 和 stop,则会返回整个列表。

如果需要,也可以指定步长 step。例如,步长为 n,则意味着在指定的 start 到 stop 范围内,每 n 个元素提取一个,返回一个新列表,示例如下:

```
>>> ll[1:7]           # ll 的值是[1, 2, 3, 4, 5, 6, 7, 8, 9, 10]
[2, 3, 4, 5, 6, 7]
>>> ll[1:7:2]
[2, 4, 6]
>>> ll[::3]
[1, 4, 7, 10]
```

我们说过,索引编号可以使用负数 n,表示倒数第 n 个元素。由于切片操作中的 start 和 stop 都是索引编号,所以它们也可以使用负数的形式。当然,step 也是可以负数,-1 表示对截取的新序列翻转顺序;-n 表示每 n 个元素提取一个,并且反转顺序。但是,当使用负数形式的 step 时,start 和 stop 的大小关系也必须反转,即 start 必须大于 stop。示例如下:

```
>>> ll[1:7:-1]        # 当 step 为负数,start 必须大于 stop,否则返回空列表
[]
>>> ll[7:1:-1]
[8, 7, 6, 5, 4, 3]
>>> ll[::-2]          # 仍然可以省略 start 和 stop,表示在整个列表中按 step 规则截取
[10, 8, 6, 4, 2]
```

4.1.4 列表常用方法

列表是一个可改变对象，它提供了一些可以修改自己的方法，如表 4-1 所示。

表 4-1 列表中的方法

方法	原型	说明
append	append(object)	将一个新对象追加到列表的结尾
count	count(value)	统计并返回指定值的元素在列表中的个数
extend	extend(iterable)	将列表与另一个可迭代对象连接起来
index	index(value, [start, [stop]])	按值查找元素，返回找到的第一个元素的下标；可以指定一个查找范围
insert	insert(index, object)	在指定的下标位置插入一个新对象
pop	pop([index])	在指定的下标位置删除一个元素，并返回被删除元素的值；如果不指定下标，则默认删除最后一个元素
remove	remove(value)	按指定的值来删除符合条件的第一个元素
reverse	reverse()	反转列表
sort	sort(cmp=None, key=None, reverse=False)	对元素进行排序，默认情况下数字按大小排序，字符串按 ASCII 编码顺序排序。对于特殊需求，可以指定一个比较函数作为参数 cmp，用于排序规则；可以指定一个 key 作为排序依据，例如，字符型数字按整数大小排序，而并非按 ASCII 编码顺序，可以使用 int 作为 key；reverse 参数决定升序或降序

注意：count 方法和 index 方法有返回值，但不更改原始对象；其他列表方法都会更改原始对象，且没有返回值。

4.1.5 列表和数据结构

由于列表提供了很多操作元素的方法，因此它可以很方便地实现数据结构。

1. 列表和链表

列表的底层是由 C 语言数组实现的，在功能上更接近 C++ 的 vector（因为可以动态调整数组大小）。我们知道，数组是连续列表，链表是链接列表，二者在概念和结构上完全不同。由于列表类似于指针数组，因此其插入（由 insert() 方法实现）操作会移动后面所有的元素，相对于链表的插入操作而言，开销会大得多。但链表的原理导致了它不具有较好的局部性，不仅导致更多的缺页异常，而且会降低缓存命中率。

在 C/C++ 中，通常采用指针和结构体来实现链表；而在 Python 中，可以采用引用和类来实现链表。

2. 列表和栈

栈是一种常用的数据结构，特征是后进先出（Last-In-Fist-Out，LIFO）。栈就像叠放盘子一样，先放置的盘子在最底下，后放置的盘子在顶上，先放置的盘子只能最后取出。又如，自动枪械的弹夹，最先装入弹夹的子弹最后射出。栈可以用于数制转换、走迷宫的实现等。

列表本身可以作为一个栈，不过需要规定在使用它的时候只使用 pop() 和 append() 来修改数据。pop() 默认从列表尾部移除一个数据，实现出栈；而 append() 从列表尾部增加一个数据，实现压栈。

3. 列表和队列

和栈不同，队列在队尾加入数据（进入队列），在队首删除数据（移出队列），是一种先进先出（First-In-First-Out，FIFO）的数据结构。可以把队列想象成排队办理业务的人群，排在最前面的人第一个办理业务，后来的人只能在后面排队，直到轮到他们为止。队列可以用于存储提交给操作系统执行的一系列进程、打印任务池等，一些仿真系统用队列来模拟银行或杂货店里排队的顾客等。

列表可以通过 pop(0) 来移除排在首尾的元素，通过 append() 来加入新的元素，从而实现队列，但不建议这么做。因为在列表中移除一个元素，其后续的所有元素都需要移动位置，效率较为低下。要使用队列，可以考虑 Python 标准库中的 Queue 模块，具体可以参考项目 13。

下面是通过列表来实现栈和队列的一些示例：

```
>>> stack = [1,2,3]                           # 列表作为栈
>>> stack.append(4)                           # 压栈
>>> stack
[1, 2, 3, 4]
>>> stack.pop()                               # 出栈
4
>>> stack.pop()
3
>>> stack
[1, 2]
>>> queue = ["Mercury", "Venus", "Earth"]     # 列表作为队列
>>> queue.append("Mars")                      # "Mars"进入队列
>>> queue.pop(0)                              # "Mercury"离开队列
'Mercury'
>>> queue.append("Asteroid Field")
>>> queue
['Venus', 'Earth', 'Mars', 'Asteroid Field']
```

4.1.6 可变对象的复制

项目 2 提到过，Python 的赋值实际上是将一个变量名引用到一个对象上。当使用变量名再次对另一个新变量赋值时，新变量仍然引用到同一个对象上。之前我们操作的都是不可变对象，因此没有任何问题。当需要改变其中一个变量的值时，只需要（也只能）重新赋值，而一旦重新赋值即可，两个变量就不再是引用同一个对象。

```
>>> a=2
>>> b=a
>>> a is b
True
>>> a=4
>>> b
2
```

但是，对于可变对象，由于其不经赋值也能被修改，因此引出了新的问题。当两个变量都

引用同一个可变对象时,任何一个变量使用了对象自身的方法修改数据时,另一个变量也随之发生改变。

```
>>> a=[1,2,3]
>>> b=a
>>> a.pop()         # 在列表 a 中删除一个元素
3
>>> b               # 列表 b 同步地受到影响
[1, 2]
>>> b is a
True
```

仔细想想,这其实很合理。一个列表有可能非常巨大,可能有超过一百万个元素。要建立一个完全的副本会消耗许多资源,并且往往也不是必须的。假设的确有此需要,那么可以通过一些方法来建立真正的副本。例如,使用切片的方式:

```
>>> a=[1,2,3]
>>> b=a[:]
>>> a.pop()
3
>>> a
[1, 2]
>>> b
[1, 2, 3]
```

还可以使用 copy 模块中的 copy()函数:

```
>>> a=[1,2,3]
>>> import copy
>>> b=copy.copy(a)
>>> a.pop()
3
>>> b
[1, 2, 3]
```

上面两种方法都能够产生独立的副本,且修改原变量时,新变量不受影响,因为它们已经不是引用同一个对象了。不过,对于嵌套的列表,情况又有所不同。对于作为外层列表元素之一的内层列表,链接仍然存在:

```
>>> a=[1, 2, 3, [3.1, 3.2]]
>>> import copy
>>> b=copy.copy(a)
>>> a[3].append(3.3)        # 追加数据到变量 a 的内层列表
>>> b
[1, 2, 3, [3.1, 3.2, 3.3]]  # 变量 b 受到影响
>>> a is b                  # 判断结果:a 和 b 不是同一个对象
>>> False
>>> a[3] is b[3]            # 判断结果:a[3]和 b[3]是同一个对象
>>> True
```

对于切片操作，结果也是一样的。产生这种奇怪现象的原因在于，这个元素是一个列表，因此其也是可变对象。当复制变量本身时，产生了一个独立副本，但其中的各个元素仍然是通过引用的方式来复制的，这称为浅拷贝。

对应地，copy 模块提供了 deepcopy()方法，可以对嵌套的可变对象建立独立副本，称为深拷贝，示例如下：

```
>>> a=[1, 2, 3, [3.1, 3.2]]
>>> import copy
>>> b=copy.deepcopy(a)
>>> a[3].append(3.3)
>>> b
[1, 2, 3, [3.1, 3.2]]          # 变量 b 不受影响
>>> a
[1, 2, 3, [3.1, 3.2, 3.3]]
>>> a[3] is b[3]
>>> False
```

4.1.7 元组

元组和列表十分类似，唯一的不同是元组不能被修改（字符串也是如此），可以看成只读的列表。元组中的元素可重复，支持任意类型、任意嵌套和常见的序列操作。

如果创建了一个只有单个元素的元组，则需要在这个元素后面加上逗号——使用(x,)的格式，而并非(x)。其实单个元素的列表也可以写成[x,]，但对元组来说这是强制的，因为圆括号里的单个对象会被当作一个括号里的算术表达式来处理，因此需要用逗号来表示它是一个序列。示例如下：

```
>>> a=(3)
>>> b=(3,)
>>> a
3
>>> b
(3,)
```

由于元组是不可变对象，因此元组中的数据一旦确立就不能改变，元组没有类似列表的增加删除、修改操作，只有基本序列操作。可以对元组本身重新赋值，但不能对元组的元素重新赋值；也不能使用 del 语句或 del 函数来删除一个元素。下面的代码展示了对元组中的数据操作会导致的错误。

```
>>> a=(1,2,3)
>>> a[1]=4
Traceback (most recent call last):
  File "<stdin>", line 1, in <module>
TypeError: 'tuple' object does not support item assignment
>>> del a[1]
Traceback (most recent call last):
  File "<stdin>", line 1, in <module>
```

```
TypeError: 'tuple' object doesn't support item deletion
```

元组通常用在使语句或用户定义的函数能够安全地采用一组值的时候,即被使用的元组的值不会改变。当函数的返回值为多个对象时,其将以元组的形式出现。

4.1.8 序列类型变量的创建

创建一个变量时,最常见的方式是直接赋值,序列也不例外。如果需要一个空的列表或空字符串,则可以通过赋值的方式来创建:

```
>>> s1 = ''
>>> l1 = []
>>> t1 = ()
```

同样,我们也可以使用工厂函数来创建序列类型的变量(无论是空序列还是非空序列),还可以用工厂函数来对它们进行相互转换:

```
>>> s1 = str('Hello world')      # 非空字符串
>>> l1 = list()                   # 空列表
>>> t1 = tuple(s1)                # 将字符串对象转化为元组
t1
('H', 'e', 'l', 'l', 'o', ' ', 'w', 'o', 'r', 'l', 'd')
```

4.2 任务2 了解字符串

4.2.1 字符串简介

Python 中没有单个字符数据类型,在需要单字符时,可以使用长度为 1 的字符串。字符串的元素必须是字符串,不能是其他数据类型。由于字符串是序列,因此其支持索引和切片操作:

```
>>> s1 = 'Twinkle twinkle little star'
>>> s1[1],s1[-1]
('w', 'r')
>>> print s1[8:13]
twink
```

前面提到过,应用切片时,使用-1 作为步长值可以反转序列。因此,可以通过这种方式来判断一个句子是否是回文。示例如下:

```
while True:
    sentence = raw_input('Input a sentence :')
    if sentence == 'q' or sentence == 'Q':
        break
    elif sentence == sentence[::-1]:
        print 'This sentence is a palindrome'
    else:
        print 'This is a normal sentence.'
```

执行结果:

```
Input a sentence :madam
This sentence is a palindrome
Input a sentence :aklfj
This is a normal sentence.
Input a sentence :q
```

字符串支持动态运算符,可以使用加号"+"来连接字符串,使用乘号"*"来实现多个相同字符串的连接操作。

4.2.2 字符串常用方法

字符串是最常见、使用最广泛的数据类型,因此对字符串的支持是非常重要的。尽管字符串是一种不可变对象,但 Python 仍然提供了大量的字符串方法,用于处理字符串的各种需求。它们根据字符串内容进行处理,然后返回处理后的副本。字符串方法如表 4-2 所示。

表 4-2 字符串方法

方 法	说 明
capitalize	字符串首字母大写
center	字符串按指定宽度居中(空格填充)
count	统计指定子串的数量
decode	将数据解码
encode	按指定编码方案对数据编码
endswith	是否以指定子串结尾
expandtabs	将制表符转为空格,默认为 8 个空格
find	查找指定的子串,未找到则返回-1
format	格式化输出
index	查找指定的子串,未找到则抛出错误
isalnum	是否完全由数字和字母构成
isalpha	是否完全由字母构成
isdigit	是否完全由数字构成
islower	是否完全由小写字母构成
isspace	是否完全由空格构成
istitle	是否每个单词的首字母为大写格式
isupper	是否完全由大写字母构成
join	以当前字符串作为连接字符,将一个可迭代对象转换为字符串,可迭代对象的元素必须也是字符串类型
ljust	字符串按指定宽度左对齐(空格填充)
lower	将字符串中的所有字母转换为小写
lstrip	截掉字符串左边的子串,默认为空格

续表

方法	说明
partition	以指定子串为分隔符,将字符串分为3部分:左边部分、子串部分、右边部分。如果字符串里有多个匹配的子串,以左起的第一个匹配的子串为准
replace	以指定的新字符串替换目标字符串中的指定子串
rfind	同 find,但从字符串尾部反向搜索
rindex	同 index,但从字符串尾部反向搜索
rjust	字符串按指定宽度右对齐(空格填充)
rpartition	同 partition,但从字符串尾部反向搜索
rsplit	同 split,但从字符串尾部反向搜索
rstrip	截掉字符串右边的子串,默认为空格
split	以指定的子串将字符串分割为多个部分,组成一个列表返回。可以指定最大分割量,如果最大分割量小于列表中匹配到的子串,则从左侧起计算
splitlines	类似于 split,但只针对换行符分割
startswith	是否以指定子串开始
strip	截掉字符串首尾的子串,默认为空格
swapcase	倒转所有的大小写字母
title	返回每个单词首字母大写的格式
translate	按指定的表对字符串中匹配的子串进行翻译
upper	将字符串中的所有字母转换为大写
zfill	以0填充至指定宽度

4.2.3 方法和函数的连续调用

Python 支持方法和函数的连续调用,理论上讲,只要一个方法或函数具有返回值,而你又了解这个返回值的类型,就可以进而在这个返回值的基础上调用它所属类型的方法。例如,要生成一个 1~20 的字符串数列,通常可以使用 range()函数生成一个数列列表,然后通过 for 循环将每个元素转成数字字符,然后追加到一个新列表中。但这样做效率很低,于是有了一个替代方法:

1) 通过 range()函数生成一个列表对象。

2) 将此列表对象作为参数传入字符串工厂函数,连通列表的方括号一起,转化为一个单一的字符串。

3) 使用字符串的 lstrip/rstrip 方法去掉两侧的方括号。

4) 使用字符串的 split 方法将字符串重新分割为列表。

代码如下:

```
>>> l1 = range(1,21)
>>> s1 = str(l1)
>>> s1
'[1, 2, 3, 4, 5, 6, 7, 8, 9, 10, 11, 12, 13, 14, 15, 16, 17, 18, 19, 20]'
>>> s1=s1.lstrip('[')                # 去掉两侧的方括号
```

```
>>> s1=s1.rstrip(']')
>>> s1
'1, 2, 3, 4, 5, 6, 7, 8, 9, 10, 11, 12, 13, 14, 15, 16, 17, 18, 19, 20'
>>> l1=s1.split(',')
>>> l1
['1', ' 2', ' 3', ' 4', ' 5', ' 6', ' 7', ' 8', ' 9', ' 10', ' 11', ' 12', ' 13', ' 14', ' 15', ' 16', ' 17', ' 18', ' 19', ' 20']
```

看起来简单多了,不过代码量并不少。下面让我们省掉一些中间步骤,通过连续调用方法,把所有的代码写在同一行里,这样就可以做到真正的简洁高效。代码如下:

```
>>> l1=str(range(1,21)).lstrip('[').rstrip(']').split(',')
>>> l1
['1', ' 2', ' 3', ' 4', ' 5', ' 6', ' 7', ' 8', ' 9', ' 10', ' 11', ' 12', ' 13', ' 14', ' 15', ' 16', ' 17', ' 18', ' 19', ' 20']
```

4.3 任务3 了解字符编码

4.3.1 Python 代码中的编码

项目 2 提到过,针对源代码脚本中的中文内容,需要在代码头部加入一条语句以声明所用编码:

```
#coding:utf-8
```

我们知道,计算机只能识别二进制,代码和数据都需要转成二进制才能被计算机识别。那么,字符怎么转换成二进制呢?这个过程实际就是通过一个标准使我们写的字符与特定数字一一对应,这个标准就称为字符编码。

常用字符编码如下。

1)ASCII 编码:由于计算机是美国人发明的,因此,最早只有 127 个字母被编码到计算机中,也就是大小写英文字母、数字、标点符号和一些控制符号,这个编码表被称为 ASCII 编码。

2)GBK2312:简体中文的字符编码,2B(字节)代表一个字符。要处理中文显然 1B 是不够的,至少需要 2B,而且还不能和 ASCII 编码冲突,所以,中国制定了 GBK2312 编码,用来把中文编进去。

3)GBK:GB2312 的扩展,除了兼容 GB2312 外,它还能显示繁体中文及日文的假名。

4)Unicode:国际组织制定的可以容纳世界上所有文字和符号的字符编码方案,统一用 2B 代表一个字符。UTF-8、UTF-16、UTF-32 都是将数字转换到程序数据的编码方案。

5)UTF-8:对 Unicode 编码的压缩和优化,它不再要求最少使用 2B,而是将所有的字符和符号进行分类。例如,ASCII 码中的内容用 1B 保存,欧洲的字符用 2B 保存,东亚地区的字符用 3B 保存。

内存中使用的编码是 Unicode,用空间换时间(程序都需要加载到内存才能运行,因而内存要求尽可能地保证快);硬盘中或者网络传输用 UTF-8,网络 I/O 延迟或磁盘 I/O 延迟要远大于 UTF-8 的转换延迟,而且 I/O 要求尽可能地节省带宽,以保证数据传输的稳定性。

Python 2 的默认编码是 ASCII,而 Python 3 的默认编码是 Unicode。因此,对于 Python 2

的源代码，我们需要在代码前面加上一条语句，用于在代码中声明一个支持中文的编码格式，例如，使用 UTF-8：

```
#_*_ coding:utf-8 _*_
```

其中，首尾的"_*_"字样不是必需的，PEP-0263 文件中提到 Emacs 等编辑器用这种方式进行编码声明。如果不使用这些编辑器，则可以省略。

另外，编辑器和操作系统编码不一致，有可能导致乱码。例如，Notepad++的默认编码是 UTF-8，而 Windows 的默认编码是 ANSI，ANSI 编码实际上是操作系统在不同语言版本下的编码，在简体中文版中，ANSI 是 GB2132，而在繁体中文版中是 BIG5 编码。所以，在 Windows 平台下编写代码前，应确保编辑器使用 ANSI 编码。

4.3.2 外部数据编码

由于有默认编码，因此在源代码中创建的对象也具有相同的编码。但有时候我们会从外部获取数据，例如，从文件中读取文本，或者从网络上接收一个数据包，这就有可能获取具有不同编码的字符串。为了正确地读出数据，必须将这些字符串解码为 Unicode，然后再将其编码为所用平台所支持的编码。

```
# _*_ coding: utf-8 _*_
str = "我爱你中国.mp3"
str_unicode= str.decode('utf-8')        # 解码为 Unicode
str_gbk= str_unicode.encode('gbk')      # 转换成 GBK 编码
print str_gbk
```

执行结果：

我爱你中国.mp3

这样就可以正确地输出结果了，由于 Python 支持连续调用，因此上面的代码也可以简单地写成如下形式：

```
# -*- coding: utf-8 -*-
print "我爱你中国.mp3".decode('utf-8').encode('gbk')
```

4.4 任务4 了解字典

4.4.1 字典简介

字典（dictionary）是 Python 语言中唯一的映射类型。字典不使用数字下标来索引元素，而是通过键，可以将它理解为关键字。字典要求每个元素具有一个对应的键用于标识它们，元素自身则称为值。因此，字典是由键值对构成的，其在字典中以这样的方式标记：

d = {key1 : value1, key2 : value2 }

注意：字典的键值对用冒号"："分割，而各个键值对用逗号"，"分割，所有这些都包括在花括号"{}"中。键具有唯一性，不可重复。如果用户在创建一个字典对象时书写了多个相同的键，则左侧的键会被右侧的覆盖，例如：

```
>>> d1={1:3, 1:4}        # 键 1 对应值 3，重复的键 1 对应值 4
>>> d1
{1: 4}                   # 值 3 被覆盖了
```

Python 并不会因字典中的键存在冲突而产生一个错误，它不会检查键的冲突，因为在为每个键值对赋值的时候都做检查，将会产生额外的开销。

字典是一种无序的类型，但在最新的 Python 3.6 中，部分地体现出有序的特征，例如，在 for 循环中迭代输出可以得到有序的值。据称，在 Python 的未来版本中，有序的字典会作为一个正式的特性。

字典是一种可变类型，但键必须是不可变对象，它可以是字符串、数字常量或元组。同一个字典的键可以混用类型，但字典的键必须是可哈希的。

```
>>> a = (1,2)            # 可以作为键
>>> b = (1,2,[3,4])      # 不可以作为键
```

字典的值可以是任意类型，可以嵌套，也可以自由修改，通过键来存取。

4.4.2 字典的创建和访问

字典的基本操作包括字典的创建和访问字典中的键值对，下面分别介绍：

1. 创建字典

创建字典有多种方法，下面是几种常用的方法：

```
>>> d={'Name':'Stephen Hawking', 'age':76, 'profession':'physicist'}
         # 直接创建字典
>>> items=[('Name':'Stephen Hawking'),('age':76),('profession':'physicist')]
         # 包含键元组和值元组的列表
>>> d=dict(items)    # 通过工厂函数传入包含键元组和值元组的列表
>>> d=dict(Name='Stephen Hawking', age=76, profession='physicist')
         # 在工厂函数中使用关键字参数
>>> d={'Stephen Hawking':{ 'age':76, 'profession':'physicist'}}   # 创建嵌套的字典
```

2. 访问和修改键值

字典通过键名来访问对应的值，也可以通过赋值的方式来修改一个键的值，如果在赋值时访问了一个不存在的键，则会创建这个键。示例如下：

```
>>> d={'Name':'Stephen Hawking', 'age':76, 'profession':'physicist'}
>>> d['Name']
Stephen Hawking
>>> d['Nationality']='UK'        # 为一个不存在的键赋值，则创建这个键
>>> d['FirstName']               # 访问一个不存在的键，抛出错误
Traceback (most recent call last):
  File "<stdin>", line 1, in <module>
KeyError: 'FirstName'
```

3. 遍历字典

字典是可迭代对象，可以使用 for 循环来遍历它。但是，直接遍历字典只能访问到每一个

键，而不能访问到对应的值。有 3 种方法可以访问键值对：

```
d={'Name':'Stephen Hawking', 'age':76, 'profession':'physicist'}
for i in d:                      # 第一种方法
    print i, ":", d[i]

for k, v in d.items():           # 第二种方法
    print k, ":", v

for k, v in d.iteritems():       # 第三种方法
    print k, ":", v
```

执行结果：

```
age : 76
profession : physicist
Name : Stephen Hawking
age : 76
profession : physicist
Name : Stephen Hawking
age : 76
profession : physicist
Name : Stephen Hawking
```

第一种方法是直接遍历字典获得每个键，然后通过键来索引数据。

第二种方法调用了字典对象的 items()方法，该方法先将字典转换为列表，列表中的每个元素是一个二元组，对应了每一个键值对。很显然，如果字典非常庞大，则第二种方法的效率会非常低。

第三种方法类似于第二种方法，但是 iteritems()方法返回的不是列表，而是一个生成器，因此它能够处理超大型字典，并且不会占用过多的资源。

除了创建和访问数据，字典的基本操作在很多方面与序列类似。

- len(d)：返回字典 d 中键值对的数量。
- del d[key]：删除对应键值的元素对。
- key in d：检查字典是否含有对应 key 键的元素。

4.4.3 键必须是可哈希的

大多数 Python 对象可以作为键，但它们必须是可哈希的对象。对于列表和字典这样的可变类型，由于它们不是可哈希的，所以其不能作为键。

```
>>> dict = {['Name']: 'Zara', 'Age': 7};
Traceback (most recent call last):
    File "<pyshell#43>", line 1, in <module>
        dict = {['Name']: 'Zara', 'Age': 7};
TypeError: unhashable type: 'list'
```

所有不可变类型都是可哈希的，因此它们都可以作为字典的键。要说明的是，值相等的数字表示相同的键，即整型数字 1 和浮点数 1.0 的哈希值是相同的，它们是相同的键。

另外，也有一些可变对象（很少）是可哈希的，它们可以作为字典的键，但很少见，如一个实现了__hash__() 特殊方法的类。因为__hash__()方法返回一个整数，所以其仍然是用不可变的值（作为字典的键）。

为什么键必须是可哈希的？解释器调用哈希函数，根据字典中键的值来计算存储的数据的位置。如果键是可变对象，则它的值可改变。如果键发生变化，则哈希函数会映射到不同的地址来存储数据。如果这样的情况发生，则哈希函数就不可能可靠地存储或获取相关的数据。选择可哈希的键的原因就是它们的值不能改变。

数字和字符串可以被用作字典的键，元组是不可变的但也可能不是一成不变的，因此用元组作为有效的键必须要加限制：若元组只包括像数字和字符串这样的不可变参数，则其才可以作为字典中有效的键。

4.4.4 字典相关方法

和其他容器对象一样，字典类型也提供了许多方法，并且它是可变对象，因此其中有些方法可以改变它自身。字典常用方法如表 4-3 所示。

表 4-3 字典常用方法

方　　法	说　　明
clear()	清空字典所有的键值
pop(key[,d])	按键来删除特定的键值对，如果键不存在，返回错误 d，d 可指定
popitem()	随机删除元素
copy()	返回一个字典的浅拷贝
fromkeys(seq[,v])	用一个序列对象创建一个新字典，以序列中元素作为字典的键
get(key[,d])	返回指定键的值，如果值不在字典中则返回 d，d 可指定，默认为 default
setdefault(key[,d])	和 get 类似，但如果键不存在于字典中，将会添加键并将值设为 default
has_key(key)	如果键在字典 dict 中则返回 True，否则返回 False
keys()	以列表返回一个字典所有的键
iterkeys()	类似于 keys()，但返回的是一个生成器
items()	以列表返回可遍历的(键,值)元组数组
iteritems()	类似于 items()，但返回的是一个生成器
viewkeys()	返回字典的键视图，由于键是唯一的，所以视图是可哈希的，支持类似集合的操作
viewvalues()	返回字典的值视图，如果值是唯一的，则支持类似集合的操作
viewitems ()	返回字典的元素视图，如果值是唯一的，则支持类似集合的操作
update(dict2)	把字典 dict2 的键值对更新到 dict 中（有相同键的话会覆盖）
values()	以列表返回字典中的所有值
itervalues()	类似于 values()，但返回的是一个生成器

4.4.5 子任务：员工信息系统

在了解了字典的基础知识后，下面用字典来实现员工信息系统，该系统采用字典嵌套的方式，使用人名作为键，每个键的值又用另一个字典来表示，其键"age"、"post"和"rank"分别表示员工的年龄、岗位和职级：

```
1   employee_inf= {
2       'Tom':{
3           'age': 29,
4           'post': 'Engineer',
5           'rank': 'junior'
6       },
7       'John':{
8           'age': 28,
9           'post': 'Clerk',
10          'rank': 'junior'
11      },
12      'Joy':{
13          'age': 58,
14          'post': 'Manager',
15          'rank': 'senior'
16      }
17  }
```

当员工信息系统中的员工信息有变化或者有新员工加入时，我们就需要更新或者增加数据。可以直接使用键作为索引来更新或者添加数据：

```
    ...     # 续前面的代码
18  employee_inf['Tom']['age']=30   # Tom 的 age 更新为 30
19  employee_inf['Ann'] = {'age': 39,'post': 'Director','rank': 'junior'}
20  # 添加新员工 Ann
```

也可以使用 dict.update()方法更改或添加数据：

```
    ...     # 续前面的代码
21  employee_inf.update({'John': {'age':28, 'post':'Manager', 'rank':'junior'}})
22  employee_inf.update({'Lily': {'age':33, 'post':'Clerk', 'rank':'junior'}})
```

当员工离职时，我们需要在系统中删除对应的数据，可以使用 del 语句或 del()函数，也可以使用字典对象的 dict.pop()方法：

```
    ...     # 续前面的代码
23  del employee_inf['Ann']
24  employee_inf.pop('Lily')
25  for key in employee_inf:
26      print key, employee_inf[key]
```

执行结果：

```
Joy {'age': 58, 'post': 'Manager', 'rank': 'senior'}
John {'age': 28, 'post': 'Manager', 'rank': 'junior'}
Tom {'age': 30, 'post': 'Engineer', 'rank': 'junior'}
```

注意：正如同列表可以使用列表推导式来进行迭代，字典也可以使用字典推导式来进行迭代。如果用字典推导式，则上面的第 25~26 行代码可改写如下：

```
print {key:employee_inf[key] for key in Employee_inf}
# 注意左侧的 key 和 value 之间必须使用冒号":"
```

4.5 任务5 了解集合

4.5.1 集合简介

和其他语言类似，Python 的集合 set 是一个无序不重复元素集，基本功能包括关系测试和消除重复元素。创建集合需要用到工厂函数 set()。

```
>>> s = set('cheeseshop')
>>> s
set(['c', 'e', 'h', 'o', 'p', 's'])
```

集合对象支持交集（|）、并集（&）、差集（-）和差分集（^）等数学运算，并且这些运算符可以像自加运算那样和赋值运算符同时使用。

```
>>> a=set([1,2,3])
>>> b=set([2,3,4])
>>> a | b                # 交集
set([1, 2, 3, 4])
>>> a &= b               # 并集 a 和 b，然后赋值给 a
>>> a
set([2, 3])
>>> a-b                  # 差集（项在 a 中，但不在 b 中）
set([1])                 # 返回一个新的 set，包含 s 中有但是 t 中没有的元素
>>> a^=b                 # 差分集
>>> a
set([1, 4])              # 返回一个新的 set，包含 s 和 t 中不重复的元素
```

和其他容器类型一样，集合支持用 in 和 not in 操作符检查成员。

```
>>> h = set('hello')
>>> h
set(['h', 'e', 'l', 'o'])
>>> 'l' in h
True
>>> 'l' not in h
False
```

作为一个无序的集合，set 不记录元素位置或者插入点。因此，set 不支持索引、切片或其他类序列（sequence-like）的操作。

集合支持推导式语法，集合推导式类似于列表推导式，唯一的区别是将方括号改为花括号：

```
>>> h = set('hello')
>>> print {i*3 for i in h}
```

set(['eee', 'ooo', 'hhh', 'lll'])

4.5.2 可变集合和不可变集合

集合有两种不同的类型：可变集合和不可变集合。对可变集合是可变对象，和列表、字典一样，可以通过自身的方法添加和删除元素。可变集合的方法如表4-4所示。

表4-4 可变集合的方法

方法	说明
add	添加一个元素到集合中
clear	清除所有元素，使集合变成一个空集
copy	返回当前集合的一个浅拷贝
difference	返回两个或多个集合的差集（所有在本集合中存在，但在其他集合中不存在的元素）
discard	从集合中删除指定元素，如果元素不存在，不会抛出错误
intersection	返回两个或多个集合中的交集（所有集合中都有的公共元素）
isdisjoint	如果两个集合不存在交集，则返回True，否则返回False
issubset	如果当前集合是另一个集合的子集，则返回True，否则返回False
issuperset	如果当前集合是另一个集合的超集，则返回True，否则返回False
pop	随机删除一个元素，并将其作为返回值
remove	从集合中删除指定元素，如果元素不存在则抛出错误
union	返回两个或多个集合中的并集（所有集合中不重复的所有元素）
update	用并集运算更新当前的集合，需要一个可迭代对象作为参数

注意：可变集合不是可哈希的，因此其既不能用作字典的键，也不能以嵌套方式作为其他集合中的元素。不可变集合则正好相反，即它们有哈希值，能被用作字典的键或作为集合中的一个成员。

不可变集合属于不可变对象，因此，它没有那些可以更改自身数据的方法，而其他方法则基本上和可变集合是相同的。不可变集合的方法如表4-5所示。

表4-5 不可变集合的方法

方法	说明
copy	同可变集合
difference	同可变集合
intersection	同可变集合
isdisjoint	同可变集合
issubset	同可变集合
issuperset	同可变集合
symmetric_difference	返回两个或多个集合中的对称差集
union	同可变集合

4.6 小结

本项目主要围绕容器数据类型进行介绍，首先介绍了序列类型的特性及通用操作，然后介绍了列表、元组和字符串各自的对象方法及其特性，最后介绍了字典和集合。

- 序列类型。
- 列表和元祖。
- 索引和切片。
- 列表和数据结构。
- 浅拷贝和深拷贝。
- 工厂函数。
- 字符串。
- 字符编码。
- 字典及相关特性。
- 基于字典的员工信息系统。
- 集合。
- 可变集合和不可变集合。

4.7 习题

1. 解释容器数据类型及其分类。
2. 使用 range()函数生成一个数列，然后将它们变成单一的数字，例如，通过 range(10)得到[0, 1, 2, 3, 4, 5, 6, 7, 8, 9]，如何将它转换为单个数字 123456789？要求不使用循环结构。
3. 输入一段英文文章，计算其长度，并统计其包含的单词数。
4. 使用字典来制作一个同学录，要求有学号、姓名、专业、班级等信息。键必须具有唯一性，因此学号作为键。用户可以通过关键字来查询对应的同学信息，例如，用户输入姓名王强，若有该同学存在，则返回他的相关信息，否则提示未找到该同学的信息。
5. 给出下列语句的执行结果。

```
x='abc'
y=x
y=100
print x
x=['abc']
y=x
y[0]=100
print x
```

项目 5 文件操作及系统交互

本项目介绍 Python 文件处理相关的功能,包括文件句柄对象(简称文件对象)及其方法和属性,通过这些方法,读者可以方便地对文件进行读/写操作。本项目还将介绍用于访问文件系统、管理目录、管理文件的模块和相关函数。

5.1 任务 1 认识文件对象

由于内存是易失性存储,要想持久保存数据就必须依赖文件系统,程序也就不得不和文件打交道。本节将认识文件对象(它的内建函数、内建方法和属性),学习它的基本原理和基本操作。

5.1.1 文件的打开

文件的打开是通过内建函数 open() 和 file() 实现的。

open() 提供了初始化输入/输出操作的通用接口。open() 函数成功打开文件后会返回一个文件对象,或者引发一个错误。使用 open() 函数打开文件的语法如下:

file_object = open(file_name, access_mode='r', buffering=-1)

file_name:要打开的文件名字的字符串表达,可以是相对路径或者绝对路径。

access_mode:可选参数,同样以字符串表达,表示文件打开的模式,有多种选择,需根据对文件的操作来选择,如表 5-1 所示。

buffering:用于指示访问文件所采用的缓冲方式,0 表示不缓冲,1 表示缓冲一行数据,大于 1 代表用给定值作为缓冲区大小,不提供参数或者负值代表使用系统默认缓冲机制。

file() 和 open() 的用法相同,可以相互替换。

表 5-1 文件打开的模式

模 式	描 述
r	以只读方式打开文件。文件的指针将会放在文件的开头。这是默认模式
rb	以二进制格式打开一个文件用于只读。文件指针将会放在文件的开头。这是默认模式
r+	打开一个文件用于读/写。文件指针将会放在文件的开头
rb+	以二进制格式打开一个文件用于读/写。文件指针将会放在文件的开头
w	打开一个文件只用于写入。如果该文件已存在,则将其覆盖。如果该文件不存在,则创建新文件
wb	以二进制格式打开一个文件只用于写入。如果该文件已存在,则将其覆盖。如果该文件不存在,则创建新文件
w+	打开一个文件用于读/写。如果该文件已存在,则将其覆盖。如果该文件不存在,则创建新文件
wb+	以二进制格式打开一个文件用于读/写。如果该文件已存在,则将其覆盖。如果该文件不存在,则创建新文件
a	打开一个文件用于追加。如果该文件已存在,则文件指针将会放在文件的结尾。也就是说,新的内容将会被写入到已有内容之后。如果该文件不存在,则创建新文件进行写入
ab	以二进制格式打开一个文件用于追加。如果该文件已存在,则文件指针将会放在文件的结尾。也就是说,新的内容将会被写入到已有内容之后。如果该文件不存在,则创建新文件进行写入
a+	打开一个文件用于读/写。如果该文件已存在,则文件指针将会放在文件的结尾。文件打开时会是追加模式。如果该文件不存在,则创建新文件用于读/写
ab+	以二进制格式打开一个文件用于追加。如果该文件已存在,文件指针将会放在文件的结尾。如果该文件不存在,则创建新文件用于读/写

5.1.2 文件的读取

Python 文件对象提供了 4 个读方法:read()、readline()、readlines()和 xreadlines()。无论使用哪一种方法,读取的内容和打开形式有关。如果打开文件时使用普通的读或读/写模式(r 和 r+),则读取内容为字符串;如果使用读或读/写模式按二进制形式打开文件(rb 或 rb+),则读取内容为二进制。

read():可以使用参数 size,表示每次读取的字节数,读取的内容被放入一个字符串对象中。如果不指定参数,则默认读取整个文件。为了避免大文件耗尽内存资源,通常指定参数读取部分内容,然后迭代读取。文件对象有一个指针,当使用读模式打开文件对象时,指针位于文件首部,每当我们通过 read()方法读取 i 个字节时,文件指针也会往后移动 i 个字节,直到我们读取完整个文件,此时指针位于文件末尾。稍后会介绍用于获取指针和设置指针位置的方法。

readline():每次只读取一行,同时将文件指针置于下一行的首部。readline()通常比 readlines()慢得多。仅当确切地指明要读取某几行时,才使用 readline()。readline()方法也可以接受参数 size,每次读取指定的字节数。如果字节数小于当前读取的行长度,则仅读取指定的字节数,并将文件指针置于当前已读取到的位置,这意味着当前行剩余部分在下次调用 readline()方法时再被读取;如果字节数大于当前读取行的长度,则读取整行。

readlines():一次读取整个文件,并按行将文件内容分析成一个列表对象进行返回,由于是一个列表,所以它是可迭代的。

xreadlines():和 readlines()类似,不过它返回的是一个生成器,必须通过 for 循环或使用该生成器的 next()方法来获取数据。从 Python 2.3 开始,已经不推荐使用 xreadlines()了,作为替代，可以直接用 for 循环来迭代文件对象本身，如下所示：

```
file1 = open('./fileName','r')
for item in file1:
    print item
```

注意：所有从文件中读取数据的方法都把每行末尾的"\n"也读进来了，如果不需要换行符，则必须手动去掉它。

在使用过程中，我们要根据需要来调用。如果文件很小，read()一次性读取最方便；如果不能确定文件大小，反复调用 read(size)比较保险；对于配置文件，调用 readlines()最方便。

5.1.3 文件指针操作

在文件的读/写中常常需要定位文件指针，文件指针用于明确要读/写的内容在文件中的位置。和文件指针有关的方法有 tell()和 seek()，下面分别介绍：

fileObject.tell()

返回文件指针当前的位置（一个中文占用 3B，Windows 下"\r\n"（换行符）占 2B）。

fileObject.seek(offset[, whence])

offset：开始的偏移量，代表需要移动偏移的字节数；

whence：可选，默认值为 0。给 offset 参数一个定义，表示要从哪个位置开始偏移：0 代表从文件开头开始算起，1 代表从当前位置开始算起，2 代表从文件末尾算起。

常用的是 seek(n)和 seek(0,2)：

seek(n)：n≥0。当 n=0 时，表示文件指针移动到文件头；当 n>0 时，表示移动指针到文件之后的位置。从任意位置读取内容时或从任意位置写入（覆盖）内容时，需要这样做。

seek(0,2)：表示把文件指针移动到文件尾。当以读/写模式（r+）打开文件，又需要在文件尾部追加新内容时，就需要这样做。

要注意的是，对于以追加方式（a）打开的文件，指针位置没有意义，因为追加模式下无论指针位于什么地方，都只会在文件尾部进行写入。

5.1.4 文件的写入

Python 文件对象提供了两个"写"方法：write()和 writelines()。

fileObject.write(string)

write()方法和 read()、readline()方法对应，用于将字符串写入文件中。

fileObject.writelines(list)

writelines()方法和 readlines()方法对应，也是针对列表的操作。它接收一个字符串列表作为参数，将它们写入文件中，换行符不会自动加入，因此需要显式地加入换行符。典型的做法是让列表中的每个元素（每个字符串）有且只有一个换行符，位于其尾部。

write()方法可将任何字符串写入一个打开的文件。需要重点注意的是，Python 字符串可以是二进制数据，而不仅仅是文字。write()方法不会在字符串的结尾添加换行符"\n"。

在这里,被传递的参数是要写入已打开文件的内容,例如:

>>> file1 = open('/Users/test.txt', 'w')
>>> file1.write('Hello, world!')
>>> file1.close()

写文件和读文件是一样的,唯一区别是调用 open()函数时,需要使用支持写入的访问模式,只读模式和二进制的只读模式(r 和 rb)不支持写入。当不希望清空现有文件的数据时,不要使用只写模式(w 和 wb),而应该使用读/写模式或追加模式(r+和 a),具体可参考表 5-1。

可以通过反复调用 write()来写入文件,但是务必要调用 close()来关闭文件。当写文件时,操作系统往往不会立刻把数据写入磁盘,而是放到内存缓存起来,空闲的时候再慢慢写入。只有调用 close()方法时,操作系统才保证把没有写入的数据全部写入磁盘。忘记调用 close()的后果是数据可能只写了一部分到磁盘,剩下的丢失了。

小提示:由于文件本质上也是由二进制构成的,所以以二进制的形式读取一个文件,然后将其写入另一个空白文件中,实际上完成了文件的复制。

5.1.5 文件和编码

如果文件所用的编码和 Python 源代码不相符,则可能无法正确表示。我们可以在打开文件时指定一个编码。这样,在读取文件时将以指定的编码获取字符串。在 Python 2.7 中,需要使用 io 模块中的 open()函数,如下所示:

>>> import io
>>> f1.close()
>>> f1=io.open('D:/temp.py','r', encoding='utf-8')

在 Python 3 中,不再需要 io 模块了,内建的 open()函数直接支持 encoding 参数。

5.1.6 文件的缓冲

对文件的写操作,其实是暂存在文件对象的缓冲区中。只有当执行缓冲操作时,缓冲区中的内容才会真正被写入文件中。可以在打开文件时,给 open()函数指定一个 buffering 参数,用于指定缓冲策略。回顾 open()的语法:

open(file_name[, access_mode][, buffering])

我们已经知道了 file_name 和 access_mode 的作用,下面详细介绍 buffering 的作用。我们知道,I/O 操作的速度比内存读/写要慢得多,因此,缓冲的目的是减少写入磁盘的次数,以提高程序整体的运行效率。只有符合一定条件(如缓冲数量)时才调用磁盘 I/O。一般有 3 种方式设置文件缓冲。

1)全缓冲:open 函数的 buffering 设置为大于 1 的整数 n,表示缓冲区大小,Linux 默认为内存页面的大小,即 4096B。在全缓冲方式下,调用文件对象的写操作(如 write()方法)写满了 n 字节才会真正写入磁盘。

f=open('demo.txt', 'w', buffering=4096)

2)行缓冲:open 函数的 buffering 设置为 1,碰到换行就会将缓冲区的内容写入磁盘。

```
f=open('demo.txt', 'w', buffering=1)
```

3）无缓冲：open 函数的 buffering 设置为 0，有输入就写入磁盘。

```
f=open('demo.txt', 'w', buffering=0)
```

由于缓冲的原理，字符串可能实际上没有出现在该文件中，直到调用 flush()或 close()方法。一般的文件流操作包含缓冲机制，write()方法并不直接将数据写入文件，而是先写入内存中特定的缓冲区。一般情况下，文件关闭后会自动刷新缓冲区，但有时需要在关闭前刷新它，这时就可以使用 flush()方法。flush()方法用来刷新缓冲区，即将缓冲区中的数据立刻写入文件，同时清空缓冲区，不需要被动地等待输出缓冲区写入。flush()方法没有参数，也没有返回值。一个简单的示例如下所示：

```
#!/usr/bin/python
# -*- coding: UTF-8 -*-
fo = open("runoob.txt", "w")        # 打开文件
fo.write("文件名为: " + fo.name)     # 文件对象的 name 属性即文件名
fo.flush()                           # 刷新缓冲区
fo.close()                           # 关闭文件
```

正常情况下，当缓冲区满时，操作系统会自动将缓冲数据写入文件中。

至于 close()方法，原理是内部先调用 flush()方法来刷新缓冲区，再执行关闭操作，这样即使缓冲区数据未满也能保证数据的完整性。如果进程意外退出或正常退出时未执行文件的 close()方法，则缓冲区中的内容将会丢失。

文件被关闭后，不能再进行读/写操作，否则会触发 ValueError 错误。close()方法允许调用多次。

如果一个文件对象被重新赋值，即被引用到另外一个对象，则 Python 会自动关闭之前的文件对象，自然，此过程中会自动完成缓冲。尽管如此，我们仍然应该养成使用 close()方法关闭文件的好习惯。文件使用完毕后应该尽早关闭，因为文件对象会占用资源，并且操作系统同一时间能打开的文件数量也是有限的。

由于文件读/写时有可能产生 IOError，一旦出错，后面的 f.close()就不会调用。所以，为了保证无论是否出错都能正确地关闭文件，我们可以使用异常处理来实现，我们将在项目 9 介绍异常处理。现在，我们先给出一个简单例子，读者可以在阅读完项目 9 后再返回来重新阅读这一部分：

```
try:
    f=open('/path/to/file', 'r')
    print f.read()
finally:                         # 无论是否产生错误，都将关闭文件对象
    if f:
        f.close()
```

如果每次都这么写，则实在太烦琐了，所以，Python 引入了 with 语句来自动调用 close()方法：

```
>>> with open('/path/to/file', 'r') as f:
...     print f.read()
```

这和前面的 try ... finally 是一样的，但是代码更简洁，并且不必调用 f.close()方法。为了防止尝尝忘记关闭文件，可以养成使用 with 语句操作文件 I/O 的好习惯。

5.2 任务 2 掌握文件和目录的管理

如果我们要操作文件、目录，则可以在命令行下输入各种命令来完成，如 dir、cp 等命令。但要在 Python 程序中执行这些目录和文件的操作怎么办？其实这些命令只是简单地调用了操作系统提供的接口函数，Python 内置的 os 模块也可以直接调用操作系统提供的接口函数。

本节我们对文件的基本操作进行进一步的讲解，包括文件的复制、删除和重命名等操作。在 Python 中对文件和文件夹进行复制、删除、重命名，主要依赖 os 模块和 shutil 模块，其中包含了很多操作文件和目录的函数。

5.2.1 文件的复制

复制文件的函数并不在 os 模块中，原因是复制文件并非由操作系统提供的系统调用。理论上讲，我们可以通过读/写文件完成文件复制，只不过要多写一些代码。shutil 模块提供的 copyfile()函数可用于复制文件。另外，shutil 模块还提供了很多实用函数，它们可以看作 os 模块的补充。典型函数的用法如下：

```
shutil.copyfile(path 1, path 2)      # 把文件 path1 的内容复制到文件 path2 中
shutil.move(path 1, path 2)          # 把文件 path1 移动到 path2 下
shutil.copy(path 1, path 2)          # 把文件 path1 复制到 path2 下
shutil.copytree(path 1, path 2)      # 把 path1 目录整个复制到 path2 下
shutil.rmtree(path)                  # 递归删除一个目录以及目录内的所有内容
```

5.2.2 文件的删除

os.remove()用于删除文件，它需要一个表示文件名的字符串作为参数。该方法只能删除文件，不能删除目录，用法如下：

```
os.remove(file_name)
```

如果要删除的文件并不存在，则会抛出错误"WindowsError 2"。调用 os.path.exists()函数（使用文件名字符串作为参数），可以事先判断文件是否存在，如果文件存在，则返回 True，否则返回 False。示例如下：

```
import os
filename='text1.txt'
file(filename,'w')
if os.path.exists(filename):
    os.remove(filename)
else:
    print "%s does not exist!" % filename
```

5.2.3 文件的属性获取

通过 os.stat() 函数可以获取文件的属性，此函数返回一个和系统平台有关的 stat_result 对象，具备一组可访问的属性，可以通过 stat_result.attribute 这样的格式来访问各个属性的值。这些属性的名称和含义如表 5-2 所示。

表 5-2 os.stat() 函数返回对象的各字段描述

字段	描述
st_mode	inode 保护模式
st_ino	inode 节点号
st_dev	inode 驻留的设备
st_nlink	inode 的链接数
st_uid	所有者的用户 ID
st_gid	所有者的组 ID
st_size	普通文件以字节为单位的大小，包含等待某些特殊文件的数据
st_atime	上次访问的时间
st_mtime	最后一次修改的时间
st_ctime	由操作系统报告的 ctime。在某些系统上（如 UNIX）是最新的元数据更改的时间，在其他系统上（如 Windows）是创建时间（详细信息参见平台的文档）

下面是使用 os.stat() 的示例：

```
>>> import os
>>> a=os.stat('E:/temp.txt')
>>> a
nt.stat_result(st_mode=33206, st_ino=0L, st_dev=0L, st_nlink=0, st_uid=0, st_gid=0, st_size=184L, st_atime=1523095121L, st_mtime=1523096505L, st_ctime=1523095121L)
```

除了 os.stat() 函数，os.path 也有许多函数可以获取文件的属性，os.path 是 os 下的一个子模块。前面我们已经用到了 os.path.exists() 函数，它用于判断当前的目录或者文件是否存在，如果存在，则返回 True，否则返回 False。

以下是 os.path 下的其他常用函数。

os.path.abspath(path)

功能：返回指定文件或目录的绝对路径。

os.path.isabs(path)

功能：判断路径是否为绝对路径，如果是则返回 True，否则返回 False。

os.path.isfile(path)

功能：判断 path 是否是文件，如果是则返回 True，否则返回 False。

os.path.isdir(path)

功能：判断 path 是否是目录，如果是则返回 True，否则返回 False。

os.path.getsize(path)：单位是字节

功能：返回文件或者目录的大小。如果 name 是目录，则返回 0L；如果 name 代表的目录或文件不存在，则会报 WindowsError 异常。

os.path.normpath(path)

功能：把 path 转换为标准的路径，用于解决跨平台问题
以下是简单的例子：

```
>>> print os.path.abspath('d:\\tmp\\test2.txt')
>>> print os.path.abspath('test2.txt')          # 返回当前执行目录下的文件名的路径
>>> print os.getcwd()                           # 返回当前执行目录
d:\tmp\test2.txt
C:\Python27\test2.txt
C:\Python27
```

os.path 模块还包含从路径中获取盘符、文件名、扩展名、目录的方法：

os.path.split(path)

功能：对文件路径进行分割，把最后一个"\\"后面的文件从目录分割出来。它将 path 分割成目录和文件名（事实上，如果提供一个不带文件名的参数（纯目录形式），它也会将最后一个目录作为文件名而分离，而不会判断文件或目录是否存在），并存于元组中返回，示例如下：

```
>>> print os.path.split('D:\\tt4\\c12')
>>> print os.path.split('D:\\tt4\\c12\\')
>>> print os.path.split('D:\\tt4\\c12\\t1.txt')
('D:\\tt4', 'c12')
('D:\\tt4\\c12', '')
('D:\\tt4\\c12', 't1.txt')
```

os.path.dirname(path)

功能：返回目录的名称，即返回 path 的目录路径，其实就是 os.path.split(path)的第一个元素。

os.path.basename(path)

功能：返回文件的名称，即返回 path 最后的文件名。如果 path 以"/"或"\"结尾，则返回空值，即 os.path.split(path)的第二个元素。

os.path.splitext(path)

功能：把路径和扩展名切分开。路径和扩展名被分开后可以直接赋值给两个变量，其实得到的是一个元组。

```
>>> print os.path.splitext('01.py')
>>> print os.path.splitext('d:\\tmp\\001.txt')
>>> print os.path.splitext('D:\\tt4\\c12')
```

('01', '.py')
('d:\\tmp\\001', '.txt')
('D:\\tt4\\c12', '')
fileName,expandName = os.path.splitext(f)

os.path.splitdrive(path)

功能：拆分驱动器（盘符）和后面的文件路径，并以元组返回结果；主要针对 Windows 有效，Linux 元组第一个元素总是空；返回结果是元组。

os.path.join(path,*paths)

功能：把所有的路径组合成绝对路径。连接两个或更多的路径名，中间以"\"分隔，如果所给的参数都是绝对路径名，则最先给的绝对路径将会被丢弃。

Python 的 os 模块封装了操作系统的目录和文件操作，要注意，这些函数有的在 os 模块中，有的在 os.path 模块中。

5.2.4 文件的重命名

Python 用 rename()方法来实现文件的重命名。函数原型如下：

os.rename(current_file_name, new_file_name)

rename()方法有两个参数，即当前的文件名和新的文件名。
以下是一个将现有文件 test1.txt 重命名为 test2.txt 的示例：

>>> os.rename("test1.txt", "test2.txt")

我们经常会遇到需要批量处理文件的场景，一个一个地处理文件在处理量很大的情况下非常费时且低效。采用 Windows 下的 Bat、Linux 下的 Shell 做这一类脚本很好用，但它们相互之间并不通用。用 Python 来做就简单多了，因为 Python 强大、简洁并且跨平台。接下来看一个例子：将当前目录下所有扩展名为".html"的文件批量修改为扩展名为".htm"的文件。

```
#coding:utf-8
import os
os.path.exists('test1.txt')
file_list=os.listdir(".")                    # 获取指定目录下的文件名的信息，点号表示当前工作目录
for filename in file_list:
    if filename.endswith(".html") == True:   # 如果扩展名是.html
        newname=filename.rstrip('.html')+".htm"   # 新的文件名
        os.rename(filename,newname)
        print filename + " 更名为： " + newname
```

执行结果：

baidu.html 更名为：baidu.htm

5.2.5 目录的创建

os 模块的 mkdir()方法用于在当前目录下创建新的目录，需要提供一个包含要创建的目录

名称的参数。函数原型如下：

```
os.mkdir("newdir")
```

在当前目录下创建一个新目录 test 的示例：

```
>>> # coding:UTF-8
>>> import os
>>> os.mkdir("test")                    # 创建目录 test
```

Python 用 os.makedirs()方法实现递归创建目录，类似 mkdir()，但创建的所有中级文件夹需要包含子目录。函数原型如下：

```
os.makedirs(path [,mode])
```

path：需要递归创建的目录。

mode：权限模式，默认模式为 0777。第一位 0 表示没有特殊权限，每个 7 代表了 3 位值为 1 的二进制位，分别对应属主、属组和其他用户的 rwx（读、写、执行）权限。

以下示例演示了 makedirs()方法的用法：

```
>>> # coding:UTF-8
>>> import os, sys
>>> path = "/tmp/home/monthly/daily"    # 创建的目录
>>> os.makedirs( path, 0755 );
>>> print "路径被创建"
```

执行结果：

路径被创建

5.2.6 目录的删除

在 Python 中删除目录可采用 os.rmdir()方法与 os.removedirs()方法。os.rmdir()方法用于删除单级空目录，若目录不为空则无法删除，则会报错。os.removedirs()方法用于删除多级目录。

rmdir()方法用于删除目录，目录名称以参数传递。在删除这个目录之前，它的所有内容应该先被清除。函数原型如下：

```
os.rmdir('dirname')
```

以下是删除"/tmp/test"目录的例子。必须给出目录的完全合规的名称，否则会在当前目录下搜索该目录：

```
>>> import os
>>> os.rmdir( "/tmp/test"   )           # 删除"/tmp/test"目录
```

os.removedirs()方法用于递归删除目录。类似 rmdir()，如果子文件夹成功删除，则 removedirs()才尝试它们的父文件夹，直到抛出一个 error（基本上被忽略，因为它一般意味着文件夹不为空）。函数原型如下：

```
os.removedirs(path)
```

path：要移除的目录路径。

该方法没有返回值。

```
>>> import os, sys
>>> print "目录为: %s" % os.listdir(os.getcwd())      # 列出目录
目录为:['a1.txt','resume.doc','a3.py','test']
>>> os.removedirs("/test")                            # 移除
>>> print "移除后目录为:" % os.listdir(os.getcwd())   # 列出移除后的目录
```

执行结果：

```
移除后目录为:
['a1.txt','resume.doc','a3.py']
```

5.2.7 显示和改变当前目录

getcwd()方法用于显示当前的工作目录。例如：

```
>>> import os
>>> print os.getcwd()                                 # 给出当前的目录
```

chdir()方法用于改变当前的目录。chdir()方法的参数是用户想设成当前目录的目录名称。例如，进入"/home/newdir"目录：

```
>>> import os
>>> os.chdir("/home/newdir")                          # 将当前目录改为"/home/newdir"
```

5.2.8 运行系统命令

我们可以直接通过操作系统提供的功能来管理文件和目录，当然，执行其他操作也是可以的。毕竟有的 Shell 已经非常强大了，特别是对于 UNIX/Linux 系统，绝大部分工作是在 Shell 中完成的。

os.system()函数用于直接执行操作系统 Shell 命令，以字符串形式将命令传入，然后在函数中调用操作系统的 API，从而实现一个和 Shell 命令等价的操作。如果命令运行成功且正常结束，则返回状态代码 0。

要注意的是，运行的命令必须是操作系统所支持的，例如，在 Windows 下不能使用 ls 命令。下面以 Linux 为例，通过 os.system()函数执行系统命令：

```
>>> import os
>>> os.system('pwd')                                  # 查看当前工作目录
/root
0
>>> os.system('cp ./vimrc /home/user1')               # 从当前目录复制文件到/home/user1
0
>>> os.system('rm –rf ~/Python 2.7.14')               # 递归删除目录~/Python 下的所有文件，且不提示
0
```

5.2.9 带有参数的源代码脚本执行方式

模块 sys 提供了对 Python 执行环境的支持，其中 sys.argv 用于在 Python 通过源代码文件执行时获取额外的选项和参数。argv 是 argument variable（参数变量）的简写形式，一般在命令行调用的时候由系统传递给程序。sys.argv 其实是一个列表，argv[0]一般是被调用的脚本文件名或全路径，和操作系统有关，argv[1]和以后元素就是传入的数据了。其结构如图 5-1 所示。

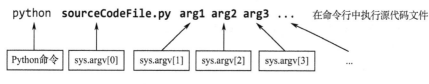

图 5-1　sys.argv 中数据的来源

通过这样的方式，我们可以在执行代码的时候临时决定传什么参数。参数被传入后，就可以在代码中被访问和使用。

5.2.10 子任务：文本替换程序

通过在命令行运行 Python 脚本时指定参数，我们可以实现一个简单的文本替换程序。程序依靠命令行传入参数，3 个参数分别是被替换的文本、替换后的文本、要处理的文本文件。代码如下：

```
#replace.py
#coding:utf-8
import os
import sys
print "% running..." % sys.argv[0]      # 显示程序开始运行，argv[0]表示本程序源代码文件名
if os.path.exists(sys.argv[3]):         # 如果文件存在，则打开并读取，argv[3]是文件名
    f1 = open(sys.argv[3],'r')
    text = f1.read()
    f1.close()
    replaced = text.replace(sys.argv[1],sys.argv[2])
    #↑argv[1]、argv[2]分别是要替换的源字符和目标字符
    f1 = open(sys.argv[3],'w')
    f1.write(replaced)
    f1.close()
    print "All keyword %s has been replaced as %s in %s." % (sys.argv[1],sys.argv[2],sys.argv[3],)
else:                                   # 如果文件不存在，给出提示
    print "File not exist!"
```

我们把源代码文件保存为"replace.py"，假定要处理的文件就在同一目录下，文件名为"temp.txt"。我们的目的是把文件中所有的"time"全部替换为"date"，在命令行中使用如下命令：

```
python replace.py time date ./temp.txt
```

执行结果：

'replace.py'unning...
All keyword time has been replaced as date in temp.txt.

请读者自行查看文件内容，核实文件内容的替换结果。

5.3 任务3 掌握时间和日期的处理

在开发工作中，我们经常需要用到日期与时间，包括：
- 作为日志信息的内容输出；
- 计算某个功能的执行时间；
- 用日期命名一个日志文件的名称；
- 记录或展示某文章的发布或修改时间；
- 其他。

操作系统提供了时间和日期的相关信息，但许多应用程序自身需要一些与日期和时间有关的功能，Python程序能用很多方式处理日期和时间，下面介绍time模块、calendar模块和datetime模块中的一些方法。

5.3.1 时间戳及时间元组

时间戳（timestamp）是指格林威治时间1970年01月01日00时00分00秒（北京时间1970年01月01日08时00分00秒）起至现在的总秒数。在Python中，它表现为一个浮点小数，可以使用函数time.time()获取当前时间戳：

```
>>> import time
>>> time.time()
1523082305.778
```

时间戳单位最适于做日期运算，但是1970年之前的日期就无法以此表示了，太遥远的日期也不支持，UNIX和Windows只支持到2038年。此外，时间戳的可读性较差，我们很难直观地通过一个时间戳来看出这是什么日期和时间。因此，很多Python函数用一个包含9个属性的数据结构来表达和处理时间，这就是时间元组。时间元组不是真正的元组，而是一个名为"time.struct_time"的类，表5-3列举了其中各字段的名称、作用和取值范围。

表5-3 时间元组

索引序号	属性名称	作用	值
0	tm_year	年	像2018这样的4位数
1	tm_mon	月	1～12
2	tm_mday	本月的第几日	1～31
3	tm_hour	小时	0～23
4	tm_min	分	0～59
5	tm_sec	秒	0～61（61是闰秒）
6	tm_wday	本周的第几日	0～6（0是周一）

续表

索引序号	属性名称	作用	值
7	tm_yday	本年的第几日	1~366（儒略历）
8	tm_isdst	夏令时	是否为夏令时

获取时间元组有很多种方法，最常用的是使用 time.localtime()函数，它以时间戳作为参数（默认为当前时间），返回一个对应的时间元组：

```
>>> import time
>>> a=time.localtime()
>>> type(a)
<type 'time.struct_time'>
>>> print a
time.struct_time(tm_year=2018, tm_mon=4, tm_mday=7, tm_hour=14, tm_min=40, tm_sec=23, tm_wday=5, tm_yday=97, tm_isdst=0)
```

如果希望访问时间元组中的部分内容，如只关心现在的日期，则可以通过索引序号来访问，也可以通过句点加上属性名称来访问：

```
>>> print a.tm_year, a.tm_mon, a.tm_mday      # 用属性名称访问
2018 4 7
>>> print a[0:3]                              # 用索引编号访问，注意获得的是一个元组
(2018, 4, 7)
```

5.3.2 格式化时间和日期

通过时间元组，可以根据需求选取其中的部分字段，形成各种格式。但是，最简单的获取可读的时间格式的函数是 asctime()，它以一个时间元组为参数（默认为当前时间），返回一个字符串形式的简洁格式。它的用法如下：

```
>>> time.asctime()
'Sat Apr 07 14:56:19 2018'
```

有时候我们希望进行反向的格式转换，即把时间元组转换为时间戳，可以使用 time.mktime() 来完成：

```
>>> time.mktime(time.localtime())
1523086435.0
```

time 模块的 strftime()函数可以为格式化日期提供更多的选项。函数原型如下：

strftime(format[, tuple])

format：规定返回日期格式的字符串，类似于格式化输出，可以通过%Y%m%d 等占位符来指定要输出的格式类型，表 5-4 列举了这些占位符和它们所代表的含义。

tuple：一个时间元组，如果省略，则默认为当前的时间元组。

表 5-4 time.strftime()的格式化字符串

占 位 符	值	占 位 符	值
%y	两位数的年份（00～99）	%B	本地完整的月份名称
%Y	4 位数的年份（000～9999）	%c	本地相应的日期和时间
%m	月份（01～12）	%j	年内的一天（001～366）
%d	月内的一天（0～31）	%p	本地 A.M.或 P.M.的等价符
%H	24 小时制小时数（0～23）	%U	一年中的星期数（00～53），星期天为星期的开始
%I	12 小时制小时数（01～12）	%w	星期（0～6），星期天为星期的开始
%M	分钟数（00～59）	%W	一年中的星期数（00～53），星期一为星期的开始
%S	秒（00～59）	%x	本地相应的日期
%a	本地简化的星期名称	%X	本地相应的时间
%A	本地完整的星期名称	%Z	当前时区的名称
%b	本地简化的月份名称	%%	%号本身

下面是格式化输出的简单示例：

```
>>> print time.strftime("%Y-%m-%d %H:%M:%S")     # 格式化成 "年-月-日 时:分:秒" 形式
2018-04-07 15:23:42
>>> print time.strftime("%Y-%m-%d, %a")          # 格式化成 "年-月-日, 星期几" 形式
2018-04-07, Sat
```

5.3.3 程序运行时间控制

函数 time.sleep()可以用于阻塞 Python 程序当前的线程，它接受一个浮点数，使程序在此暂停指定的秒数，示例如下：

```
print time.strftime("%H:%M:%S")
time.sleep(10)
print time.strftime("%H:%M:%S")
time.sleep(12)
print time.strftime("%H:%M:%S")
```

执行结果：

```
15:39:39
15:39:49
15:40:01
```

5.3.4 日期的置换

很多时候需要进行日期的置换，例如，信用卡系统会周期性地对比消费时间和记账日，然后计算该账单对应的还款日（本月或是下月的同一天）。由于每个月的天数不同，需要复杂的分支结构来判断一个月到底是 30 天、31 天、28 天或是 29 天。

datetime 模块提供了表示日期的 date 类、表示时间的 time 类，以及同时表示日期和时间的

datetime 类，3 个类都提供了 replace()方法，用于置换对应的日期或时间信息。以 date 类为例，下面是置换日期的方法：

```
>>> today = datetime.date.today()         # 通过 datetime.date.today()可获取当日的日期
>>> today
datetime.date(2018, 4, 7)
>>> after_10_days = today.replace(day=today.day+10)   # 返回新 date 对象：当日的 10 日后
>>> after_10_days
datetime.date(2018, 4, 17)
>>> next_month = today.replace(month=today.month+1)   # 返回新 date 对象：当日的 1 月后
>>> next_month
datetime.date(2018, 5, 7)
>>> this_year_sep = today.replace(month=9)            # 返回新 date 对象：9 月对应的当日
>>> this_year_sep
datetime.date(2018, 9, 7)
>>> other_year = today.replace(year=today.year+3, month=9, day=10)
                                                      # 返回新 date 对象：3 年后的教师节
>>> other_year
datetime.date(2021, 9, 10)
```

5.3.5 日期和时间的差值计算

计算天数本身并不难，例如，可以使用 time.time()获取两个日期的时间戳，将它们相减，最后再转换回时间元组格式或字符串格式，这显然很不方便。datetime 模块的 date、time、datetime 和 timedelta 类都可以进行算术运算，其返回的都是 timedelta 类。例如，对于前面提到的几个日期置换例子，可直接对其中两个 datetime.date 类进行减法运算：

```
>>> delta = other_year - this_year_sep    # 两个日期相减
>>> delta
datetime.timedelta(1099)
>>> delta.days
1099
```

timedelta 类可以很方便地对 datetime.date、datetime.time 和 datetime.datetime 对象进行算术运算，且两个时间之间的差值单位也更加容易控制。这个差值的单位可以是天、秒、微秒、毫秒、分钟、小时、周。下面是 timedelta 的一些用法示例：

```
>>> datetime.timedelta(5).total_seconds()             # 5 天的总秒数
432000.0
>>> t1 = datetime.datetime.now()                      # t1 为今天此刻
>>> t1 + datetime.timedelta(5)                        # t1 的 5 天后
datetime.datetime(2018, 4, 12, 16, 50, 2, 842000)
>>> t1 + datetime.timedelta(-5)                       # t1 的 5 天前
datetime.datetime(2018, 4, 2, 16, 50, 2, 842000)
>>> t1 + datetime.timedelta(hours=1, seconds=30)      # t1 的 1 小时 30 秒后
datetime.datetime(2018, 4, 7, 17, 50, 32, 842000)
```

5.4 任务4 了解序列化

把对象转换为字节序列的过程称为对象的序列化,把字节序列恢复为对象的过程称为对象的反序列化。对象的序列化主要有两种用途:

1) 把对象的字节序列永久地保存到硬盘上,通常存放在一个文件中。
2) 在网络上传送对象的字节序列。

下面介绍 Python 中的序列化相关操作。

5.4.1 序列化和反序列化

pickle 模块提供了一个简单的持久化功能,可以将对象以文件的形式存放在磁盘上。Python 中绝大多数数据类型(列表、字典、集合、类等)都可以用 pickle 来序列化,经过 pickle 模块序列化的数据只能在 Python 中被反序列化。

通俗地讲,序列化和反序列化的好处就是使 Python 能够通过文件信息进行数据共享。像字典、列表等数据是无法直接写入文件的,需要转换成字符串。字典、列表等数据结构的嵌套层数很多,处理起来就比较麻烦,此时用序列化就比较方便。下面介绍如何通过 pickle.dump() 函数来序列化一个对象:

```
>>> import pickle
>>> l1 = ['Newton was','born in',16430104]
>>> text = pickle.dumps(l1)
>>> text
"(lp0\nS'Newton was'\np1\naS'born in'\np2\naI16430104\na."
```

从上面的代码可以看出,经过序列化后的数据的可读性差,人们一般无法识别。如果要把序列化之后的信息进行反序列化,则可以得到原先的对象:

```
...
>>> l2 = pickle.loads(text)
>>> l2
['Newton was', 'born in', 16430104]
```

如果要把序列化的内容直接写入文件,则可以使用 dump(),而不是 dumps():

```
>>> import pickle
>>> l1 = ['Newton was','born in',16430104]
>>> pickle.dump(l1, open('D:/dump.txt','w'))
```

D:/dump.txt 文件内容:

```
(lp0
S'Newton was'
p1
aS'born in'
p2
aI16430104
a.
```

dump()的作用是把序列化的内容写入文件,因此它的参数是序列和文件对象,这样就在指定路径下生成了一个文件,存储的是序列化之后的内容。

对应地,如果要从文件里读取信息,并进行反序列化,则可以使用 load()函数代替 loads()函数:

```
>>> import pickle
>>> s1 = pickle.load(open('D:/dump.txt','r'))
>>> print s1
['Newton was', 'born in', 16430104]
```

5.4.2　JSON 和 JSON 化

JSON(JavaScript Object Notation, JS 对象标记)是一种轻量级的数据交换格式,采用完全独立于编程语言的文本格式来存储和表示数据。简洁和清晰的层次结构使得 JSON 成为理想的数据交换语言,易于人阅读和编写,同时易于机器解析和生成,并有效地提升网络传输效率。JSON 是一种规范,因此,JSON 化就是把一些字符串对象转变成符合 JSON 规范的文本。

JSON 和 pickle 序列化的操作基本相同,区别在于,pickle 是 Python 程序和 Python 程序之间的数据交互,而 JSON 支持跨语言的数据交互。

pickle 不仅可以序列化列表、字典等常规的对象,而且可以序列化一个函数或一个类的实例,Python 中的所有对象都可以被 pickle 序列化。JSON 只能对常规的类型进行操作,如列表、字符串等。pickle 进行序列化得到的信息是非直观的,而 JSON 是直观的。

```
>>> import json
>>> d1 = {'name':'schwarzenegger','gender':'male','age':71}
>>> s1 = str(d1)
>>> print s1
{'gender': 'male', 'age': 71, 'name': 'schwarzenegger'}
>>> print json.dumps(d1)
{"gender": "male", "age": 71, "name": "schwarzenegger"}
```

可以看出,通过 JSON 得到的字符串和通过 str()函数转换成的字符串基本是相同的,只是 str()转换之后的字符串无法转换回去,而 JSON 的可以。

```
>>> import json
>>> d1 = {'name':'schwarzenegger','gender':'male','age':71}
>>> s1 = json.dumps(d1)
>>> print s1
{"gender": "male", "age": 71, "name": "schwarzenegger"}
>>> d2 = json.loads(s1)
>>> print d2
{u'gender': u'male', u'age': 71, u'name': u'schwarzenegger'}
```

5.5　任务 5　基于文件存储的用户账户登录功能

了解了文件的读/写相关知识点之后,我们已经可以实现一个简单的用户账户登录功能了。当然,可以考虑今后的可扩展性,使用户账户登录功能可以提供给其他程序使用,这需要项目

6~8 的相关知识。在本项目，我们仅实现用户账户登录子系统的基本功能。

5.5.1 程序功能设计

我们用一个名为"userpasswd.txt"的文本文件来存储用户账户信息。文件中的每一行表示一个不同的账户；每行有两个字段，分别是账户名和密码，以空格来分隔。为了便于测试，该文本中可以有一些账户-密码对：

```
Administrator 12345678
user 12345678
guest 12345678
surya 5xzkjf^Da6f
```

此外，用户输入错误密码累计达到 3 次，将会导致账户被锁定，可用一个额外的文本文件（userlocked.txt）来存储被锁定的账户，这些账户被禁止登录。

程序流程图如图 5-2 所示。

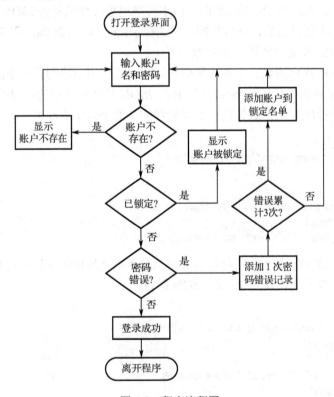

图 5-2　程序流程图

5.5.2 程序实现

根据图 5-1 所示的程序流程，程序的主体部分应当包含在一个循环体中。当用户输错账户名或密码信息时，程序允许回到初始阶段，重新输入。此外，程序中应该有分支结构和嵌套的循环结构，分别对应账户是否存在、账户是否锁定、密码是否正确、密码错误累计等。

下面的代码供读者参考：

```python
#_*_ coding:utf-8 _*_
import os.path

if not os.path.exists('./userpasswd.txt'):                  # 如果该文件不存在，则创建它
    with open('./userpasswd.txt', 'w') as user_file:        # 用于存储账户-密码对
        pass

if not os.path.exists('./userlocked.txt'):                  # 如果该文件不存在，则创建它
    with open('./userlocked.txt', 'w') as lock_file:        # 用于存储密码错误记录
        pass

with open('./userpasswd.txt', 'r') as user_file:            # 将文件中的账户-密码对读入一个列表
    user_ls = user_file.readlines()

with open('./userlocked.txt', 'r') as lock_file:            # 将文件中的密码错误记录分割为列表
    locked = lock_file.readlines()

while True:
    username = raw_input('请输入您的账号：')
    passwd = raw_input('请输入您的密码：')
    for current_user in user_ls:                            # 循环从账户-密码对列表里读取一个条目，直到文件尾部
        if username != current_user.split()[0]:             # 每个账户-密码对的首个元素是账户名
            continue                                        # 如果输入的名字不是这个账户名，则继续匹配下一个
        else:
            incorrect = locked.count(username+'\n')         # 统计当前账户密码错误次数
            if incorrect < 3:                               # 如果错误次数小于3
                if [username,passwd] == current_user.split():   # 账户名和密码是否正确
                    print '登录成功！'                       # 若正确则显示登录成功，程序结束
                    exit(0)
                else:
                    locked.append(username+'\n')            # 否则增加一次错误记录
                    with open('./userlocked.txt', 'w') as lock_file:
                        lock_file.writelines(locked)
                    incorrect += 1
                    if incorrect < 3:                       # 如果密码错误次数小于3，提示还剩几次机会
                        print '账户和密码不匹配，错误累计 3 次，账户将被锁定。'
                        print '您还有%d 次机会。\n' % (3 - incorrect)
                        break
                    else:                                   # 否则提示账户被锁定
                        print '密码输入错误超过 3 次，账户%s 已被锁定!' % username
                        break
            else:
                print '账户已被锁定。'
                break
    else:                                                   # 如果遍历整个账户列表均未匹配到当前名字，则提示账户不存在
        print '账户不存在！'
```

程序没有考虑到一些复杂的问题，包括注册新账户、随机的验证码、密码加密处理、密码字符遮盖、账户被锁定的期限等。关于这些问题，我们将在项目 8 统一给出解决方案。当然，读者可以自行尝试解决问题。

5.6 小结

本项目介绍了 Python 的文件操作和管理，首先介绍文件对象及对文件的读/写操作；接下来对文件与目录的管理进行系统的介绍，包括文件的复制、删除、属性获取和重命名，以及目录的创建、删除、显示和改变等。此外，还介绍了序列化和 JSON 这两种数据处理方法。最后，通过设计一个用户账户登录功能，展示了文件管理在程序设计中的重要作用。

- ❏ 文件的打开。
- ❏ 文件的读取和写入。
- ❏ 文件的编码。
- ❏ 文件的缓冲和关闭。
- ❏ 复制、删除文件。
- ❏ 文件的属性获取及其他管理功能。
- ❏ 目录的创建、删除。
- ❏ 目录的显示和改变。
- ❏ 文件的批量操作。
- ❏ 序列化和 JSON。
- ❏ 用户账户登录功能的实现。

5.7 习题

1. 简述文件关闭的几种形式。
2. 随机创建一个文件，编程实现对文件的打开、读取、修改和关闭。
3. 随机创建两个文本文件 sample12.txt 和 sample12_copy.txt，其内容包含小写字母和大写字母。请编码将该文件复制到另一文件 sample12_copy.txt，并将原文件中的小写字母全部转换为大写字母，其余格式均不变。
4. 在当前目录下随机创建若干"html"文件，编码将所有扩展名为"html"的文件批量修改为扩展名为"htm"，并显示出当前的工作目录。

项目 6 函数

函数是指一段在一起的、可以实现某个功能,并且可以重复使用的程序片段。之前我们已经使用过一些内建函数,本项目将介绍如何定义、创建自己的函数,此外还将介绍 Python 所提供的灵活、多变的参数类型,以及不同的调用方式。

6.1 任务 1 掌握函数的定义和调用

本节主要介绍 Python 中的函数,包括函数的特性、函数的调用、函数的参数、变量的作用域,以及其他语法规则。

6.1.1 函数的定义和调用

函数也称为子程序或方法(面向对象程序设计中的术语),是组织好的、可重复使用的、用来实现单一或相关联功能的代码段。简单来说,函数是一小段可以重复使用的代码,能提高应用的模块性和代码的重复利用率。绝大部分高级语言都支持函数,Python 不但能非常灵活地定义函数,而且本身内置了很多有用的函数,可以直接调用。

用户可以定义一个实现自己所需功能的函数,以下是简单的规则:
- 函数代码块以关键字 "def" 开头,后接由定义的函数名称和圆括号()。
- 在圆括号之间定义函数的参数。
- 作为代码块的开头,当前行应该以冒号结束,从第二行开始缩进。
- 函数体的第一行语句可以定义文档字符串,用于存放函数说明,但不是强制的。
- 语句 "return [表达式]" 用于结束函数,表达式的结果会作为返回值。没有 return 语句的函数,其实默认为 return None。

定义函数的一般格式如下:

```
def func(arg1[,arg2[, ... arg n]]):
    <func_suite>
```

默认情况下,参数值和参数名称是按函数声明中定义的顺序匹配起来的。现在让我们尝试定义函数:

```
def greeting(current_time, somebody):          # 函数定义
    print "Good %s, %s!" % (current_time, somebody)

t1='morning'
n1='Elsa'
t2='evening'
n2='ladies and gentlemen'
greeting(t1,n1)
greeting(t2,n2)
```

执行结果:

```
Good morning, Elsa!
Good evening, ladies and gentlemen!
```

在项目 2,我们设计了一个计算手机屏幕 PPI 的小程序,实现了在已知屏幕像素列数、屏幕像素行数和屏幕对角线的情况下,计算出屏幕像素密度,现在我们将其转换成可以随时调用的函数:

```
import math
def ppi_compute(height, width, screensize):          # 手机屏幕 PPI 计算的函数
    diagonal = math.sqrt(height ** 2 + width ** 2)
    return diagonal/screensize

print ppi_compute(1920, 1080, 5)                     # 调用函数,直接传入数字作为参数
height = input('Enter the height of the Screen: ')
width = input('Enter the width of the Screen: ')
screenSize = input('Enter the size of the Screen: ')
print ppi_compute(height, width, screenSize)         # 再次调用,这次以用户输入变量作为参数
```

执行结果:

```
440.581434016
Enter the height of the Screen: 2560
Enter the width of the Screen: 1440
Enter the size of the Screen: 5.5
534.038101838
```

当然,也可以把用户输入变量的语句写在函数内部,这样函数就不必从外部获取参数了。还可以选择在函数内部直接输出计算结果,而不必给出返回值。函数更改如下:

```
import math
def ppi_compute():
    height = input('Enter the height of the Screen:')
    width = input('Enter the width of the Screen:')
```

```
    screenSize = input('Enter the size of the Screen:')
    diagonal = math.sqrt(height ** 2 + width ** 2)
    print diagonal/screenSize

ppi_compute()
```

执行结果：

```
Enter the height of the Screen:1280
Enter the width of the Screen:720
Enter the size of the Screen:4.5
326.35661779
```

6.1.2 函数对象赋值

定义一个函数之后，我们就可以调用它了，既可以在函数外部调用它，也可以在另一个函数内部调用它。函数名其实就是指向一个函数对象的引用，完全可以把函数名赋给一个变量，相当于给这个函数起了一个名字：

```
>>> a = abs(-1)           # 调用 abs 函数，将函数返回值赋值给变量 a
>>> b = abs               # 将函数对象本身赋值给变量 b
>>> a
1
>>> b(-2)                 # 调用 b()就相当于调用 abs()
2
```

6.1.3 位置参数

Python 的函数定义非常简单，且灵活度非常大。除了正常定义的参数外，还可以使用关键字参数、默认参数等，使得函数定义的接口不但能处理复杂的参数，还可以简化调用者的代码。

我们在前面的代码中已经使用过普通的参数形式，也称为位置参数。调用时，位置参数的数量必须和声明时一样，且必须以正确的顺序传入函数。例如，6.1.1 节出现的自定义函数 greeting()和 ppi_compute()函数，其传入的参数必须是两个，并且它们有各自的作用。

对于位置参数，最常见的错误类型是 TypeError（有关错误和异常，请参考本书项目 8）。如果在调用函数时传入的参数数量不对，则会抛出 TypeError 错误。例如，abs()函数只接收一个参数，而用户提供了两个，此时 Python 会明确地告知：

```
>>> abs(5, 2)
Traceback (most recent call last):
  File "<stdin>", line 1, in <module>
TypeError: abs() takes exactly one argument (2 given)
```

传入的参数数量是对的，但参数类型不能被函数所接受，也会导致 TypeError，并且给出错误信息。例如，abs()函数接收一个数字并返回它的绝对值，因此它不能处理字符串。对 abs()来说，str 是错误的参数类型。

```
>>> abs('b')
Traceback (most recent call last):
    File "<stdin>", line 1, in <module>
TypeError: bad operand type for abs(): 'str'
```

6.1.4 关键字参数

位置参数规定了必须按照函数定义时书写的参数顺序来传入参数。但是，如果在调用函数时显式地提供参数的名称，则可以按照自己想要的顺序传入参数。例如，在前面的 greeting() 函数中，位置参数的顺序是 current_time 在前，somebody 在后，而可以在调用函数时提供参数的标识符，此时参数的顺序就不重要了。请看以下代码：

```
def greeting(current_time, somebody):          # 函数定义和之前完全相同
    print "Good %s, %s!" % (current_time, somebody)
t1='morning'
n1='Anna'
greeting(somebody=n1, current_time=t1)         # 但调用时提供参数的方式不同
```

执行结果：

```
Good morning, Anna!
```

仔细观察会发现在提供关键字参数的时候，本质上提供了一个赋值表达式。关键字参数和传统的位置参数可以混合使用，但位置参数必须在前，关键字参数必须在后。

6.1.5 默认参数

默认参数也称为缺省参数。用户可以在定义函数时为一个参数指定一个默认的初始值，这样就可以在调用函数时省略这个参数，以使用该默认值。例如，在 PPI 计算函数中，可以设置默认的纵向像素数量为 1920，默认的横向像素数量为 1080，默认的屏幕对角线为 5.5 英寸。如果用户未传入参数，则使用默认值；如果用户传入了一个或多个参数，则覆盖对应的默认值。如下面的代码所示：

```
import math
def ppi_compute(height=1920, width=1080, screensize=5.5):    # 3 个参数均设为默认参数
    diagonal = math.sqrt(height ** 2 + width ** 2)
    return diagonal/screensize

print ppi_compute()                          # 不提供任何参数，使用默认参数
print ppi_compute(2560, 1440)                # 不提供参数名，只提供参数的值，且只提供两个参数
print ppi_compute(screensize=6)              # 只提供名为 screensize 的参数
```

执行结果：

```
400.528576379
534.038101838
367.151195014
```

可以看到，默认参数和关键字参数一样，通过提供赋值表达式来实现，区别在于：关键字参数在调用函数传入参数时提供赋值表达式，而默认参数在定义函数的参数时就提供赋值表达式。默认参数可以和其他参数混用，但要注意，没有默认值的参数必须在前，默认参数必须在后。

接下来用一个具体的例子展示默认函数的更多用法与注意事项。先说明如何定义函数的默认参数，写一个计算 x^2 的函数：

```
>>> def power(x):
        return x * x
>>> power(2)              # 当我们调用 power 函数时，必须传入有且仅有的一个参数 x
4
>>> power(4)
16
```

现在想一想，计算 x^3 怎么实现？当然，可以再定义一个函数来计算，但是如果要计算 x^4、x^5……这就显得有点烦琐，而且我们不可能定义无限多个函数。因此，必须想办法简化它，我们发现这样的计算是有规律可循的，可以想到把 power(x) 修改为 power(x, n)，用来计算 x^n，如以下代码所示：

```
>>> def power(x, n):
        return x ** n
>>> power(6, 2)
36
>>> power(4, 3)
64
```

这个修改后的 power 函数可以计算任意数的 n 次方。但是，旧的调用代码失败了，原因是我们增加了一个参数，导致旧的代码无法正常调用：

```
>>> power(4)
Traceback (most recent call last):
    File "<stdin>", line 1, in <module>
TypeError: power() takes exactly 2 arguments (1 given)
```

这个时候，默认参数就排上用场了。由于我们经常计算 x^2，所以，完全可以把第二个参数 n 的默认值设定为 2：

```
>>> def power(x, n=2):    # 设定 n 的默认值为 2
        return x ** n
>>> power(4)
16
>>> power(5, 3)
125
```

这样，当我们调用 power(4) 时，相当于调用 power(4,2)，而对于 n≠2 的其他情况，就必须明确地传入 n，如 power(5,3)。

从上面的例子可以看出，默认参数可以简化函数的调用。设置默认参数时，有两点要注意：一是位置参数在前，默认参数在后，否则 Python 解释器会报错；二是如何设置默认参数，当函数有多个参数时，把具有常用参考值的参数放在后面，常用参考值就可以作为默认参数。

6.1.6 可变参数和关键字收集器

用户可能需要一个函数能处理比当初声明时更多的参数，这时就会用到可变参数。可变参数也称为不定长参数，是指传入的参数的数量是可变的。可变参数在声明时不会命名，基本语法如下：

```
def func1([args,] *var_args_tuple):
    <func_suite>
    return [expression]
```

加了星号（*）的变量名会存放所有未命名的变量参数，并作为一个元组提供给函数内部。可变参数示例如下：

```
def printInfo(*vargs):
    print "Output:"
    for var in vargs:
        print var
    return
printInfo(10)
printInfo(6,7,8)
```

执行结果：

```
Output:
10
Output:
6
7
8
```

如果使用两个星号来标识变量名，则会搜集不定数量的关键字参数，因此这种参数也称为关键字收集器。采用这种方法，传入的多个参数必须明确赋值，这些参数和值被作为字典，每个参数为一个键，对应每一个值。看下面的例子：

```
def printInfo(**kw):
    print "The information of this car is as follows:"
    for v in kw:
        print "%-10s : %10s" % (v, kw[v])     # v 左对齐，kw[v]右对齐，各自占 10 宽度
    return
printInfo(Model="Focus",Brand="Ford",Class="A",WheelBase=2648,Engine="1.6/1.5T")
```

执行结果：

```
The information of this car is as follows:
Engine     :    1.6/1.5T
Model      :    Focus
WheelBase  :    2648
Brand      :    Ford
Class      :        A
```

6.1.7 参数组

在 Python 中定义函数，可以用位置参数、关键字参数、默认参数、可变参数，而且这 4 种参数可以一起使用，或者只用其中某些，但是注意，参数定义的顺序必须是位置参数、默认参数、可变参数和关键字搜集器。例如，定义一个函数，包含上述 4 种参数：

```
def func(a, b, c=0, *args, **kw):
    print "a=%s, b=%s, c=%s, *args=%s, **kw=%s" % (a, b, c, args, kw)
func(1, 2)          # 函数调用的时候，Python 解释器自动按照参数位置和参数名把对应的参数传进去
func(1, 2, c=3)
func(1, 2, 3, 'a', 'b')
func(1, 2, 3, 'a', 'b', x=99)
```

执行结果：

```
a=1, b=2, c=0, *args=(), **kw={}
a=1, b=2, c=3, *args=(), **kw={}
a=1, b=2, c=3, *args=('a', 'b'), **kw={}
a=1, b=2, c=3, *args=('a', 'b'), **kw={'x': 99}
```

另外，通过一个元组和（或）字典，也可以调用该函数：

```
def func(a, b, c=0, *args, **kw):
    print "a=%s, b=%s, c=%s, *args=%s, **kw=%s" % (a, b, c, args, kw)
args = (1, 2, 3, 4)
kw = {'x': 99}
func(*args, **kw)
```

执行结果：

```
a=1, b=2, c=3, *args=(4,), **kw={'x': 99}
```

6.2 任务 2　了解函数的高级特性和功能

6.2.1 作用域和名称空间

当我们开始定义自己的函数时，有些问题无法回避：
- Python 从哪里查找变量名？
- 能否同时定义或使用多个对象的变量名？
- Python 查找变量名时按照什么顺序搜索不同的名称空间？

我们反复说过，Python 中一切皆对象，包括常量、列表、字典、函数、类等。当我们需要访问一个对象的时候，通常使用一个变量名称去引用它，形成一个名称到对象的映射关系。因此，命名空间是一个集合，或者说是一个容器，它包含了一些名称，这些名称映射到相同或不同的对象。

麻烦的是，Python 有多个名称空间。每当我们调用一个函数时，就创建了一个独立的命名

空间。在不同的命名空间可能出现同名的名称，就有可能导致歧义。这就需要划分名称的作用域了。看下面的例子：

```
>>> num = 10
>>> def foo():
...     print num
>>> def bar():
...     num = 12
...     print num
>>> foo()
10
>>> bar()
12
>>> print num
10
```

这个例子中出现了多个同名的变量。首先，在全局范围创建了名称 num，然后在函数 foo() 中引用了它，foo() 中的 num 和外部的 num 是同一个对象。但是，在函数 bar() 中，我们对 num 进行了赋值操作，这导致了一个新的 num 被创建。

我们可以把上述的全局范围称为全局名称空间，而在全局空间中创建的名称被归类为全局变量。在函数内部创建的名称，可以归为局部变量，对应一个局部名称空间。一个 Python 程序只有一个唯一的全局名称空间，其生命周期是程序执行的期间；局部名称空间则可能有多个，其生命周期是函数执行的期间。

显然，在函数内部无法直接操作全局变量。在函数中使用全局变量的名称，只不过是创建了一个和它同名的局部变量而已。Python 解释器在处理名称时，会按一个特定的顺序在不同级别的名称空间中查找。除了全局空间和局部空间之外，还有两个名称空间：闭包空间和内建空间。闭包是函数嵌套定义时的一种特殊情形，在本项目稍后会介绍。内建空间是 Python 默认已经具有的名称。

当代码中出现一个名称时，Python 会在所有的名称空间中检索它。在发现重名时，按照 LEGB 的优先级来处理，即局部（Local）→闭包（Enclosing）→全局（Global）→内建（Built-In）。简单来说，空间越大，优先级越低，如图 6-1 所示。

内建（Built-In）空间 （Python 统一的名称集）	全局（Global）空间 （Python 程序实例、模块）	局部（Local）空间（函数）
		局部（Local）空间（函数）
		……
		局部（Local）空间（函数）
	全局（Global）空间 （Python 程序实例、模块）	局部（Local）空间（函数）
		局部（Local）空间（函数）
		……
	……	
	全局（Global）空间 （Python 程序实例、模块）	局部（Local）空间（函数）
		局部（Local）空间（函数）
		……

优 ───────────────────────────────►

图 6-1　名称空间及优先级

6.2.2 在函数中操作全局变量

经过前面的讨论,读者应当已经认识到,在函数中不能直接修改全局变量。不过,可以通过关键字 global 来"告诉"Python 解释器,这里要操作的是全局变量,而不是函数中的局部变量。示例如下:

```
>>> name = 'hydrogen'
>>> def foo():
...     global name        # 在定义函数时,到全局空间里去查找名为 name 的变量,并允许操作它
...     name = 'helium'
...     print name
>>> foo()
helium
>>> print name             # 全局变量已被函数 foo()所修改
helium
```

使用 global 来操作全局变量,在编写代码方面是方便快捷了,但也不宜滥用,因为它有一些弊端或潜在的问题:

- ❑ 全局变量生命周期长,程序运行期一直存在,长期占用内存资源。
- ❑ 难以定位在哪里被修改,加大了调试的难度。
- ❑ 使用全局变量的函数,需要关注全局变量的值,增加了理解的难度,增加了耦合性。
- ❑ 线程不安全,多线程中多全局变量的修改容易冲突,需要加锁。

6.2.3 匿名函数

使用 Python 写一些执行脚本时,使用匿名函数可以省去定义函数的过程,让代码更加精简。对于一些抽象的、不会在别的地方复用的函数,有时候给函数起一个名字也挺麻烦,使用匿名函数不需要考虑命名的问题,并且可以让代码更容易理解。匿名函数使用关键字 lambda 来定义,语法格式如下:

```
lambda args:expression
```

冒号左边是参数,可以有多个,用逗号隔开;冒号右边可以是任意表达式,但不能是语句,例如不能是 print 语句。匿名函数没有名称,不能直接调用,需要赋值给一个对象,然后依靠此对象来调用:

```
>>> a,b = 3,4
>>> f1 = lambda x,y:x+y
>>> print f1(a,b)
7
```

上述代码的第 2 行等价于:

```
>>> def f1(x,y)
...     return x+y
```

匿名函数的主要意义在于函数速写,它也常常在 map()和 reduce()函数中作为参数来使用,

本项目稍后会介绍这种用法。

6.2.4 用函数实现生成器

回想之前我们介绍过的列表推导式和生成器：当返回的数据量非常巨大时，使用生成器可以显著地节省内存资源，因为它不会一次性返回所有数据，而是通过延迟求值，在需要访问部分数据时才进行计算。

像列表推导式那样的生成器存在着语法上的限制，我们很难把一个复杂的计算和处理过程放在一个单独的推导式里。现在，通过函数可以实现非常复杂的生成器。举一个简单的例子，我们定义一个函数，用户传递一个参数 n，函数统计并输出 n 以内所有的质数：

```
1    def primeNumber(n):          # 求 n 以内的所有质数
2        for i in range(2,n+1):   # i 的范围是 2~n
3            for j in range(2, i):# 除数的范围是 2~i
4                if i % j == 0:   # 如果能被整数，则不是质数
5                    break        # 跳出内层循环，进入外层循环的下一轮（下一个数字作为被除数）
6            else:                # 如果 i 始终不能被整除，则意味着 i 是质数，内存循环正常结束
7                print i          # 将 i 输出
8    primeNumber(input("Enter: "))
```

执行结果：

```
Enter: 10
2
3
5
7
```

在这段代码中，每次找到一个质数都会输出，然后换一个数字继续检查。计算过程不会在中途暂停，所有的计算结果都会占用内存空间。如果我们把第 7 行的代码简单地改写一下：

```
6    ...
7            yield i             # 将 i 的值添加到生成器中
```

注意：当函数中出现关键字 yield 时，这个函数就会返回一个生成器对象，且不允许在函数体出现带有参数的 return 语句（会导致 SyntaxError）。yield 语句执行时，都将往生成器中传入一个对象，然后暂停计算，直到下一次被访问，才会重新开始执行 yield 语句之后的代码，直到碰见下一条 yield 语句。因此，改写后的 primeNumber() 函数不会立即给出计算结果，而是返回一个生成器，只有通过它的 next() 方法访问（或通过 for 循环迭代访问）的时候，才会进行计算，并抛出它找到的第一个质数，然后暂停计算；当它的 next() 方法再次被调用或 for 循环进入下一轮时，才继续计算，抛出找到的第二个质数，以此类推。显然，第 8 行代码也得修改，因为必须将生成器赋值给一个变量，以方便访问。

yield 语句并非只能用在循环结构中，也可以在顺序结构中定义多个 yield 语句：

```
>>> def foo():
...     yield 1
...     yield 10
...     yield 100
```

```
>>> a=foo()
>>> print a
<generator object foo at 0x00000000026831B0>
>>> for i in a:
...     print i
1
10
100
```

生成器是惰性计算和延迟求值在 Python 中的实现，是一种非常强大的工具。我们既可以简单地把列表推导式改成生成器，也可以通过函数实现具有复杂结构的生成器。生成器可以避免不必要的计算，带来性能上的提升；而且会节约空间，可以实现无限循环（无穷大的）的数据结构。

6.2.5 子任务：重新实现 file.xreadlines()

回顾 5.1.2 节，我们介绍了 file.readlines()用于将文件的所有行读取到一个列表中，同时介绍了它的生成器版本 file.xreadlines()。我们说过，自从 Python 2.3 起，文件对象自身已经是一个可迭代对象了，因此不建议使用 file.xreadlines()。但是，掌握了函数的定义和 yield 语句，我们可以尝试着探究 file.xreadlines()的内部实现，对它进行逆向工程。在此，作为练习，我们用自己的方式重新实现 file.xreadlines()。代码如下所示：

```
def myReadLines(filename, mode, seek=0):
    while True:                              # 死循环
        with open(filename,mode) as f:       # 使用 with 语句打开文件并赋值给 f
            f.seek(seek)                     # 将 seek 作为参数，使 seek()设置指针到文件开头处
            data = f.readline()              # 将文件使用 with 语句打开一次，读取一行内容
            if data:                         # 如果内容不为空
                seek = f.tell()              # 将当前指针位置赋值给 seek，以便下次迭代时获取位置
                yield data                   # data 中的内容存入生成器对象
            else:                            # 如果当前行为空（非空行，表示文件结尾）
                return                       # 程序返回
for item in myReadLines('E:/dump.txt','r'):
    print item
```

执行结果：

```
(lp0
S'sevie'
p1
... (后略)
```

6.2.6 递归函数

在函数内部可以调用其他函数，这很正常。例如，我们在 6.1.1 节中定义了计算手机屏幕 PPI 的函数，然后在这个函数中调用了 math.sqrt()函数来计算平方根。特别地，一个函数调用它自己也是允许的，这称为递归函数。

举个例子,我们来计算阶乘 n! = 1×2×3×…×n,用函数 fact(n)表示,可以看出:

$$fact(n) = n!$$
$$= 1×2×3×…×(n-1)×n$$
$$= (n-1)!×n$$
$$= fact(n-1)×n$$

所以,fact(n)可以表示为 n×fact(n-1),只有 n=1 时需要特殊处理。于是,fact(n)用递归的方式写出来就是:

```
>>> def fact(n):     # 定义一个递归函数
...     if n==1:
...         return 1
...     return n * fact(n - 1)
>>> fact(1)
1
>>> fact(5)
120
>>> fact(100)
93326215443944152681699238856266700490715968264381621468592963895217599993229915608941463976156518286253697920827223758251185210916864000000000000000000000000L
```

如果我们计算 fact(5),可以根据函数定义推导出计算过程如下:

$$fact(5) = 5 * fact(4)$$
$$= 5 * (4 * fact(3))$$
$$= 5 * (4 * (3 * fact(2)))$$
$$= 5 * (4 * (3 * (2 * fact(1))))$$
$$= 5 * (4 * (3 * (2 * 1)))$$
$$= 5 * (4 * (3 * 2))$$
$$= 5 * (4 * 6)$$
$$= 5 * 24$$
$$= 120$$

递归函数的优点是定义简单,逻辑清晰。理论上,所有的递归函数都可以写成循环的方式,但循环的逻辑不如递归清晰。不过,从性能上来看,递归比循环要差一些。

使用递归函数需要注意防止栈(stack)溢出。在计算机中,函数调用是通过栈这种数据结构实现的,每当进入一个函数调用,栈就会加一层栈帧,每当函数返回,栈就会减一层栈帧。由于栈的大小不是无限的,所以,递归调用的次数过多会导致栈溢出。可以试试 fact(1000):

```
>>> fact(1000)
Traceback (most recent call last):
File "<stdin>", line 1, in <module>
File "<stdin>", line 4, in fact
...
File "<stdin>", line 4, in fact
RuntimeError: maximum recursion depth exceeded
```

解决递归调用栈溢出的方法是通过尾递归优化,遗憾的是,包括 Python、Java、C#在内的多数编程语言都没有针对尾递归做优化。通过 sys 模块中的 sys.getrecursionlimit()函数，可以看到 Python 默认限制了递归调用层数为 1000。

6.2.7 函数闭包

如果一个内部函数对外部作用域（但不是在全局作用域）的变量进行了引用，那么内部函数就被认为是闭包（closure）的。这是 Python 中对闭包从表现形式上的定义。

下面我们先来看一下什么叫作内部函数：

```
>>> def outer_func(arg1):
...     def inner_func(arg2):      # 在函数内部又定义了一个函数
...         return arg1 * arg2     # 显然，arg1 是外部函数的参数
...     return inner_func          # 将内部函数返回出去
>>> a = outer_func(3)              # 此时 arg1 的值为 3，并且 a 是内部函数对象，调用 a 即调用内部函数
>>> print a
<function inner_func at 0x0000000002B1E198>
>>> a(2)                           # 调用内部函数，arg2 的值为 2
6
```

在上面的代码中，在定义一个函数时，其又嵌套定义了一个内部函数，并且内部函数是外部函数的返回值。因此，当调用外部函数，并赋值给一个变量时，该变量就引用了这个内部函数对象，而再次为这个函数对象传递参数的时候，又获得了内部函数的返回值。我们知道，按照作用域的原则来说，我们在全局作用域是不能访问局部作用域的。但是，这里通过讨巧的方法访问到了内部函数。

下面我们继续看一个例子：

```
>>> def outer_func():
...     a = []
...     def inner_func (arg):
...         a.append(arg)
...         return a
...     return inner_func
>>> a = outer_func()
>>> print a(123)
[123]
>>> print a(321)
[123, 321]
```

可以看出函数位于外部函数中的列表 a 被改变了。回顾 6.2.1 节，我们知道，在一个局部名称空间里不能访问其他的局部名称空间，只能访问全局和内建名称空间。但是，如果存在多个局部名称空间嵌套的情况，则内部的可以访问外部局部空间。我们称后者为闭包名称空间，从 LEGB 法则来看，闭包名称空间的优先级低于局部名称空间，但高于全局名称空间。因为这样的优先级，我们可以通过内部函数来访问外部函数中的变量，这也就是所谓的闭包。

6.2.8 装饰器

装饰器是一个特殊的函数，用于为其他函数增加特定的功能。程序在开发期间会面临需求

更改、需求增加的情况，因此代码总会被修改。对一个函数而言，偶尔更改其功能，尚可以接受，但若频繁修改，就会有很大的额外的人力成本。装饰器可以一定程度上解决这样的问题。

装饰器有很多经典的应用场景，如插入日志、性能测试、事务处理、权限校验等。装饰器是解决这类问题的绝佳设计，它最大的作用就是对于已经写好的程序，可以抽离出一些雷同的代码组建多个特定功能的装饰器。这样就可以针对不同的需求去使用特定的装饰器，这时因为去除了大量泛化的内容，源码具有更加清晰的逻辑。

装饰器的工作方式如下：

1）定义一个外部函数（装饰器），并接收一个函数对象（被装饰的函数）作为参数。

2）定义一个内部函数（闭包），在内部函数中执行一些工作，并运行作为参数传进来的函数。由于执行了额外的工作，原先的函数的功能得到了增强。

3）外部函数将内部函数作为返回值。

当装饰器接受一个函数作为参数，并运行，然后将内部函数作为返回值赋值给一个新的变量，此变量就是被增强之后的函数。装饰器可以增强函数的功能，定义起来虽然有些复杂，但使用起来非常灵活和方便。下面的例子用于展示装饰器的工作流程：

```
1   def decorator(func):            # 参数是被装饰的函数，如果需要，也可以定义额外的参数
2       def inner_func():
3           print 'before execute the function.'
4           func()                  # 执行被装饰的函数
5           print 'after execute the function.'
6       return inner_func
7
8   def login():                    # 被装饰的函数
9       print 'Welcome!'
10
11  login = decorator(login)        # 将被装饰的函数传入装饰函数中，并覆盖了原函数的入口
12  login()                         # 此时执行的就是被装饰后的函数了
```

执行结果：

```
before execute the function.
Welcome!
after execute the function.
```

分析以上代码时，请注意以下几点：

❏ 函数的参数传递的其实是引用，而不是值。

❏ 函数名也是一个变量，所以可以重新赋值以覆盖它。

❏ 赋值操作的时候，先执行右侧的表达式。

由此，我们应该就能明白什么是装饰器了。所谓装饰器，就是在闭包的基础上传递了一个函数，然后覆盖原来函数的执行入口，以后调用这个函数的时候，就可以额外实现一些功能了。装饰器的存在主要是为了不修改原函数的代码，也不修改其他调用这个函数的代码，就能实现功能的拓展。Python 给出了一个便利的写法，以避免每次都进行重命名操作，语法如下：

```
@decoratorFuncName
def func()
    <func_suite>
```

注意：@符号后面接装饰器函数的名称，然后在下一行开始定义被装饰的函数。我们把上面代码从第 8 行开始，重写如下：

```
7    ...
8    @decorator              # 装饰语句，@后接装饰器函数名，从下一行开始定义被装饰的函数
9    def login():
10       print 'Welcome!'
11   login()                 # 调用被装饰后的函数
```

这些小功能也称为 Python 的"语法糖"，是的，它非常"Pythonic"。要注意的是，在上面这些例子中，被装饰的函数是没有参数的，如果函数是一个带参数的，那么装饰器的内部函数也必须有参数，且它在调用被装饰的函数时也需要带参数，示例如下：

```
def outer(fun):
    def wrapper(x):                    # 内部函数需要有参数
        print 'x=%d' % x
        fun(x)                         # 内部函数执行被装饰的函数也要有参数
    return wrapper

@outer
def pw2(x):
    print 'x^2=%d' % x**2

@outer
def pw3(x):
    print 'x^3=%d' % x**3

pw2(3)
pw3(4)
```

执行结果：

```
x=3
x^2=9
x=4
x^3=64
```

6.3 任务 3 认识函数式编程

6.3.1 什么是函数式编程

函数是 Python 内建支持的一种封装，我们通过把大段代码拆成函数，通过一层一层的函数调用，就可以把复杂任务分解成简单的任务，这种分解过程可以称为面向过程的程序设计。函数就是面向过程的程序设计的基本单元。而函数式编程虽然也可以归结到面向过程的程序设计，但其思想更接近数学计算。函数式编程源自于数学理论，它很适合用在与数学计算相关的场景。

对应到编程语言，越低级的语言，越贴近计算机，抽象程度越低，执行效率越高，如 C 语言；越高级的语言，越贴近计算，抽象程度越高，执行效率越低，如 Lisp 语言。函数式编程就是一种抽象程度很高的编程范式，用纯粹的函数式编程语言编写的函数没有变量，因此，对于任意一个函数，只要输入是确定的，输出就是确定的，我们称这种纯函数是没有副作用的。而允许使用变量的程序设计语言，由于函数内部的变量状态不确定，同样的输入，可能得到不同的输出，我们称这种函数是有副作用的。函数式编程的一个特点是，允许把函数本身作为参数传入另一个函数，还允许返回一个函数。

另外一个概念是高阶函数：变量可以指向函数，函数名也是变量，把函数作为参数传入，函数式编程就是指这种高度抽象的编程范式。

Python 对函数式编程提供部分支持。由于 Python 允许使用变量，因此，Python 不是纯函数式编程语言。

6.3.2 map()

Python 内建了 map()。map()函数接收两个参数，一个是函数，另一个是序列，map 将传入的函数依次作用到序列的每个元素，并把结果作为新的列表返回。函数原型如下：

map(function, iterable, ...)

在 map()的参数中，function 是一个处理函数，iterable 为一个或多个可迭代对象。map()会根据提供的函数对指定序列做映射，即以参数序列中的每一个元素调用 function 函数，返回包含每次 function 函数返回值的新列表。需要注意的是，Python 2 返回列表，Python 3 返回一个 Map 对象，可以用 for 循环迭代它，取出其中的值。

举例说明，这里有一个函数 $f(x)=x^2$，要把这个函数作用在一个包含数字 1~9 的列表对象上，用 map()实现如图 6-2 所示。

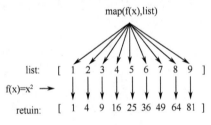

图 6-2 map 函数实现 x^2

现在，我们用 Python 代码实现：

```
>>> def foo(x):
        return x * x
>>> map(foo, [1, 2, 3, 4, 5, 6, 7, 8, 9])
[1, 4, 9, 16, 25, 36, 49, 64, 81]
```

map()函数不改变原有的列表，而是返回一个新的列表。利用 map()函数，可以把一个列表转换为另一个列表，只需要传入转换函数，传入的函数可以是匿名函数，因此上面的代码可以写成以下形式：

```
>>> map(lambda x : x * x, [1, 2, 3, 4, 5, 6, 7, 8, 9])
[1, 4, 9, 16, 25, 36, 49, 64, 81]
```

由于列表包含的元素可以是任何类型，因此，map()不仅仅可以处理只包含数值的列表，事实上它还可以处理包含任意类型的列表，只要确保传入的函数可以处理这种数据类型即可。因此，我们不但可以计算简单的 $f(x)=x^2$，而且可以计算任意复杂的函数，例如，把这个列表的所有数字转为字符串，只需要一行代码：

```
>>> map(str, [1, 2, 3, 4, 5, 6, 7, 8, 9])
['1', '2', '3', '4', '5', '6', '7', '8', '9']
```

6.3.3　reduce()

reduce()函数是 Python 内置的一个高阶函数。reduce()函数会对参数序列中的元素进行累积。函数将一个数据集合（链表、元组等）中的所有数据进行下列操作：用传给 reduce 中的函数 function（有两个参数）先对集合中的第 1、2 个元素进行操作，得到的结果再与第 3 个数据运算，最后得到一个结果。函数原型如下：

```
reduce(function, iterable[, initializer])
```

参数 function 是用于处理的函数；iterable 为可迭代对象；initializer 是可选的，为初始参数。Reduce()函数返回值是函数计算结果。

reduce()函数接收的参数和 map()类似，但行为和 map()不同，reduce()把一个函数作用在一个序列[x1, x2, x3, …]上，这个函数必须接收两个参数，reduce()把结果继续和序列的下一个元素做累积计算，其效果如下：

```
reduce(f, [x1, x2, x3, x4])
```

等价于

```
f(f(f(x1, x2), x3), x4)
```

例如，对一个序列求累计乘积，就可以用 reduce()实现。下面是利用 reduce()求阶乘结果的例子：

```
a = 1
n = input("Enter a Number(n>=1): ")
if n>=1:
    a = reduce(lambda x,y: x*y, range(1, n+1))
print a
```

执行结果：

```
Enter a Number(n>=1): 6
720
```

进一步了解 reduce()函数后，我们会发现它非常实用且方便，例如，要把序列[1, 3, 5, 7, 9]变换成单一的整数 13579，利用 reduce()也可以实现：

```
>>> def fn(x, y):
        return x * 10 + y
>>> reduce(fn, [1, 3, 5, 7, 9])
13579
```

考虑到字符串 str 也是一个序列，对上面的例子稍加改动，配合 map()，我们也可以写出把 str 转换为 int 的函数：

```
>>> def fn(x, y):
        return x * 10 + y
>>> def char2num(s):
        return {'0': 0, '1': 1, '2': 2, '3': 3, '4': 4, '5': 5, '6': 6, '7': 7, '8': 8, '9': 9}[s]
>>> reduce(fn, map(char2num, '13579'))
13579
```

整理成一个单一的转换函数就是：

```
>>> def str2int(s):
        if s.isdigit():
            def fn(x, y):
                return x * 10 + y
            def char2num(s):
                return {'0': 0, '1': 1, '2': 2, '3': 3, '4': 4, '5': 5, '6': 6, '7': 7, '8': 8, '9': 9}[s]
            return reduce(fn, map(char2num, s))
        else:
            print "Need a numeric string."
```

也就是说，假设 Python 没有提供 int() 函数，用户完全可以自己写一个把字符串转化为整数的函数，而且非常简单。reduce() 函数在 Python 2 中是内建函数，从 Python 3 开始移到了 functools 模块。

6.3.4　filter()

Python 内建的 filter() 函数用于过滤序列。和 map() 类似，filter() 也接收一个函数和一个序列。和 map() 不同的是，filter() 把传入的函数依次作用于每个元素，然后根据返回值是 True 还是 False 决定保留还是丢弃该元素。函数原型如下：

filter(function, iterable)

function 为判断函数，iterable 为可迭代对象。对于其返回值，Python 2 返回的是过滤后的列表，而 Python 3 返回到是一个可迭代的 filter 类，相对 Python 2 提升了性能，可以节约内存。

例如，在一个 list 中，删掉偶数，只保留奇数：

```
>>> def is_odd(n):
...     return n % 2 == 1
>>> filter(is_odd, [1, 2, 4, 5, 6, 9, 10, 15])
[1, 5, 9, 15]
```

又如，把一个序列中的空字符串删掉：

```
>>> def not_empty(s):
...     return s and s.strip()
>>> filter(not_empty, ['A', '', 'B', None, 'C', '  '])
['A', 'B', 'C']
```

可见用 filter()这个高阶函数，关键在于正确实现一个"筛选"函数。

6.3.5 sorted()

排序是在程序中经常用到的算法。无论使用冒泡排序还是快速排序，排序的核心是比较两个元素的大小。对于数字，我们可以直接对其进行比较，但如果是字符串或者两个字典呢？直接比较数学上的大小是没有意义的，因此，比较的过程必须通过函数抽象出来。通常规定，对于两个元素 x 和 y，如果认为 x < y，则返回-1，如果认为 x == y，则返回 0，如果认为 x > y，则返回 1，这样，排序算法就不用关心具体的比较过程，而是根据比较结果直接排序。

Python 内置的 sorted()函数对所有可迭代的对象进行排序操作。函数原型如下：

sorted(iterable[, cmp[, key[, reverse]]])

iterable：可迭代对象。

cmp：比较的函数，具有两个参数，参数的值均从可迭代对象中取出，此函数必须遵守的规则是，大于则返回 1，小于则返回-1，等于则返回 0。

key：指定一个函数，每个元素先被此函数处理，然后参与排序。

reverse：排序规则，reverse 为 True 则降序排列，reverse 为 False 则升序（默认）排列。

返回值：排序后的列表。

简单的排序例子：

```
>>> sorted([36, 5, 12, 9, 21])
[5, 9, 12, 21, 36]
```

再看一个字符串排序的例子：

```
>>> s1 = "It is never too old to learn"
>>> sorted(s1.split(), key=str.lower)
['One', 'minute', 'needs', 'off', 'on', 'practice', 'stage', 'stage', 'ten', 'the', 'years']
```

默认情况下，对字符串排序，是按照 ASCII 的大小比较的，因此所有的大写字母会排在所有的小写字母之前。现在，我们提出排序应该忽略大小写排序。忽略大小写来比较两个字符串，实际上就是先把字符串都变成大写（或者都变成小写），再进行比较。因此，要实现这个算法，不必对现有代码做大的改动，只要通过参数 key 指定一个 str.lower()或 upper()方法即可。

```
>>> s1 = " It is never too old to learn"
>>> sorted(s1.split(), key=str.lower)
['minute', 'needs', 'off', 'on', 'One', 'practice', 'stage', 'stage', 'ten', 'the', 'years']
```

从上述例子可以看出，高阶函数的抽象能力是非常强大的，而且，核心代码可以保持得非常简洁。

6.3.6 其他相关函数

1. repr()

repr()函数用来取得对象的规范字符串表示，返回一个对象的 String 格式。

```
>>>s = 'RUNOOB'
>>> repr(s)
"'RUNOOB'"
>>> dict = {'runoob': 'runoob.com', 'google': 'google.com'};
>>> repr(dict)
"{'google': 'google.com', 'runoob': 'runoob.com'}"
```

2. eval()

eval()函数将字符串 str 当成有效的表达式来求值并返回计算结果。所以，其结合 math 作为一个计算器很好用。eval()函数的常见作用是计算字符串中有效的表达式，并返回结果；

```
>>> eval('pow(2,2)')
4
>>> eval('2 + 2')
4
>>> eval("n + 4")
85
>>> a = "[[1,2], [3,4], [5,6], [7,8], [9,0]]"
>>> b = eval(a)
>>> b
[[1, 2], [3, 4], [5, 6], [7, 8], [9, 0]]
>>> a = "{1:'xx',2:'yy'}"
>>> c = eval(a)
>>> c
{1: 'xx', 2: 'yy'}
```

3. exec()

在 Python 2 中，exec 既是一个语句，也是一个函数，类似于 print 和 print()；而 Python3 不支持语句形式的 exec。exec()函数用来执行存储在字符串或文件中的 Python 语句，用法如下：

```
>>> exec("print 'Hello World'")
Hello World
>>> a = 1
>>> exec("a = 2")
>>> a
2
```

6.4 小结

本项目主要介绍了函数，首先了解了什么是函数，包括函数的特性、函数的调用、函数的参数、变量的作用域，以及其他语法规则。接下来通过 Python 的几个典型的内建函数认识函数式编程，并介绍了生成器与 yield、函数闭包与装饰器。
- 函数。
- 函数的定义和调用。
- 参数。
- 参数的多种定义和传递方法。
- 名称空间和作用域。
- 全局变量和 global 关键字。
- 匿名函数。
- 生成器。
- 递归。
- 函数闭包。
- 装饰器。
- map()。
- reduce()。
- filter()。
- sorted()。

6.5 习题

1．写出调用函数时可使用的参数类型并解释。

2．写出创建一个生成器的两种方法，并举例说明。

3．编写一个函数，计算圆柱体的体积。

4．编写一个函数，计算传入列表的最大值、最小值和平均值，并以元组的方式返回，然后调用该函数。

5．利用 map()函数，把用户输入的不规范的英文名字变为首字母大写、其他小写的规范名字。例如，输入"['adam', 'LISA', 'barT']"，输出"['Adam', 'Lisa', 'Bart']"。

项目 7

面向对象编程

为了解决大型软件危机，人们提出了面向对象分析（Object Oriented Analysis，OOA）、面向对象设计（Object Oriented Design，OOD）、面向对象编程（Object Oriented Programming，OOP）、面向对象的软件工程（Object Oriented Software Engineering，OOSE）等一系列概念，并催生出了许多优秀的面向对象编程语言（Object Oriented Language，OOL），Python 是其中较优秀的语言之一。下面我们将围绕着面向对象编程展开，重点介绍 Python 中与面向对象相关的语法规则和特性。

7.1 任务1 了解什么是面向对象编程

传统的程序设计思想是面向过程的方法，即结构化程序设计，通常是分析出解决问题所需要的步骤，然后一步一步实现这些步骤。面向对象程序设计与面向过程的程序设计有本质的不同，其核心内容是对象及对象之间的关系，解决的是"用何做，为何做"的问题。相比面向过程的程序设计，面向对象编程的结构化程度更高，便于分层实现，有利于设计、复用、扩充、修改等，因此更适合大型程序的开发。

7.1.1 面向对象思想

所谓的面向对象思想，是指从现实世界中客观存在的事物（即对象）出发来构造软件系统，并在系统构造中尽可能运用人类的自然思维方式，强调直接以问题域（现实世界）中的事物为中心来思考问题、认识问题，并根据这些事物的本质特点，把它们抽象地表示为系统中的对象，作为系统的基本构成单位。这可以使系统直接地映射问题域，保持问题域中事物及其相互关系的本来面貌。

7.1.2 对象和类

在我们的身边,每一种事物都是一种对象,对象是事物存在的实体。对象具有属性和行为,举例来说,每个人的年龄、性别、身高、体重等都属于属性;而对象可能产生的动作如微笑、哭泣、行走、奔跑等,属于对象的行为。人类通过探讨对象的属性和观察对象的行为来了解对象。

如果多个对象具有一些共同特征,那么将它们的共同特征提取出来,对于不同的特征则可以忽略掉,这样就可以将它们归为同一个类。图 7-1 展示了这样的关系:姚明和科比都是 NBA 球星,在抽象时,可以忽略他们之间的某些区别——肤色不一样,而我们只在意他们都有高超的球技;他们的身高也不同,但我们不关心具体高度,只在意他们的身高能够满足职业篮球运动的要求。

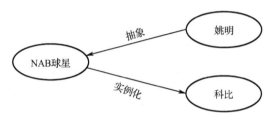

图 7-1 类和对象

具有相同或相似性质的对象的抽象和归类,就得到了类。因此,对象的抽象是类,类的具体化(实例化)就是对象,即类的实例是对象。例如,鸟类具有所有鸟的具体属性(嘴、翅膀、爪子)和具有的行为(飞行、捕食)。

7.1.3 封装

封装是面向对象思想的一个重要特性。当我们和生活中的各种对象打交道时,往往只关心它们的特征和行为,而不关心其背后的原理。举例来说,当我们使用手机时,通常只关心它能否接打电话、能否运行常用的 APP,而不必深究它如何收发信号、如何运算和处理数据等。在编程的角度来看,我们也只需要关心函数的作用、它需要什么参数、会返回什么结果,而对它内部的实现并不关心。

对于类和对象,封装就是把类的属性和方法隐藏起来,对这些属性和方法的访问只能通过特别定义的界面来完成。例如,在一个类中专门设计一个方法,用来向外界提供隐藏的类属性。直接访问那些隐藏属性是非法的,只有使用这个接口方法才能获得访问权限。

封装为软件工程提供了好处。软件设计的一个基本原则是低耦合、高内聚。耦合性也称块间联系,用于度量软件系统结构中各模块间相互联系的紧密程度。模块之间的联系越紧密,其耦合性就越强,模块的独立性则越差。内聚性又称块内联系,用于度量模块的功能强度,即一个模块内部各个元素彼此结合的紧密程度。若一个模块内各元素(语句之间、程序段之间)的联系越紧密,则它的内聚性就越高。显而易见,具有良好封装性的类和对象,能够弱化块间耦合,增强块内联系。

7.2 任务2 掌握类和实例的语法规则

类是一种数据结构,通过类来产生实例的过程,就称为创建了对象,此对象具有类中所定义的属性和方法。类的声明和定义即类的创建,和 Java、C++等语言一样,Python 中的类也通过关键字 class 来创建,且语法上和创建一个函数十分相似。

7.2.1 类和对象的创建

创建一个类的基本方法是在 class 关键字后面跟上类名:

```
class className:
    'class document string...' # 类文档(可选)
    class suit    # 类体
```

在这之后可以通过使用类的同名函数来创建对象。这么说不太准确,实际上,所有的类均有一个隐藏方法,名为__init__(),它就是类的构建方法,直接使用类名即可调用此方法:

```
class className:
    pass
c1 = className()
```

这是定义类和创建一个对象的最简单的例子,程序会正常执行。用户也可以自己在类中定义构造函数,稍后会介绍相关内容。

7.2.2 类的构造方法

默认情况下,如果没有定义(或覆盖)__init__()方法,对实例不会施加任何特别的操作。任何所需的特定操作,都需要实现__init__(),覆盖它的默认行为。例如,用__init()__方法在实例化一个对象时获取一个对象属性:

```
class student:
    def __init__(self,number):
        self.number = number
Tom = student('2017220140')
print Tom.number
```

执行结果:

2017220140

虽然我们没有显性地调用__init__()方法——这是不允许的,但在创建对象的过程中进行了隐性调用。在这个例子中,通过构造方法,在由类(Student)创建对象(Tom)的同时也赋予其学号信息。如果读者对上面代码中的 self 参数感到困惑,则请接着往下看。

7.2.3 类方法及 self 参数

从语法角度来看，方法是类的成员函数；从面向对象思想来看，方法是类的行为。在 Python 中，所有的类方法必须有一个特殊的参数，这个参数为 self。self 不是关键字，但从规范的角度考虑，请不要使用其他名称。再次重申，除非你不参与任何协作开发，不在乎其他程序员能否读懂你的代码，否则最好按规矩办事。self 必须排在参数中的第一位，在调用时不必传入相应的数据，而是将实例化的对象名称作为它的值。

显而易见，在 7.2.2 节的代码中，self 指代的是对象名称 Tom，在实例化的过程中，语句 self.number = number 实际上是将参数 number 赋值给了 Tom.number。

7.2.4 类和对象的属性

在类中直接定义的变量，即成员变量，是类的属性。同时，类也允许为将来的实例定义属性。在 7.2.2 节的例子中，self.number 就是实例的属性，通过类来访问这个属性会导致语法错误，也就是说，student.number 是不合法的。反之不然，类的属性会传递给实例，因此可以通过实例来访问。

```
#_*_ coding:utf-8 _*_
class student:
    race = 'human'              # 是类的属性，但也会在实例化的时候作为实例的属性
    def __init__(self, gender):
        self.gender = gender
Ivy = student('female')
print 'Student is %s, Ivy is %s, Ivy is %s.' % (student.race, Ivy.race, Ivy.gender)
```

执行结果：

```
Student is human, Ivy is human, Ivy is female.
```

尽管在语法上是合法的，但不建议通过类名来访问类属性，有时候可能会产生歧义。

在大型项目中，类可能具有庞大的体积，有相当多的属性和方法，内建类也是如此（你应该还记得像列表、字符串这样的内建类有多少属性和方法）。任何时候，如果需要，都可以使用内建函数 dir() 来查看类的成员，无论是自定义的类还是内建类。

7.2.5 为实例添加属性和方法

在不修改类定义的情况下，可以为对象动态添加新的属性和方法，这为用实例实现不同的目标提供了很大的灵活性。添加属性很简单，直接用<对象名.属性名>这样的格式进行赋值初始化即可。可以对类和实例分别使用 dir() 函数来查看其属性。

```
class student:
    pass
s1 = student()
s1.name = 'Megatron'
print 'This class has the following attributes:' dir(student)
print 'This instance has the following attributes:' dir(s1)
```

执行结果：

```
This class has the following attributes: ['__doc__', '__module__']
This instance has the following attributes: ['__doc__', '__module__', 'name']
```

为实例添加方法要稍微麻烦一些，在这个过程中需要使用 types 模块中的 MethodType()函数，它用于将一个新的函数绑定到一个实例中，成为其方法。

```
1    class student:
2        pass
3    s1 = student()
4    def setAge(self,age):        # 先定义一个外部函数
5        self.age = age
6    import types                 # 导入 types 模块
7    s1.setAge = types.MethodType(setAge, s1, student)   # MethodType()函数有 3 个参数
8    s1.setAge(18)                # 函数名、实例名、实例所属类名
9    print s1.age, dir(s1)
```

执行结果：

```
18 ['__doc__', '__module__', 'age', 'setAge']
```

上面代码中第 7 行 MethodType()函数的 3 个参数，分别是函数名、实例名、实例所属类名。如果第 2 个参数实例名为空（None），则此函数会被添加到类中。通常情况下，要为类添加功能，应该直接写到类的定义中去。MethodType()允许我们在程序运行的过程中动态地给类加上功能，这在静态语言中很难实现。

7.2.6 静态方法

静态方法是指类中的方法只能通过类名来调用，而禁止通过实例名来调用。或者说，它是类中的特殊方法，不能被实例所调用。定义静态方法需要使用一个名为@staticmethod 的装饰器，请看下面的代码：

```
class student:
    race = 'Human'
    @staticmethod
    def display_race():
        print student.race
    def __init__(self,name):
        self.name = name
student.display_race()
```

执行结果：

```
Human
```

由于静态方法不能被实例所调用，它就不需要 self 参数了。为了避免出现此类语法错误，解释器禁止在@staticmethod 装饰器下的方法中出现 self 参数。如果只需要静态方法，则不必对类进行实例化。

那么，静态方法有什么实际意义呢？举个例子，对于数据库，常见的操作一般有增、删、

改、查 4 种。如果有一个类提供了这 4 种数据库操作，让业务方使用，那么在业务中可能每一个访问数据库的程序都需要调用这些方法。

```
# _*_ coding:utf-8 _*_
class MS_SQL_Helper:              # 操作 Microsoft SQL Server 的类
    def add(self,sql):            # 增加
        pass
    def delete(self,sql):         # 删除
        pass
    def update(self,sql):         # 修改
        pass
    def select(self,sql):         # 选择
        pass
instans1 = MS_SQL_Helper()        # 数据库的访问者通过实例化一个对象来获得类中的方法
instans1.update(sql)
```

看起来这似乎可行。问题在于，每个访问数据库的程序都需要将这个类实例化，然后才能使用这些方法。如果有一万个进程需要访问数据库，那么需要把这个类实例化一万次。类被实例化之后，程序会在内存中为这个对象开辟一个空间，此外还涉及其他开销。

这时，如果使用静态方法，这些访问数据库的程序就不需要实例化类，而可以通过类名直接使用静态方法，从而获得操作数据库的手段。

```
# _*_ coding:utf-8 _*_
class MS_SQL_Helper:
    @staticmethod
    def add(self,sql):
        pass
    @staticmethod
    def delete(self,sql):
        pass
    @staticmethod
    def update(self,sql):
        pass
    @staticmethod
    def select(self,sql):
        pass
MS_SQL_Helper.update(sql)         # 直接用类的静态方法进行操作
```

假设仍然是一万个程序来访问数据库，现在只需要进行一万次的静态方法的调用即可，不必创建一万个对象。

多数面向对象的程序都有这么一个问题：在使用一个类的时候，必须先实例化产生一个对象，然后才能使用其中的方法。一旦对类进行实例化，就会在内存的堆区开辟一块空间来驻留这个对象。如果没有静态方法，则无法避免前面所述的大量程序访问数据库需要构造大量对象的问题。而静态方法在内存中只要有一份就可以了。

7.2.7 静态属性

对象的方法也可以被当作属性，假设我们希望字段形式的属性不能被直接访问，就可以专门用一组方法来获取这些字段。通过@property 装饰器，可以以属性的方式来使用方法，即省去后面的括号。

```
#_*_ coding:utf-8 _*_
class student:
    race = 'Human'
    @property                        # 将下面的方法声明为属性
    def displayNumber(self):
        return self.number           # 需要提供返回值
    def __init__(self, number):
        self.number = number
BruceLee = student('2017220146')
print BruceLee.displayNumber         # 调用此属性，不能带有括号
```

执行结果：

2017220146

请回顾我们在 7.1.3 节提到的关于封装的概念。类的字段可以作为类的属性，以 self 作为前缀的字段可以作为对象的属性；使用静态属性，则是对常规的属性进行了一次封装。

7.2.8 私有字段

观察生活中的对象，你会发现它们有许多特征是外在、显性的，如一个人的身高、肤色；但也有许多隐性的特征，如学历、收入、性格等。我们将后者称为私有特征，对应地，在类中它们是私有字段。

通过私有字段，可以进一步实现封装。在其他面向对象语言中，如 C++和 Java，使用关键字 pravite 来定义私有字段，在 Python 中则由标识符（也就是字段名称）来决定。如果一个字段名称以两个下画线开头，则它是一个私有字段。

```
1   #_*_ coding:utf-8 _*_
2   class employee:
3       def __init__(self, name):
4           self.name = name
5           self.__salary = 2500     # 构造实例的时候定义一个私有字段
6   e1 = employee('Johnny')
7   print e1.__salary                # 通过实例的名称访问，并输出这个私有字段
```

程序报错：

Traceback (most recent call last):
　File ".../index.py", line 6, in <module>
　　print p1.__salary
AttributeError: employee instance has no attribute '__salary'

为什么会运行错误呢？解释器已经告诉我们了：在类 employee 的实例中并没有一个名为"__salary"的属性。也就是说，外界不能直接访问私有属性，解释器会声称这个属性不存在。

一个可行的做法是使用其他方法作为媒介。在类中定义一个方法，用这个方来访问私有字段。因为该方法是类方法，所以可以访问私有字段，并将其作为返回值。外界调用这个方法，就能获得私有字段。

```
#_*_ coding:utf-8 _*_
class employee:
    def __init__(self, name):
        self.name = name
        self.__salary = 2500            # 私有字段
    def getSalary(self):                # 定义一个方法来访问私有字段
        return self.__salary            # 返回私有字段
e1 = employee('Johnny')
print e1.getSalary()                    # 通过实例的名称访问，并输出这个私有字段
```

执行结果：

2500

7.2.9 私有方法

私有方法和私有字段一样，通过以两个下画线开头的标识符来定义。同理，私有方法也不能直接从外部调用，必须通过一个普通（公有）的方法来间接调用它。

```
1   #_*_ coding:utf-8 _*_
2   class employee:
3       def __init__(self, name):
4           self.name = name
5           self.salary = 2500
6       def __increase(self):           # 私有方法
7           self.salary += 500
8           return self.salary
9       def promote(self):
10          return self.__increase()    # 间接执行私有方法，并将其执行结果作为返回值
11  e1 = employee('Anakin')
12  print e1.promote()
```

执行结果：

3000

针对这段程序，将作为外部接口的方法设置为属性，在调用时省去后面的括号。在第 9 行之前添加@property，即可在最后调用 e1.promote，而并非 e1.promote()。

如果我们想强行访问一个私有字段或调用一个私有方法，则应该怎么做呢？其实这也是允许的，只要在私有字段或方法前面加上单下画线开头的对象名即可。

以下语句替换上一段代码中第 11 行：

```
11  print p1._employee__increase()      # 注意名称顺序：对象名._类名__方法名
```

执行结果：

3000

有时候也有这样的需求：授权给用户，使其可以修改私有字段。如何满足这种需求呢？可以让公有方法作为媒介，这个方法接收用户的参数，并将其作用于私有方法。

```
#_*_ coding:utf-8 _*_
class employee:
    def __init__(self,name):
        self.name = name
        self.__salary = 2500
    def getSalary(self,value):           # 此方法用于修改私有字段
        self.__salary += value
        return self.__salary
p1 = employee('Padme Amidala')
print p1.getSalary(600)
```

执行结果：

3100

7.2.10　嵌套类

应该用合适的方法来使用一个定义好的类，就像使用模块一样，把这些对象和相关的内容组织到代码中去。如果程序的规模很大，则需要在代码中组合使用多个不同的类，以简化程序的逻辑，提高代码复用率。常见的组合方式有两种，一种是嵌套，另一种是继承。我们在稍后再讨论继承，这里先介绍嵌套。

一个类嵌套另一个类，这在许多面向对象的编程语言中都是合法的。类的嵌套也有两种形式，第一种是在类的定义中嵌套其他类的实例，第二种是在类的定义中嵌套其他类的定义。

第一种其实很好理解，由于在 Python 中一切皆对象，因此在类的定义中出现的数字、字符串实际上都是实例。用户也可以自定义一些类，然后另一些类的定义中创建它们的实例。在调用的时候，可以使用这样的语法：

```
outerInstance.innerInstance.attribute/method
# 外部类实例.内部类实例.内部类字段/方法
```

严格意义上说，第二种才是真正的嵌套类。可以仅为内部类创建实例，然后访问内部类的字段和方法；也可以创建双层实例，同时使用外部类和内部类的字段和方法。下面这个例子展示了双层实例和内层类作为一个单独实例的区别：

```
#_*_ coding:utf-8 _*_
class weapons:                              # 允许装备的武器
    w1=None; w2=None; w3=None               # 外部类的字段，为内部类的实例预留
    class autoRifle:                        # 主要武器类
        def strafe(self):                   # 主要武器具有的行为
            print "Strafe!"
    class handGun:                          # 次要武器类
```

```
            def singleShot(self):           # 次要武器具有的行为
                print "Single-shot!"
        class knife:                         # 近战武器类
            def stab(self):                  # 近战武器具有的行为
                print "Stab!"
arms=weapons()                               # 外部类实例化
arms.w1=weapons.autoRifle()                  # 内部类实例化,且作为外部类的字段
arms.w2=weapons.handGun()                    # 内部类实例化,且作为外部类的字段
arms.w3=weapons.knife()                      # 内部类实例化,且作为外部类的字段
arms.w1.strafe();   arms.w2.singleShot();   arms.w3.stab()    # 内部类方法调用
a=weapons.autoRifle()                        # 仅创建内部类,作为一个单独的对象
a.strafe()
```

执行结果:

```
Strafe!
Single-shot!
Stab!
Strafe!
```

7.2.11 对象的销毁与回收

既然构造方法能随着对象的创建而被自动调用,那么有没有对应的析构方法能随着对象的销毁而自动调用呢?直觉告诉我们,应该有这样一个方法,用于释放对应的内存空间。的确如此,Python 中类的析构方法是__del__(),它会在程序结束时被自动调用。如果想在销毁对象的同时做点其他事情,例如,让对象留下几句"遗言",则需要重新实现析构方法。

```
class Knight:
    def __init__(self):
        print "Hello, I was born!"
    def __del__(self):
        print "The interpreter wants to delete me. Hasta la vista, Baby!"
k1 = Knight()
```

执行结果:

```
Hello, I was born!
The interpreter wants to delete me. Hasta la vista, Baby!
```

可以看出,即使没有调用析构函数,随着程序执行的结束,它也会自动执行。因此,一般不用自己去调用析构函数。析构函数是一个对象的生命周期的结尾,一个对象的析构函数必定是最后才执行的。

7.3 任务 3 掌握类的继承和派生

假设类和类之间有显著的不同,并且较小的类是较大的类所需要的组件时,则嵌套类是很好的组合方式。但如果要设计一些相似的类,它们之间仅有部分不同的特性和功能,则继承/

派生就是更好的手段。

7.3.1 父类和子类

继承/派生是所有面向对象编程语言的重要特性,其好处在于,使用一个已经定义好的类,扩展它或者对其进行修改,不会影响系统中使用现存类的其他代码片段。

就像继承和派生这两个名词本身所蕴含的意义一样,一个新的类可以具备现有类的属性和方法,并允许新类重新实现(覆盖)它们,新的类也允许定义它自己的新的属性和方法。于是,可以称现有的类为父类、超类或基类,称新的类为子类、派生类或扩展类。为了简单起见,我们只用父类和子类来指代。

在关系上,父类派生出了子类,子类继承自父类。换言之,继承和派生是同一回事,只是站在了相反的角度来描述。

7.3.2 继承

类的特征和方法可以在子孙类或子类中进行继承。这些子类从父类或祖先类继承它们的核心属性。如果需要,则这些派生可以扩展到多代。例如,可以从较大的汽车类派生出一个较小的越野车类,这时我们就称汽车类为祖先类,每一层继承关系都有其对应的父类和子类。

多层继承关系可以用一个树状图来描述。除了祖先类,每个类都有自己的父类,都从父类那里继承了所有的属性和方法;每个类都有可能在自身内部重新实现或添加新的属性和方法。如图7-2所示,小型乘用车的特征——车厢、发动机、变速箱等,以及行为——行驶、转向、制动等,会被轿车和SUV两个类所继承。轿车的特征,如较低的底盘等,又会被三厢车及两厢车所继承,以此类推。

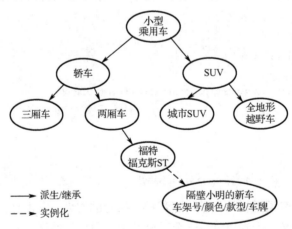

图7-2 继承关系树

继承的语法规则很简单,在定义类的时候,在类名后面跟上一个括号,里面加上父类的名称。下面是一个关于继承的简单例子:

```
1   # _*_ coding:utf-8 _*_
2   class Father:
3       def bad(self):
```

```
4       print 'father: smoking, drinking'
5   class Son(Father):              # 指定继承父类
6       pass
7   s1 = Son()
8   s1.bad()
```

执行结果：

father: smoking, drinking

在上面这个程序中，父亲抽烟、喝酒，所以儿子也抽烟、喝酒，之所以体现出"上梁不正下梁歪"的现象，正是因为子类继承了父类中的 bad() 方法。

7.3.3 覆盖方法

如果需要，则可以在子类中重新实现同名方法，该方法会覆盖继承自父类的方法。例如，在上面代码中，修改 Son 类的定义：

```
4   class Son(Father):
5       def bad(self):
6           print 'son: nothing'
```

执行新的代码，你会发现儿子已经改掉了从父亲那里学来的不良嗜好。

有时候，父类的方法包含了较复杂的代码，我们并不想彻底重写，只是希望在此基础上增加一些新功能。假如这个方法包含了十行代码，而我们只要在最后增加一行代码即可满足需求，这时我们需要"环保"一些的措施。请看下面的例子：

```
#_*_ coding:utf-8 _*_
class Father:
    def bad(self):
        print 'father: smoking, drinking'
class Son(Father):
    def bad(self):
        Father.bad(self)            # 调用父类中的同名方法
        print 'son: gambling'       # 只添加父类方法中没有的功能
s1 = Son()
s1.bad()
```

执行结果：

father: smoking, drinking
son: gambling

在这个例子中，子类调用父类中的同名方法，然后添加新的功能。不过，故事的结果可不是那么美好，儿子不但继承了抽烟和酗酒，而且学会了赌博。

7.3.4 多重继承

多重继承，指的是一个子类继承多个父类。C++和 Python 支持这样的特性，而 Java、C# 等则不支持。Python 有两种性质的多重继承：一种是纵向多重继承，即子类继承父类、父类继承祖父类；另一种是横向多重继承，例如，猫是哺乳动物，同时也是掠食者，因此它可以同时继承哺乳动物的方法（恒温、胎生）和掠食动物的方法（捕猎、食肉）。

缺乏多重继承的支持，往往会导致同一个功能在多个地方被重写，但多重继承也存在争议，这主要集中在钻石问题上，稍后我们会讨论它。

任何类都有一个名为__bases__的隐藏属性，它是一个元组，包含当前类的父类，但不包含祖父类。对于没有继承任何父类的类，它的__bases__是一个空元组。__bases__属于类而并非对象。通过实例来调用__bases__是非法的。

下面的代码展示了__bases__的作用：

```
class GrandFather:
    pass
class Father(GrandFather):
    pass
class Mother:
    pass
class Son(Father, Mother):
    pass
print GrandFather.__bases__
print Father.__bases__
print Son.__bases__
```

执行结果：

```
()
(<class __main__.GrandFather at 0x0000000002994B28>,)
(<class __main__.Father at 0x00000000028BA828>, <class __main__.Mother at 0x0000000002A48AC8>)
```

7.3.5 钻石问题

钻石问题又称菱形继承问题，是多重继承带来的问题。前面我们介绍的类，从语法上讲属于经典类，经典类在继承的时候，其MRO（Method Resolution Order，基类方法搜索顺序）基于深度优先原则去搜索各个父类和祖父类中的可继承方法，如图7-3所示。

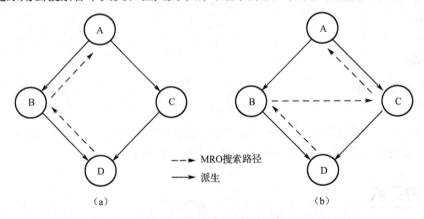

图7-3 类的MRO搜索路径

在图 7-3（a）中，类 D 同时继承自类 B 和类 C，而类 B 和类 C 均继承自类 A。假设类 C 重新实现了继承自类 A 的同名方法，由于经典类是深度优先的搜索原则，类 D 可能在搜索类 B 之后直接去搜索类 A，导致不能继承类 C 重写的方法。下面是代码示例：

```
#_*_coding:utf-8 _*_
class A:
    def foo(self):
        print 'foo method from A'
class B(A):                          #B 继承自 A
    pass
class C(A):                          #C 继承自 A
    def foo(self):                   # 在 C 中重新实现 foo 方法
        print 'foo method from --C--'
class D(B,C):                        #D 同时继承自 B 和 C
    pass
d1 = D()
d1.foo()
```

执行结果：

foo method from A

我们希望类 D 能继承类 C 重写的方法，但如程序执行所示，它实际上继承了类 A 的。在 MRO 深度优先的原则下，类 D 错过了类 C 的 foo()方法。这就是经典类的一个缺陷，Python 从版本 2.2 开始增加了新式类，它的 MRO 采用广度优先算法，如图 7-3（b）所示。

Python 2.7 中默认类是经典类，当显性地继承了 object 时，其才是新式类。在 Python 3.x 中，经典类被移除，默认类都是新式类，不需要显性地继承 object。那么 object 到底是什么呢？在新式类中，它是所有类的祖先类。

```
class A(object):
    def foo(self):
        print 'foo method from A'
class B(A):
    pass
class C(A):
    def foo(self):
        print 'foo method from --C--'
class D(B,C):
    pass
c1 = D()
c1.foo()
```

执行结果：

foo method from --C--

7.3.6 新式类

下面来看看新式类的其他新特性。新式类的对象可以直接通过__class__属性获取自身类型。新式类增加了__getattribute__()方法，用于获取对象属性的值。新式类还提供了一个名为__slots__的属性，它的值被用作类属性的白名单。

回顾一下 7.2.5 节的内容，Python 允许为一个类或对象动态添加属性和方法。有时候我们希望限制某些属性被添加。例如，我们规定 student 类可以添加专业、班级、学号等信息，而禁止添加和学籍信息无关的内容，应该怎么做呢？只需在__slots__的值里添加好白名单即可。__slots__的值是一个元组，其中的元素是字符串形式，每个字符串代表一个被许可的属性名称。下面在交互式解释器里演示__slots__的用法：

```
>>> class student(object):
...     __slots__ = ('name', 'major', 'number')
...                                          # 只有 name、major、number 字段是合法的
>>> s1=student()
>>> s1.name='Odin'
>>> s1.age='22'                              # 一个不合法的字段
Traceback (most recent call last):
  File "<stdin>", line 1, in <module>
AttributeError: 'student' object has no attribute 'age'
```

和新式类有关的另一个重要的工具类 super，它用于在子类中显式地调用父类中的方法，支持多重继承。我们知道，继承了一个类意味着拥有了父类所有的方法，一旦对该方法进行了重写，父类的同名方法就会被覆盖。如果只是想为父类的方法添加一些新功能，就需要显式地调用父类的方法。在经典类中，通常是这样做的：

```
#_*_ coding:utf-8 _*_
class Father:
    def bad(self):
        print 'father: smoking, drinking'
class Son(Father):
    def bad(self):
        Father.bad(self)              # 调用父类的同名方法
        print 'son: gambling'
s = Son()
s.bad()
```

在新式类中推荐使用 super 来解决这样的问题，所要调用的实际上是它的构造函数，第一个参数是要调用的目标父类的子类，第二个参数是 self，具体用法如下：

```
#_*_ coding:utf-8 _*_
class Father(object):
    def bad(self):
        print 'father: smoking, drinking'
class Son(Father):
    def bad(self):
        super(Son, self).bad()        # 调用父类的同名方法
        print 'son: gambling'
s = Son()
s.bad()
```

从运行结果来看，似乎没有什么差别。下面看一个更直观的例子，我们把前一种方法的代码放在左侧，后一种方法的代码放在右侧，对比它们的执行结果：

```
class A:                              class A(object):
    def __init__(self):                   def __init__(self):
        print("Enter A")                      print("Enter A")
        print("Leave A")                      print("Leave A")
class B(A):                           class B(A):
    def __init__(self):                   def __init__(self):
        print("Enter B")                      print("Enter B")
        A.__init__(self)                      super(B, self).__init__()
        print("Leave B")                      print("Leave B")
class C(A):                           class C(A):
    def __init__(self):                   def __init__(self):
        print("Enter C")                      print("Enter C")
        A.__init__(self)                      super(C, self).__init__()
        print("Leave C")                      print("Leave C")
class D(B, C):                        class D(B, C):
    def __init__(self):                   def __init__(self):
        print("Enter D")                      print("Enter D")
        B.__init__(self)                      super(D, self).__init__()
        C.__init__(self)                      print("Leave D")
        print("Leave D")              D()
D()
```

执行结果：

```
Enter D
Enter B
Enter A
Leave A
Leave B
Enter C
Enter A
Leave A
Leave C
Leave D
```

执行结果：

```
Enter D
Enter B
Enter C
Enter A
Leave A
Leave C
Leave B
Leave D
```

super 机制可以保证公共父类中的对应方法仅被执行一次，执行的顺序是按照 MRO 来进行的。请注意，在同一个项目中要保持调用父类方法的手段一致性，也就是说两种方法不要混用。

7.4 任务 4 了解类的其他特性和功能

Python 对面向对象的支持非常完善，其他面向对象编程语言有的特性基本上 Python 都有，同时 Python 也有很多独有的特性或功能。下面介绍抽象类、抽象方法以及如何在程序运行中动态地定义新的类。

7.4.1 抽象类和抽象方法

在很多情境下，抽象类和接口被当作同一回事，在 Python 中并没有 Interface 这个关键字，因此我们用抽象类这个词。和普通类不同，抽象类中的方法只有定义，没有实现，这些方法将会由派生类去实现。抽象类和接口的概念进一步降低了程序的耦合性，多用于协作开发时，由不同的人在不同的类中实现接口中的各个方法。

要定义抽象类，需要使用 abc 模块中的 ABCMeta 类和@abstractmethod 装饰器。前者用于将一个类定义为抽象类，后者用于在抽象类中定义抽象方法。有两条规则必须遵守：

- 当一个类被定义为抽象类之后，不能在类体中实现任何方法，所有被定义的方法均只能以 pass 进行占位。
- 当子类继承抽象类时，必须实现所有的抽象方法。

如果不使用抽象类，则可以定义一个不实现任何功能的类，我们同样可以对所有的方法均写上 pass。但抽象类对子类必须实现所有抽象方法的要求是强制的，它的意义在于，架构师写规范，程序员必须按规范实现这个功能。

下面看一小段代码：

```
#_*_coding:utf-8_*_
from abc import ABCMeta, abstractmethod          # 从模块 abc 中导入 ABCMeta 及 abstractmethod
class student(object):
    __metaclass__=ABCMeta                         # 指定当前类为抽象类（所有方法不允许有实现）
    @abstractmethod                               # 将下一行定义的方法指定为抽象方法
    def setName():
        pass
    def setAge():                                 # 因为没有指定@abstractmethod，它不是抽象方法
        pass
class seniorStudent(student):
    def setname(self, name):
        self.name=name
```

在这段代码中，student 被定义为抽象类，而 student.setName()被指定为抽象方法。虽然 student.setAge()不是抽象方法，但由于所属的类是抽象类，因此其也不允许被实现。student 的派生类必须实现 setName()方法，但不必实现 setAge()。

7.4.2 动态定义类

让我们考虑一下这样的需求：有时候我们无法确定用户需要什么样的类，我们在代码中定义好的类可能是不符合要求的。能否在程序运行的过程中，让用户来提交对新类的需求呢？

你一定还记得 type()这个内建函数，它常常用于判断对象的数据类型。另外，type()也能用于生成一个新的类，只要在调用 type()时传入 3 个参数：(name, bases, dict)，就能够创建一个新的类型。其中，name 是类名；bases 是一个元组，包含了父类列表，如果是一个非派生的全新类，可以给一个空元组；dict 是一个词典，键值对代表了类的属性和值，也可以代表一个已经定义好的函数作为类方法。

下面展示如何用 type()定义一个类：

```
#_*_ coding:utf-8 _*_
def move(self):                                  # 定义函数
    print "Go forward!"
def fire(self, target):                          # 定义函数
    print "Shoot %s!" % target
tank = type('tank',(),{'model':'M1A1','move':move})    # 定义类
t1=tank()                                        # 实例化
print 'Im Fighting with the %s!' % t1.model
t1.move()                                        # 调用方法
tank.fire=fire                                   # 允许动态为类添加方法
t1.fire('the bunker')                            # 调用方法
```

执行结果：

Im Fighting with the M1A1!
Go forward!
Shoot the bunker!

在这个例子中，属性和方法是预先定义好的，还可以采用更加灵活的方式，例如，让用户输入一个字符串，然后将其作为类属性。另外，可以预定义一组函数，通过字符串告诉用户它们的功能，让用户自己决定要添加哪些函数作为类方法。

7.4.3 运算符重载

运算符重载是指在方法中拦截内建的操作符——当类的实例出现在内建操作中时，Python会自动调用自定义方法，并且返回自定义方法的操作结果。换言之，只要在类中实现了相关的操作函数，就能代替对应的操作符，使类在使用该操作符的时候具有不同的行为。例如，如果对象实现了__add__方法，则当它出现在+表达式中时会调用这个方法。所有的Python表达式的操作符都可以被重载，表 7-1 列举了常用的重载操作符。

表 7-1 常用的重载操作符

方 法 名	重载的操作说明	调用表达式
__add__	+	x + y
__sub__	-	x - y
__mul__	*	x * y
__div__	/	x / y
__and__	&	x & y
__or__	|	x | y
__le__	==、!=	x > y、x < y
__lt__	<、>、<=、>=	x < y、x > y、x <= y、x >= y
__repr__	输出，转换	printx,`x`
__call__	函数调用	X()
__getattr__	属性引用	x.undefined
__getitem__	索引	x[key]、for 循环、in 测试

续表

方法名	重载的操作说明	调用表达式
__setitem__	索引赋值	x[key] = value
__getslice__	切片	x[low : high]
__len__	长度	len(x)
__cmp__	比较	x == y、x < y
__radd__	右边的操作符"+"	非实例 + x

下面来看几个例子，首先我们重新定义加号+，让它作为减号来使用：

```
class add_is_sub(object):
    def __init__(self, value):
        self.value = value
    def __add__(self, x):
        return self.value - x.value
a = add_is_sub(3)
b = add_is_sub(4)
print a + b
```

执行结果：

-1

通过运算符重载，可以仅使用对象名称调用方法，从而代替 object.method()的方式：

```
class Knight:
    def __init__(self):
        pass
    def __call__(self):
        print "Let's do something..."
k1 = Knight()
k1()                                    # 等价于 k1.__call__()
```

执行结果：

Let's do something...

运算符重载并不是"魔法"，Python 只是允许类通过实现一系列指定的方法来实现不同的行为，只有实现了这些特定行为的类才能使用这个重载的运算符。对其他对象而言，运算符还是以前那个运算符。

7.5 小结

本项目介绍了与面向对象编程有关的知识点，并详细讲解了类的使用方法及其特性。
- 面向对象编程的思想、关键概念和专有名词。
- Python 中类的定义和实例的创建。
- 类和对象的属性。

- ❏ 静态方法和静态属性。
- ❏ 私有字段和私有方法。
- ❏ 嵌套类。
- ❏ 继承。
- ❏ 覆盖方法。
- ❏ 多重继承及新式类。
- ❏ 抽象类和抽象方法。
- ❏ 运算符重载。

7.6 习题

1. 设计一个同学录，用类来定义同学，每个同学是一个实例。类中需要有姓名、班级、学号、联系电话等属性。

2. 改写同学录类定义，要求外界不能直接访问除了姓名之外的其他属性，必须通过一个特定的方法来作为访问这些属性的接口。

3. 按照下面描述的方式创建一个继承分级结构。基类提供适用于所有哺乳动物对象的方法，并在派生类中覆盖它们，从而根据不同的动物种类采取不同的行动。

```
哺乳动物：
    猫科：狮子、豹、虎
    犬科：狼
```

4. 将项目 2 和项目 6 的 PPI 计算程序改写为使用类来实现的版本。

5. 阅读下面的代码，回答问题。

```
#_*_ coding:utf-8 _*_
from abc import ABCMeta, abstractmethod
class student(object):
    __metaclass__=ABCMeta
    @abstractmethod
    def setName():
        pass
    def setAge():
        pass
class seniorStudent(student):
    def setname(self, name):
        self.name=name
s1 = seniorStudent()
```

（1）程序会正常执行吗？为什么？

（2）如果抽象类的子类并未实现其中的抽象方法，则其可以由孙子类来实现吗？

项目 8

模块和程序打包

在组织程序代码时使用模块的概念,其历史比面向对象编程要悠久得多。使用模块可以用分治法分解问题、解决问题。之前的例题也曾涉及模块的应用,如 os、sys、math 等,但这些模块的功能远远不止你所用过的那些。下面我们先介绍 Python 模块和包的相关概念,以及如何使用模块和包来完成工作,最后介绍如何为自己的模块进行打包和发布。

8.1 任务 1 熟悉模块的概念和用法

软件模块是一套一致而互相有紧密关系的软件组织,包括程序和数据结构两部分。现代软件开发往往利用模块作为合成的单位。模块的接口表达了由该模块提供的功能和调用它时所需的元素。模块是可以被分开编写的单位,这使它们可复用,并允许多人同时协作、编写及研究不同的模块。

8.1.1 定义模块

对许多编程语言来说,模块在物理层面上是以文件形式被组织起来的。了解 C 语言的读者都知道,在 C 语言中如果要使用 sqrt 函数,就必须用#include 引入 math.h 这个头文件,否则其是无法正常进行调用的。相同的概念在 Python 中称为模块(module),被导入的模块和 Python 源代码文件一样,都是以.py 作为扩展名的。Python 的标准安装包含了一组常用模块,称为标准库。此外,我们可以根据需求编写自己的模块,或通过网络安装第三方库以获取额外的模块。有些时候,特定领域的开发者为了解决一类具体的问题,开发出一系列特定的模块,以及组织、使用这些模块的工具和控件,这称为第三方框架。

编写自定义模块非常简单,将需要复用的函数和类根据不同的用途,分门别类写在专门的.py 文件里,文件名尽量做到见名知其意,并且它也是模块名称。

8.1.2　导入模块

我们已经多次使用了 import 语句来导入模块。import 语句的用法很灵活，如果要导入多个模块，可以把它们写在同一个 import 语句里：

import Module1, Module2 ...

如果重视可读性，则建议每个模块使用一个单独的语句：

import Module1
import Module2
...

有时我们只需要某个模块中的某个部分或几个特定部分的内容，如 math 模块中的 sqrt 函数，此时不必导入整个模块，而是通过 from Module import fuction 的方式导入指定的内容。采用这种方式，可以将指定模块中的对象引入当前的全局名称空间。关于名称空间的概念，我们稍后再讨论，但这么做的好处显而易见。可以通过对象名称直接访问，不需要以模块名作为前缀。例如：

>>> from math import sqrt
>>> sqrt(4)   # 不需要 math.sqrt 的格式
2.0

可以使用 from – import 格式导入指定模块中的若干属性。当采用这种方式时，语句可能会很长。可以在语句的恰当位置使用"\"符号使其跨行，以保证语句的可读性。

8.1.3　导入和加载

既然模块是.py 文件，那么它就能够被执行。实际上，首次导入模块会加载这个模块，导致模块中的代码被执行。我们使用模块的目的是从中取出可用的属性，包括定义好的函数、类和其他全局变量，所以应当避免模块中有其他可执行的代码。

在一个 Python 程序中，无论模块被导入多少次，都只会被加载一次（因此只被执行一次）。考虑到多重导入，这种设计是很合理的。例如，导入了 sys 模块，而导入的其他几个模块也导入了 sys 模块，即便如此，sys 模块也只被加载一次。

如果确实需要再次加载模块，则可以使用内建函数 reload()。模块必须被全部导入（不是用 from – import 导入部分属性），而且必须是成功导入。reload() 的参数必须是模块本身，而不是包含模块名的字符串。如果被导入的模块有一个别名，则也可以用此别名作为 reload() 的参数。

8.1.4　模块文件和关键变量

前面谈到模块被加载时会被执行，其中定义的函数和类也因此才能被调用。直接执行的.py 文件称为主文件，作为模块被加载而间接执行的称为从文件。

使用模块的正常情景是这样的：一个作为模块的文件里定义了一组函数，但在当前文件里并不调用它们。这是非常合理的，因为我们把它作为模块（从文件）使用，只希望它由别的.py 源文件来导入到其名称空间，然后间接调用这些函数。这是否意味着我们应该避免在从文件中留下任何能够被直接执行的语句呢？有很多理由要求我们这样做。例如，攻击者可能导入一个主文件，使它间接执行。

一个有着良好习惯的模块编写者很容易做到这点。但有时候，例如，针对模块中那些函数的测试和修改，我们又希望更方便。好在 Python 有标准的做法来回避这个问题。每个 .py 文件都有一个隐藏的变量，即 __name__，如果该 .py 文件被直接执行（主文件），则该变量的值为 __main__；如果该 .py 文件作为模块（从文件）被其他 Python 程序导入，则 __name__ 的值是它的文件名。所以，可以在模块文件中使用 if 条件句，根据 __name__ 的值来判断当前文件是主文件还是从文件，如果当前文件是主文件，则调用需要测试的函数：

```
#_*_ coding:utf-8 _*_
def func1():                                    # 定义函数
    print 'func1 has been called.'
def func2(arg):
    print 'func1 has been called by %s.' % arg
if __name__ == '__main__':                      # 当且仅当这是主文件，调用函数
    func1()
    func2('tester')
```

除此之外，还有以下两个隐藏变量和文件有关。

__file__：它的值是 .py 文件的路径。当代码在交互式解释器中运行时尝试访问 __file__，会产生 "name '__file__' is not defined" 错误，也就是说，只有执行一个 .py 源文件时才有此变量。如果通过相对路径来执行源文件，__file__ 就是相对路径；如果通过绝对路径来执行源文件，则 __file__ 是绝对路径。另外，也可以输出已导入的从文件的 __file__，在此情况下输出的也是从文件的绝对路径。

__doc__：如果在 .py 文件的第 1 行有效代码之前（考虑到以#!开头的解释器环境变量和指定编码语句，通常从第 3 行开始）有一段通过三重引号包含起来的多行注释信息，则这些信息称为当前文件的文档，也就是当前文件的 __doc__ 变量的值。当没有定义这些注释信息的时候，__doc__ 的值为空（None）。

8.1.5 模块的别名

为模块或模块里的属性定义一个别名是一个很方便的特性。Python 之所以提供这样的特性是因为有两方面的需求：模块或模块中的属性名字太长，输入不便；代码里已经有了和模块或模块中的属性同名的变量。

可以声明一个较短的标识符，然后将模块赋值给它，这样就可以用这个简短的别名了：

```
import longModuleName
m1 = longModuleName
m1.attribute
```

这个例子只用来说明 Python 的灵活性，但我们并不推荐这样做，毕竟有专门用来创建别名的做法。使用 from-as 语句，可以在导入模块的同时给它指定一个别名：

```
>>> import multiprocessing as mp              # 模块 multiprocessing 的别名为 mp
>>> print mp.current_process().name           # 使用别名访问模块中的属性
MainProcess
```

使用 from – import – as 语句，可以在导入模块中指定属性时，赋予它一个别名：

```
>>> from random import getrandbit as rb    # 模块 random 中的 getrandbit 函数的别名为 rb
>>> rb(10) # 使用 getrandbit 函数的别名
815L
```

8.1.6 反射

本质上，import 语句之所以能导入一个模块，是因为它调用了__import__()函数。可以直接使用这个函数：

```
os = __import__('os')
```

上面这条语句等价于"import os"。当然，也可以给赋值运算符左侧的变量赋予一个别的名称，例如：

```
r = __import__('random')
```

上面这条语句等价于"import random as r"。这种应用方式称为反射。它有什么实际意义吗？让我们来假设这么一个场景：企业主要使用 Microsoft SQL Server 数据库，并且使用 MySQL 作为后备数据库。在正常情况下，企业基于 Python 的应用通过 sqlserverhelper 模块来操作 SQL Server 数据库。当 SQL Server 数据库发生故障时，通过故障切换，转而使用 MySQL 数据库。此时需要 mysqlhelper 模块。那么，在 Python 代码里，通过某种方式来切换需要导入的模块，就很有必要了。

如果使用 import 语句：

```
import sqlserverhelper
sqlserverhelper.method()
```

当发生故障切换时，需要改写源代码：

```
import mysqlhelper
mysqlhelper.method()
```

这就显得比较麻烦。若使用反射，则简单得多。看下面的例子：

```
a = "sqlserverhelper"                              # 当需要故障切换时，修改此字符串
mod = __import__(a)
if sqlserverhelper.serverstatus == False:          # 如果 SQL Server 数据库发生故障
    a = raw_input("Enter the name of the module:") # 让用户指定备用的数据库模块
    mod = __import__(a)                            # 导入新模块
a.method()                                         # 使用新模块的功能
```

如上面的代码所示，当需要故障切换时，通过 raw_input()函数让用户直接输入要导入更换的模块名即可，不需要深入到源代码层面去修改。

8.2 任务 2 熟悉包的概念和用法

模块用于提供常用的函数、类和常量。随着需求的增长，各式各样的模块被用到开发环境中，这时就需要一种方法来集中管理和使用模块，包就是这样一种机制。

8.2.1 如何使用包

包是一个有层次的文件目录结构，它可以包含模块和子包，这些有联系的模块被组合在一起，能够以一个整体被导入。在包的组织下，模块具有目录结构，避免了管理上的混乱，还能够解决模块名称的冲突。

如果文件夹包含了一个__init__.py 文件，则此文件夹就能够作为一个包被导入。就像类和模块那样，包也使用句点来访问其中的内容。不过，单纯导入包本身，只是执行了包目录下的__init__.py 文件，并不能将其中所有的模块加入到名称空间。要导入包下的所有模块，可以使用批量导入的方式。

常采用两种方法来导入包里的模块。第一种是直接导入包里指定目录下的指定模块：

```
import.packageName.moduleName
```

这种方法要求使用全名来访问模块中的内容。

第二种是使用 from – import 语句：

```
from packageName import moduleName
```

使用这种方法，可以仅引用模块名，省去包名。

众所周知，"*"代表通配符，所以如果要批量导入，可以这样做：

```
from packageName import *
```

这表示将 packageName 包下的所有模块导入到当前的名称空间。然而，不同平台的文件名规则不同（比如大小写敏感问题在 Windows 和类 UNIX 系统下是截然不同的），很可能导致 Python 解释器不能正确判定哪些模块要被导入。这个语句只会顺序运行包文件夹和子包文件夹下的所有__init__.py 文件。要解决这个问题，可在包文件夹下的__init__.py 中定义一个名为__all__的列表，其元素为字符串，记录了每个模块名。例如：

```
__all__ = ['moduleName1', 'moduleName2', ...]
```

前面提到，单纯导入一个包并不能导入所有模块，但既然此时会执行包目录下的__init__.py 文件，我们就可以在此文件中加上 import 语句来导入对应的模块。例如：

```
# packageName/__init__.py
import moduleName1, moduleName2, ...
```

这样，当执行 import packageName 时，就可以导入包 packageName 下的所有模块了。这种方法要求使用全名来访问这些模块中的内容。

8.2.2 搜索路径与环境变量

导入一个模块的时候，Python 解释器首先需要知道模块对应的.py 文件的位置，为此它沿着一系列路径进行搜索，查找 import 语句中提及的名称。如果在这些路径下找不到要导入的.py 文件，解释器就会抛出一个错误：ImportError: No module named moduleName。

当 Python 被安装到系统中时，预定义了默认的搜索路径，它们被保存在 sys 模块下的 sys.path 变量中。类 UNIX 系统下 Shell 的环境变量通常是由冒号分割的字符串，而 sys.path 则是由不同字符串组成的列表。可以通过列表类型自带的方法来添加新的搜索路径。例如：

```
sys.path.append('newPath')
```

只要这个列表中的某个目录包含这个文件，它就会被正确导入。由于 append()方法追加元素到列表的尾部，所以新路径会在最后被搜索。也可以通过 insert()方法将新路径字符串插入到更靠前的位置，以获得更优先的查找顺序。这是很有必要的，如果不同的路径下有同名的模块，则解释器会导入查找到的第一个模块。所以，一方面要注意自定义模块或第三方模块的命名问题，另一方面也应该保证它们在命名冲突的情况下仍然能被正确导入。

通过 sys 模块里的 sys.modules 变量可以查看当前已导入的模块和包，以及它们所对应的路径。sys.modules 是一个字典，键记录了模块和包的名称，值记录了模块路径。

和很多系统变量一样，直接查看 sys.path 和 sys.modules 比较耗费精力。如果确实需要浏览这些信息，则建议使用 for 循环迭代输出 sys.path 和 sys.modules.items()，使每个条目都在单独一行中显示。

8.2.3 名称空间

到目前为止，我们已经习惯了使用句点分隔的方式来访问模块里的变量、函数和类。包和模块的名称作为前缀，是整个对象名称的重要组成部分。例如，前面提到的 sys.path 就是 sys 模块下的 path。根据 import 语句中的模块名称，解释器只会导入在 sys.path 中搜索到的第一个模块，所以无论如何都不可能导入多个同名模块。即使不同模块下存在同名对象，加上模块名作为前缀，每个变量、函数和类也都有唯一的完全限定名称（Fully Qualified Name, FQN），这就意味着每个对象都有自己的名称空间，避免了名称冲突。

名称空间是名称（标识符）和对象之间的绑定（或者称为映射）。在此重申 Python 中一切皆对象的概念，通过赋值表达式来更改一个数字型变量，其实是解除了标识符和数字对象之间的绑定，并重新绑定到一个新的对象。

在涉及名称空间时，应当非常小心，因为它们受作用域的影响。让我们回顾一下在介绍函数时谈到的变量作用域的问题。首先作用范围最大的是内建作用域，内建类型是预定义的类型，内建名称对所有模块和文件都有效；其次是全局作用域，其对正在执行的 Python 文件有效；最后是函数中的本地作用域，每个函数被调用时都会生成一个本地作用域，并且随着函数执行结束，该作用域也会被清除。作用域还有两个特征：当函数嵌套时，会产生嵌套的本地作用域；内层作用域在生命周期内会覆盖外层作用域。名称作用域如图 8-1 所示。

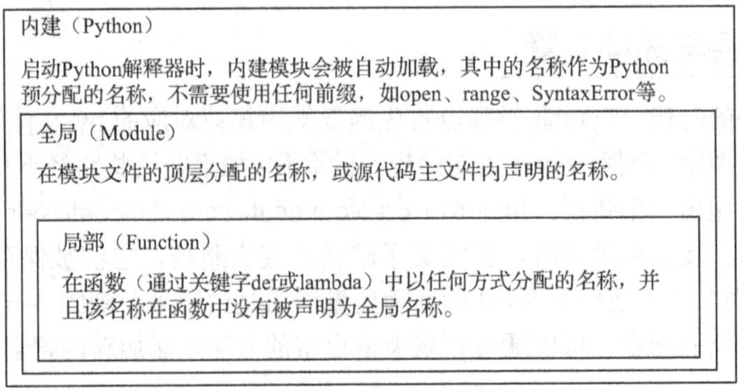

```
┌─────────────────────────────────────────────────────────┐
│ 内建（Python）                                           │
│ 启动Python解释器时，内建模块会被自动加载，其中的名称作为Python │
│ 预分配的名称，不需要使用任何前缀，如open、range、SyntaxError等。│
│ ┌─────────────────────────────────────────────────────┐ │
│ │ 全局（Module）                                       │ │
│ │ 在模块文件的顶层分配的名称，或源代码主文件内声明的名称。      │ │
│ │ ┌─────────────────────────────────────────────────┐ │ │
│ │ │ 局部（Function）                                 │ │ │
│ │ │ 在函数（通过关键字def或lambda）中以任何方式分配的名称，并│ │ │
│ │ │ 且该名称在函数中没有被声明为全局名称。              │ │ │
│ │ └─────────────────────────────────────────────────┘ │ │
│ └─────────────────────────────────────────────────────┘ │
└─────────────────────────────────────────────────────────┘
```

图 8-1 名称作用域

内建作用域包含的所有名称，即内建名称空间，保存在模块__builtins__中，包括内建函数、异常以及其他属性。对于全局名称空间和局部名称空间，可以分别用内建函数 globals()和 locals()来获取其中包含的名称。它们会返回一个字典，以键值对记录所属名称空间中的每个名称和这些名称对应的值。由于局部作用域仅当函数运行时才会产生，因此当处在全局作用域中时，locals()返回和 globals()相同的值。

8.3 任务 3 熟悉标准库的查询和帮助

Python 标准库（standard library）是随 Python 编程语言一起被安装到系统中的一组模块的合集，其中包含了大量有用的功能，可以让编程事半功倍。

8.3.1 模块的查询

如何查看有多少模块可以使用，以及它们都具有什么功能？如何能得知需要的模块到底是哪个名称呢？可以通过以下两种方法来查看当前可被导入使用的模块：

1）在命令行下输入 pydoc modules 即可查看。这种方法只支持类 UNIX 系统。
2）使用内建函数 help('modules')。

如果安装了第三方库或者有一些可被导入的自定义模块，其也会在此被列举出来。随着 Python 开发环境不断地引入新的功能，可导入的模块会越来越多。如何使用标准库超出了本书的范围，由于篇幅的限制，在此我们仅对常用模块做一个笼统的介绍。可以通过内建函数 help()来查看模块或模块中某个功能的用法。如果想要对标准库有更进一步的了解，请参考《Python 标准库》（Doug Hellmann 著，刘炽等译，机械工业出版社）一书。

8.3.2 源代码的查询

作为进阶，我们可以阅读标准库（以及优秀的第三方库）的源代码，思考它们如何实现那些令人激动的功能，这是最好的学习方式。那么，如何找到标准库的源代码文件呢？前面提到导入模块的查找路径包含在 sys.path 中，因此可以通过这些路径去寻找它们。更好的方法是查看模块的__file__属性。先导入一个模块，然后访问 moduleName.__file__，它会直接给出该模块的源文件位置。

当查看标准库源代码的时候，有两点要注意：第一，通过任何可编辑的文本浏览器或 IDE 来查看源代码，都存在修改它的风险，比较合理的做法是使用 cat 这种不可编辑的查看工具或者以只读模式打开文件；第二，有些模块并不包含 Python 源代码，它们可能已经融入解释器了，也可能是由其他语言（如 C 语言）写成的。

8.4 任务4 了解标准库常用的包和模块

标准库的常用包和模块可以大致归为 3 类：Python 增强、系统互动、网络。这种归类并不全面，但基本上可以覆盖标准库的常用内容。下面分别介绍。

8.4.1 Python 增强

Python 自身的一些已有功能可以随着标准库的使用而得到增强。

1. 文字处理

通过标准库中的 re 模块，Python 可以用正则表达式（regular expression）来处理字符串。正则表达式通常用来检索、替换那些符合某个模式（规则）的文本。

标准库还为字符串的输出提供更加丰富的格式，如 string、textwrap 等。

2. 数据对象

不同的数据对象适用于对不同场合数据的组织和管理。标准库定义了列表和字典之外的数据对象，如数组（array）、队列（queue）。一个熟悉数据结构的 Python 用户可以在这些模块中找到自己需要的数据结构。copy 模块也很常用，用来提供不同形式的复制功能。

3. 日期和时间

日期和时间的管理并不复杂，但容易出错。Python 标准库对日期和时间的管理颇为完善（利用 time 模块管理时间，利用 datetime 模块管理日期和时间，利用 calendar 模块处理和日历有关的内容），不仅可以进行日期和时间的查询、变换（如 2012 年 7 月 18 日对应的是星期几），还可以对日期和时间进行运算（如 2000.1.1 13:00 的 378 小时之后是什么日期、什么时间）。通过这些标准库，还可以根据需要控制日期和时间输出的文本格式。

4. 数学运算

标准库定义了一些新的数字类型（decimal 模块、fractions 模块），以弥补之前的数字类型（integer、float）可能的不足。标准库还提供了 random 模块，用于处理随机数相关的功能（产生随机数、随机取样等）。math 包补充了一些重要的数学常数和数学函数，如 pi、三角函数等。

5. 存储

Python 可以输入或输出任意的对象。这些对象可以通过标准库中的 pickle 包转换成二进制格式，然后存储于文件之中，也可以反向从二进制文件中读取对象。

此外，标准库还支持基本的数据库功能（SQLite3）。XML 和 CSV 格式的文件也有相应的处理模块。

8.4.2 系统互动

系统互动，主要指 Python 和操作系统、文件系统之间的互动。Python 可以实现一个操作系统的许多功能。它能够像 Bash Shell 脚本那样管理操作系统，这也是 Python 有时被称为脚本语言的原因。

1. Python 运行控制

sys 模块用于管理 Python 自身的运行环境。Python 是一个解释器，也是一个运行在操作系统上的程序。我们可以用 sys 模块来控制这一程序运行的许多参数，如 Python 运行所能占据的内存和 CPU、Python 所要扫描的路径等。其另一个重要功能是和 Python 自己的命令行互动，从命令行读取命令和参数。

2. 操作系统

如果说 Python 构成了一个小世界，那么操作系统就是这个小世界之外的大世界。Python 与操作系统的互动可以让 Python 在自己的小世界里管理整个大世界。

os 模块是 Python 与操作系统的接口。我们可以用 os 模块来实现操作系统的许多功能，如管理系统进程、改变当前路径、改变文件权限等。但要注意，os 模块是建立在操作系统的平台上的，如果操作系统不支持某个功能，则对应模块中的功能是无法实现的。

我们通过文件系统来管理磁盘上储存的文件。查找、删除、复制文件及列出文件列表等都是常见的文件操作。这些功能经常可以在操作系统中看到（如 ls、mv、cp 等类 UNIX 系统中的命令），但现在可以通过 Python 标准库中的 glob 模块、shutil 模块、os.path 模块及 os 模块的一些函数等，在 Python 内部实现。

subprocess 模块用于执行外部命令，其功能相当于我们在操作系统的命令行中输入命令以执行。

3. 线程与进程

Python 支持多线程（threading 模块）运行和多进程（multiprocessing 模块）运行。通过多线程和多进程，可以提高系统资源的利用率，提高计算机的处理速度。Python 在这些模块中，附带有相关的通信和内存管理工具。此外，Python 还支持类似于 UNIX 的 signal 系统，以实现进程之间的"粗糙"的信号通信。

8.4.3 网络

现在，网络功能的强弱很大程度上决定了一个语言的成功与否。从 Ruby、JavaScript、PHP 上都可以感受到这一点。Python 的标准库对互联网开发的支持并不充分，这也是 Django 等基于 Python 的项目的出发点：增强 Python 在网络方面的应用功能。这些项目取得了很大的成功，这也是许多人愿意来学习 Python 的一大原因。但应注意到，这些第三方项目也是建立在 Python 标准库的基础上的。

1. 基于 Socket 层的网络应用

Socket 是网络可编程部分的底层。通过 socket 模块，我们可以直接管理 Socket。例如，将 Socket 赋予某个端口，连接远程端口，以及通过连接传输数据。我们也可以利用 Socket Server 模块更方便地建立服务器。

通过与多线程和多进程配合，建立多线程或者多进程的服务器，可以有效提高服务器的工作能力。此外，通过 asyncore 模块实现异步处理，也是改善服务器性能的一个方案。

2．互联网应用

在实际应用中，网络的很多底层细节（如 Socket）都是被高层的协议隐藏起来的。建立在 Socket 之上的 HTTP 实际上更容易、更经常被使用。HTTP 通过 request/response 模式建立连接并进行通信，其信息内容也更容易理解。Python 标准库有 HTTP 的服务器端和客户端的应用支持（BaseHTTPServer 模块、urllib 模块、urllib2 模块），并且可以通过 urlparse 模块对 URL（URL 实际上说明了网络资源所在的位置）进行理解和操作。

8.5 任务5 模块化程序设计：用户账户登录（总体设计）

至此，读者已经掌握了模块的使用和管理，已经有能力编写较为复杂的程序了。在前面的项目中，我们已经实现了用户账户登录的功能。接下来要进一步完善这个小程序，并将它分成几个独立的模块，模块之间通过消息传递来进行协作。尝试着尽可能地把子功能独立出来，弱化模块间的依赖，提高程序的健壮性。

8.5.1 设计目标

要增加的功能包括对用户设置的密码进行加密、增加验证码机制用于防止恶意的登录尝试等。此外，对于被锁定的账户，要给定一个期限（不能长时间锁定一批账户，直到这些用户投诉，再让管理员手工操作解除锁定）。经过一定的时间，系统应该能自动解除锁定。

程序的执行流程必须要设计合理。如果用户错误地输入一条信息之后就只能终止程序，重新运行，则这个程序是失败的。除了这些，许多功能有必要重新实现——之前实现这些功能的时候尚未接触某些高级语法，如自定义函数及某些内建函数的使用。

8.5.2 程序结构

下面列举一些构成这个程序的组件，它们可能是主程序中单独设计的函数，或者以模块的形式被放到.py 文件中。

主程序：用户在此输入账户名和密码以登录。
组件-创建账户：用户在此创建账户。
组件-为口令加密：账户设置密码时通过 MD5 加密。
组件-验证码：仅当验证码匹配时才授权下一步操作。
组件-锁定账户：若连续输错密码 3 次，则该账户被锁定。
其中，创建账户、密码检查、账户锁定均已经在之前的任务中完成了。但为了方便调用，要将它们修改成函数的形式。程序流程图如图 8-2 所示。

如图 8-2 所示，程序运行后进入一个可选界面，如果已经有一个账户，则可以直接登录；如果没有，则可以创建一个账户。输入账户名和密码，将启动一系列检查：账户是否存在、账户是否被锁定、账户名和密码是否匹配。不同的检查失败将导致程序产生不同的行为，但除了登录成功，其他失败的行为都将导致程序返回到允许用户输入账户名和密码的等待界面。

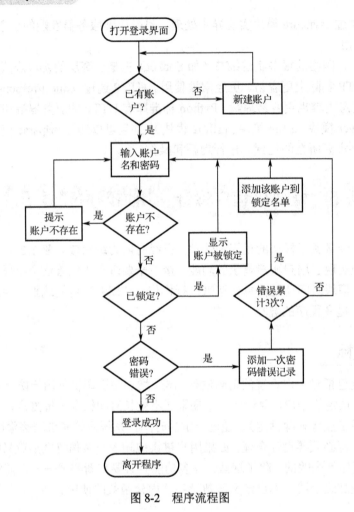

图 8-2 程序流程图

8.6 任务6 模块：验证码生成和校验（实现）

之所以把验证码放在最前面，是因为创建新账户、登录都需要它。除非你已经接受了这个程序非常简陋的现实，否则实现一个简单的验证码功能是非常有用的。

8.6.1 什么是验证码

验证码（CAPTCHA）是 Completely Automated Public Turing test to tell Computers and Humans Apart（全自动区分计算机和人类的图灵测试）的缩写，是一种区分用户是计算机还是人的公共全自动程序。验证码可以防止恶意破解密码、"刷票"、"论坛灌水"，有效防止某个非法入侵者对某个特定注册账户用特定程序暴力破解方式进行不断的登录尝试。这个问题可以由计算机生成并评判，但是必须只有人类才能解答。由于计算机无法解答 CAPTCHA 的问题，所以回答出问题的用户就可以被认为是人。虽然现在有了诸如二维码、拼图等更加复杂的验证手段，但使用验证码仍然是很多网站通行的方式，因为它的实现非常简单。

8.6.2 随机数:random 模块

验证码被随机生成,在典型的案例中,随机出现 4 个或 5 个字符,其中多数是数字,字母只占很少比例。这些字母显示为大写,但在匹配过程中通常不区分大小写。

要按这样的规则生成验证码,只需要使用 random 模块提供的功能就可以了。random 模块也是由标准库提供的,我们需要用到其中的 randint()函数和 randrange()函数。下面简单介绍它们的功能。

randint(start, end):用于在两个整数之间随机生成一个整数,start 和 end 都将被包含,也就是说被生成的随机数大于等于 start 而小于等于 end。

randrange([start,]end[,step]):像内建函数 range()那样产生一个等差数列,然后在此数列中随机生成一个数。和 range()一样,等差数列是半开区间,它只包含 start,不包含 end;和 randint()一样,随机数的选择范围是闭区间,即大于等于数列的最小值而小于等于数列的最大值。

8.6.3 验证码功能的实现

我们把和验证码有关的功能统一放在 captcha.py 文件中,这些功能包括生成验证码、显示、核对、错误提示。按照典型案例,我们使用 5 位的验证码,数字出现的概率大约是字母的 4 倍。基于这些条件,我们需要一个重复 5 次的循环。在每次循环中利用 random 模块中的功能生成一个随机字符,但并不是简单的随机,要求数字和字母出现的概率为 4∶1。所以,在循环中还要引入另一个随机数,如果它的值等于循环计数器的值,则生成一个字母,否则生成数字。

为了和其他程序交互,不能仅仅通过输出消息来告诉用户是否验证成功,必须通过返回值来传递信息。这样,其他模块可以了解账户验证的具体情况。

以下代码作为参考:

```
# ./captcha.py
#_*_ coding:utf-8 _*_
from random import randint, randrange
def geneCapt():                                    # 生成验证码的函数
    code=''
    for i in range(5):
        if i == randrange(5):                      # 如果随机数正好等于 for 循环计数器
            code += chr(randint(65,90))            # 在空字符串里添加一个随机字母
        else:
            code += str(randrange(10))             # 否则添加一个随机数字
    return code

def display(code):                                 # 显示验证码的函数
    print '\nThe CAPTCHA is [ % s ]. ' % code

def dispError():                                   # 通知验证码错误的函数
    print '\nCAPTCHA error!'

def matchCapt(code):                               # 检查验证码的函数,生成的验证码作为参数
    input_code = raw_input('Enter the code:')      # 用户按提示输入验证码
```

```
        if input_code.upper() == code.upper():    # 忽略大小写，检查是否匹配
            print 'Welcome!'                       # 显示欢迎信息
            return True                            # 返回 True
        else:
            dispError()                            # 如果不匹配，则调用通知验证码错误的函数
            return False
```

所有的模块都应该以自身作为主文件进行测试，即在 if __name__=='__main__':语句下调用各个函数以测试其功能。

8.7 任务7 模块：创建新账户（实现）

要登录系统，首先要有账户。所以，实现整个系统的第二步是实现创建新账户的功能。我们将它也放在一个模块中，命名为 addusr.py。模块内只有一个单独的函数，用于创建新账户。此外，为了在创建新账户时遮盖密码，以及将其转换为密文，还要提供另外两个函数。它们也被放在单独的文件中，分别命名为 sinput.py 和 encrypt.py。

8.7.1 创建新账户的关键步骤

新建账户的核心步骤有 4 个，分别是指定账户名及检测是否有重名、在设置或输入密码时遮盖真实字符、将输入的密码加密、提供验证码并检测其正确性以防止恶意的新建行为。

建立的账户被保存在一个名为 userpasswd.txt 的文本文件中，如果发现已经有同名账户存在，则程序将返回到上一个状态，允许用户重新指定一个名称。

在以前实现过的创建新账户的功能中，对输入密码的过程是没有遮盖保护的，我们随后将完善这个功能。

在以前的项目里，还有一个问题就是密码没有经过加密，如果有人查看配置文件就能获取所有账户的密码，现在我们要避免这种安全隐患，将创建账户时设置的密码加密成 MD5 密文。

验证码最后才被输入，但它其实是第一个被核对的。仅当验证码正确时，才会执行针对账户名和密码的检查和处理。这么做很合理，面对恶意脚本，程序就不会因为尚不明确的验证码核对结果而去做无用功。

最后，需要考虑这样一种情况：用户想创建一个账户，所以跳转到了新建账户的界面，但很快他又改变了主意，这时必须使他能够返回登录界面。

8.7.2 输入字符时遮盖内容

对密码做遮盖处理在注册和登录界面当中已经是非常普通乃至自然的设计了。遮盖的目的是防止其他人看到账户的密码。要实现输入时遮盖内容，需要用到 sys 模块及 msvcrt 模块（Windows 平台）或 termios 模块（Linux/UNIX 平台）。这里以 msvcrt 模块为例。

下面是要使用的函数：

sys.stdout.write(str)：sys.stdout 由 sys 模块提供，用于标准输出。print 本身的作用是将指定的值输出到指定的输出流（可以是文件句柄）。若未指定，则输出到 sys.stdout。问题在于，Python 2.7 不能指定 print 的结尾符，默认是一个 "\n"；如果在 print 语句的末尾加上一个逗号，

则结尾符是一个空格。如果是单个字符串，这没什么问题，但是当通过迭代操作输出一系列对象的时候，它们会各自占据一行，或在同一行中被空格隔开。这也是为什么要使用 sys.stdout.write()函数的原因，它可以避免这一现象。

如果使用的版本是 Python 3.x，则不必担心这个问题，在 Python 3 中，print()函数可以指定任意的结尾符。

msvcrt.putch(char)：msvcrt 模块用于在 Python 中调用 Microsoft 的 C 语言运行库。在当前这个任务中，可以使用 msvcrt.putch(char)函数代替 sys.stdout.write()，所以它不是必须要掌握的。msvcrt.putch()接收一个字符，并将它以无缓冲的方式输出到控制台。由于无缓冲，它在系统中的优先级很高，能在第一时间被处理，效率也要比 sys.stdout.write()高一些。

msvcrt.getch(keypress)：msvcrt.getch()函数用于捕获键盘输入。有别于 raw_input()，此函数不接收字符，而是接收一个按键事件，并根据映射表将对应的键盘码转换为对应的字符。

下面是模块的功能实现：

```
# ./sinput.py
# _*_ coding:utf-8 _*_
import  msvcrt, sys
def pwd_input(prompt):                          # 在输入密码时代替 raw_input()
    print prompt,                               # 输出提示
    chars = []
    while True:
        newChar = msvcrt.getch()                # 接收一个按键事件，并转换成字符
        if newChar in '\r\n':                   # 如果接收的是回车，跳出循环
            print ''
            break
        elif newChar in '\b':                   # 如果接收的是退格
            if chars:
                del chars[-1]                   # 删除上一个字符
                sys.stdout.write('\b')          # 光标回退一格
                sys.stdout.write(' ')           # 输出一个空格，遮挡已删除的字符
                sys.stdout.write('\b')          # 重新回退到上一格
        else:                                   # 否则把新字符追加到列表
            chars.append(newChar)
            sys.stdout.write('*')               # 将该字符显示为*
    return ''.join(chars)                       # 将列表连接成字符串，返回
```

注意：msvcrt 提供的部分功能是基于控制台的，包括 getch()函数，在 IDE 运行它们是无效的，必须在 CMD 命令行下运行。

8.7.3 信息加密：hashlib 模块

hashlib 提供基于散列算法的加密处理功能，提供多个不同的加密算法接口，如 SHA1、SHA224、SHA256、SHA384、SHA512、MD5 等。这里只介绍其中几个即将用到的函数。

hashlib.md5()：创建一个基于 MD5 算法的哈希对象，并将其作为返回值。

hash.update(string)：以字符串为参数更新哈希对象，字符串以密文形式追加。如果同一个哈希对象重复调用该方法，则可以拼接多个密文，即 m.update(a); m.update(b)等价于 m.update(a+b)。

hash.digest()：将密文按二进制返回。

hash.hexdigest()：将密文按十六进制返回。

使用散列算法加密之后，即使存储账户名和密码的配置文件或数据库泄漏，别人也无法看出密码是什么，因为这种加密处理是无法反解的。那么问题来了，程序如何判断用户输对了密码呢？将用户输入的密码也进行这样一次 MD5 加密，加密后的信息如果也是同一个密文，那就表示密码正确。

攻击者也有可能通过某些工具生成大量 MD5 密文来暴力破解，这种行为称为撞库，目前没有很好的方法可以防止这种行为。但通过增加密码的复杂度和长度，撞库攻击的难度将会呈指数增长，仍然可以显著提高密码的安全性。

encrypt 模块的实现如下：

```
# ./encrypt.py
# _*_ coding:utf-8 _*_
def passwdCrypt(passwd_input):
    import hashlib
    encrypted = hashlib.md5()
    encrypted.update(passwd_input)
    return encrypted.hexdigest()
```

8.7.4 创建新账户的实现

在实现创建新账户这一功能的时候，诸如账户名长度限制等细节应该被注意到，这些细节在我们早期编写同类程序时未做严格要求。

程序的逻辑顺序如下：输入并检查验证码→输入账户名→账户名长度检查→账户名重复性检查→输入密码→密码长度检查→重复输入密码→密码前后一致性检查→将账户信息写入文件，在这个流程中任何一步发生错误，都只需要重新开始当前步骤，而不需要回到整个程序的开头。这就需要设计多重嵌套的条件句。模块代码如下：

```
# ./newusr.py
# _*_ coding:utf-8 _*_
def addusr():
    import encrypt                                  # 加密口令所需
    from sinput import pwd_input                    # 输入遮盖信息所需
    from captcha import geneCapt, display, dispError  # 提供和检查验证码所需
    while True:
        print 'You can create a new account, but first you must enter the CAPTCHA.'
        captCharacter = geneCapt()                  # 生成验证码
        display(captCharacter)                      # 显示验证码
        trigger = raw_input('Enter the CAPTCHA, Type <Q> to return. ')
        if trigger.upper() == 'Q':
            return True                             # 如果用户输入 Q，则返回到调用程序
        userInf = open('./userpasswd.txt','a+')     # 允许以读取的追加方式打开账户配置文件
        if trigger.upper() == captCharacter:        # 如果输入的验证码正确
            print 'The CAPTCHA is correct!'
            while True:                             # 若名称检查未通过，则将从这里重新开始
```

```
            username = raw_input('Please enter your name,Type <Q> to return. ')
            if username. upper()=='Q':
                return True
            if len(username) <= 20:                     # 如果名称长度合法
                userInf.seek(0)                         #重新检查账户是否已存在,则需要令指针回到文件开头
                if (username+' ') in userInf.read():    # 如果账户已存在
                    print 'Account already exists! '
                    continue
                else:                                   # 进入下一步
                    while True:                         # 若密码检查未通过,则将从这里重新开始
                        passwd = pwd_input('Please set a password: ')    # 遮盖信息的输入
                        if (len(passwd) > 20) | (len(passwd) < 6):       # 如果密码长度不合法
                            print 'Password must be 6 to 20 characters long.'
                            continue                    # 在当前循环层次进入下一轮,重设密码
                        confirm_passwd = pwd_input('Confirm the password: ')   # 重复输入
                        if confirm_passwd == passwd:    # 如果密码前后一致
                            encrypted = encrypt.passwdCrypt(passwd)      # 加密处理
                            userInf.seek(0,2)           # 定位到文件尾部,偏移 0 字符
                            userInf.write(username + ' ' + encrypted + '\n')  # 追加写入
                            print 'Create account successful! '
                            userInf.close()
                            return True
                        else:
                            print 'The password is inconsistent. Please enter again. '
                            break                       # 退出到上一层循环,从设置账户名重新开始
            else:
                print 'Name length must not exceed 20 characters.'       # 账户名长度超出
                continue                                # 在当前循环层次进入下一轮,重设账户名
        else:
            dispError()                                 # 验证码错误
            continue
    userInf.close()
```

注意:为了方便纸质书显示,以上代码采用了少于 4 个空格的缩进。在实际开发环境中应该严格遵循 4 个空格的缩进规范。在后续的代码示例中还会出现此类情况,不再一一说明。

8.8 任务 8 模块:账户锁定和密码核对(实现)

账户锁定模块位于文件 lock.py 中,提供了一组函数用于账户锁定相关的操作。密码核对模块位于文件 match.py 中,提供了检查密码是否正确及统计密码错误次数的功能。对于超过规定的错误次数,match 模块也能自行对违规账户进行锁定。

8.8.1 为什么要锁定账户

账户有可能受到采用密码词典或其他暴力破解方式的在线自动登录攻击,当发生此类事件时,为保护该账户的安全而将此账户进行锁定,使其在一定时间内不能再次使用此账户,从而

挫败连续的猜解尝试。在一定程度上，账户锁定机制可以增加系统和账户的安全性。几乎所有设计良好的系统都具有账户锁定功能。

对于很多网银系统，账户被锁定的阈值是连续（24 小时内）输错 4 次密码，也就是说当用户第一次输错之后，还会有 3 次机会。账户锁定的典型期限是 24 小时，我们也按照这个标准来设计账户锁定模块。

8.8.2 锁定账户的实现

为了周全，锁定、手动解锁、锁定到期后的自动解锁都需要考虑进来。不仅如此，还要考虑密码错误不足 4 次时，也应该引入计时机制，允许用户在 24 小时后重新获得 4 次机会。

出于简化设计的考虑，密码核对模块（match.py）本身也具有锁定账户的能力，因此在账户锁定模块（lock.py）主要提供两个函数，其作用如下。

unlock(username)：适用于单独调用，会单独检查账户是否已经被锁定。

lockTimeout()：账户因密码错误被警告或锁定达到 24 小时，则自动清空此账户的密码错误记录，被锁定的账户将解锁。为此，每个锁定账户都对应一个时间戳。

下面是模块代码：

```python
# ./lock.py
#_*_ coding:utf-8 _*_
import time
import os.path
SECONDS = 86400                                         # 每 24 小时的累计秒数

if os.path.exists('./userlocked.txt'):                  # 如果文件存在，则打开
    userInf=open('./userlocked.txt','r')
else:
    userInf=open('./userlocked.txt','w')                # 否则创建文件
def unlock(username):                                   # 供手动解锁
    locked = open('./userlocked.txt','r')
    lockList = locked.readlines()                       # 读取所有行，放入列表
    locked.close()
    trigger = False
    for line in lockList:                               # 遍历列表元素
        if username+' ' not in line:
            continue
        else:                                           # 如果在当前列表元素中找到要解锁的账户
            lockList.remove(line)                       # 从列表中移除
            trigger = True                              # True 表示已从名单列表中移除账户
            break                                       # 终止循环
    if trigger == True:
        locked = open('./userlocked.txt','w')
        locked.writelines(lockList)                     # 更改后的列表重新覆盖文件
        locked.close()
        print 'Unlock account successfully!'
    else:
        print 'The account is not locked.'
    return trigger
```

```python
def lockTimeout():
    timeStamp = time.mktime(time.localtime())              # 获取时间戳（浮点数）
    locked = open('./userlocked.txt','r')
    lockList = locked.readlines()                          # 读取配置文件的所有行到列表中
    locked.close()
    log = ''                                                # 一个空字符串用于存放被解锁的账户名单
    lines = lockList[:]                                    # 复制一个独立的列表用于 for 循环
    for temp in lines:
        if float(temp.split(' ')[-1]) + SECONDS <= timeStamp:   # 若错误记录已超 24 小时
            log = log + ' ' + temp.split(' ')[0]           # 将该账户追加到解锁名单
            lockList.remove(temp)                          # 从锁定列表中移除
    locked = open('./userlocked.txt','w')
    locked.writelines(lockList)                            # 更改后的列表重新覆盖文件
    locked.close()
    return log
```

8.8.3 密码核对模块的实现

密码核对模块提供以下两个函数。

matchPasswd(entered, errCounter)：接收两个参数，第一个参数是尝试登录的账户-密码对；第二个参数接收一个列表，密码验证错误时，将输入的账户名追加到列表中。一旦发生密码错误并追加一个账户名，这个列表就会作为返回值，以供下面提到的函数统计错误次数。

ifLock(username, errors)：接收两个参数，第一个参数是尝试登录的账户名，第二个参数是记录了密码错误的账户的列表。该函数用于统计列表中该账户被记录的次数，然后通知用户还剩几次机会。当次数达到 4 次时，调用 lock 模块中的函数，锁定该账户。

下面是模块代码：

```python
# ./match.py
#_*_ coding:utf-8 _*_
def matchPasswd(entered):                                  # 参数是账户-密码对
    account = entered.split()[0]                           # 账户名
    userInf = open('./userpasswd.txt','r')                 # 打开账户-密码配置文件
    userInfStr = userInf.read()
    userInf.close()
    if entered in userInfStr:                              # 匹配账户和密码
        print '\nLogin successful!'
        return True                                        # 如果密码正确，则返回 True
    else:
        import time
        timeStamp = time.mktime(time.localtime())          # 获取时间戳
        locked = open('./userlocked.txt','r')
        lockListStr = locked.read()                        # 获取锁定的账户信息作为字符串
        locked.seek(0)                                     # 文件句柄指针跳到文件开头
        lockList = locked.readlines()                      # 获取锁定的账户信息作为列表
        locked.close()                                     # 关闭文件
        if account+' ' in lockListStr:                     # 如果账户在字符串里（有密码错误记录）
```

```
                count = 0                                    # 逐行检查，此变量代表行号
                for line in lockList:                        # 遍历锁定账户信息列表
                    if account+' ' in line:                  # 如果账户在当前行
                        line = line.split(' ')               # 当前行转换为列表
                        line.insert(0, account)              # 将账户插入当前行列表的首个位置
                        line[-1]=str(timeStamp)+'\n'         # 将时间戳赋值给末尾位置（更新时间）
                        lockList[count]=' '.join(line)       # 将列表重新组合成字符串
                        break                                # 跳出循环
                    count+=1                                 # 行号+1
                else:                                        # 如果账户不在字符串里（无密码错误记录）
                    lockList.append(account+' '+str(timeStamp))+'\n'  # 追加账户和时间戳作为记录
            print '\nAccount and password your entered are not matched.'
            locked = open('./userlocked.txt','w')            # 将更改写入文件
            locked.writelines(lockList)
            locked.close()
            return False                                     # 凡是密码错误的一律返回 False

def ifLock(username):                                        # 参数是账户和一个列表
    locked = open('./userlocked.txt','r')
    lockListStr = locked.read()                              # 获取密码错误记录为字符串
    errCount = lockListStr.count(username+'')                # 统计当前账户错误次数
    if errCount <= 3:                                        # 如果不足 4 次
        print 'If the error accumulated 3 times, the account will be locked. You have %s chances left. \n' % (4 - errCount)
                                                             # 显示警告消息，提示还剩 x 次机会
    else:                                                    # 如果达到 4 次，则显示账户已被锁定
        print 'Password error more than 3 times, account has been locked!\n'
```

8.9　任务 9　模块：用户登录系统主程序（实现）

主程序是直接被执行的.py 源代码文件。通过其他模块，我们已经实现了几乎所有的功能，现在只需要将它们集成在一起即可。

8.9.1　用户登录过程中的关键步骤

整合工作相对简单，但也容易出错，请回顾我们的设计。在图 8-2 的基础上进一步细化程序流程，会分解出更多的步骤：程序启动→是否已有账户（登录/创建新账户）→输入账户名、密码和验证码→检查验证码正确性→检查账户是否存在→检查账户是否被锁定→检查账户名和密码→提交检查结果→登录成功。

和创建新账户不同，在登录的流程中，用户依次输入账户名、密码和验证码，然后启动检查过程，任何错误都会导致回到初始状态。一个细节是，虽然最后才输入验证码，但它是第一个被检查的信息。这意味着仅当验证码正确时，才会执行针对账户名和密码的检查和处理。

8.9.2　主程序的实现

和新建账户的模块一样，主程序也位于一个死循环中，以等待用户的指令。只有 3 个事件

发生时才能够跳出循环,分别是用户进入创建新账户的界面、用户登录成功、用户主动退出程序。

登录成功的外在表现也是退出程序,但本质上它只是结束了当前函数,并返回了 True。如果这个用户登录界面被用在其他系统上,这个返回值就可以用于传递消息,并由此调用其他程序功能。

```python
#!/usr/bin/env python
#_*_ coding:utf-8 _*_
from sinput import pwd_input                          # 用于输入遮盖信息
from encrypt import passwdCrypt                       # 用于口令加密
from captcha import geneCapt, display, dispError      # 验证码相关操作
from lock import lockTimeout                          # 账户锁定相关操作
from match import matchPasswd, ifLock                 # 用于检查密码和账户锁定状态
import newuser                                        # 用于创建新账户
import os


def userLogin():
    logged = False                                    # 登录状态为假,若为真,则死循环将会终止
    while not logged:                                 # 当用户登录成功时循环终止
        if os.path.exists('./userpasswd.txt'):        # 如果文件存在
            userInf = open('./userpasswd.txt','r')    # 打开文件对象,记录账户-密码对列表
        else:
            userInf = open('./userpasswd.txt','w')    # 如果文件不存在则创建
        userLs = userInf.readlines()                  # 账户-密码对存入列表
        userInf.seek(0)                               # 设置文件指针到开头
        userLsStr = userInf.read()                    # 账户-密码对存入字符串
        userInf.close()                               # 关闭文件
        lockTimeout()                                 # 所有被锁定超过 24 小时的账户解除锁定
        username = raw_input("Type <Add> or <a> for create a new Account.\Type <Q>
to Exit.\nIf you have a Account, Enter the name: ")   # 新建、退出或输入账户名
        if (username.upper() == 'ADD') | (username.upper() == 'A'):   # 用户选择新建
            newuser.addusr()                          # 创建新账户
            continue                                  # 进入下一轮循环
        elif username.upper() == 'Q':                 # 用户选择离开
            exit(0)                                   # 程序结束
        passwdUncrypted = pwd_input('Enter your password: ')  # 输入密码
        captCharacter = geneCapt()                    # 生成验证码
        display(captCharacter)                        # 显示验证码
        capt = raw_input('Please enter the CAPTCHA: ') # 输入验证码
        if capt.upper() == captCharacter:             # 如果验证码正确
            if username+' ' in userLsStr:             # 如果账户存在
                passwd = passwdCrypt(passwdUncrypted)
                if os.path.exists('./userlocked.txt'):
                    locked = open('./userlocked.txt','a+')  # 用 a+模式避免覆盖原先的数据
                    lockList = locked.readlines()
                    locked.seek(0)
                    lockListStr = locked.read()
                    locked.close()
```

```
                    if lockListStr.count(username+' ') < 4:     # 如果错误次数小于 4 次
                        status = matchPasswd(username+' '+passwd+'\n')
                        if status == True:
                            logged = status
                        else:
                            ifLock(username)
                    else:                                        # 如果错误次数达到 4 次
                        print '\nAccount has been locked!\n'
                else:                                            # 如果账户不存在
                    print '\nUser does not exist!'               # 给出提示
            else:                                                # 如果验证码错误
                dispError()                                      # 给出提示

if __name__ == '__main__':
    userLogin()
```

至此，一个颇为完整的用户账户登录界面就实现了。就像那些上线多年仍不断修补的程序一样，你可以思考这个程序还有哪些缺陷或瑕疵，尝试完善它。

8.10 任务 10 程序打包和部署

当我们编写好了程序的源代码，就需要将它部署到需要的应用场景。这里有两种类型的部署：可以把程序作为可用的包，然后以源代码或二进制方式发布；也可以生成二进制可执行文件，使程序可以独立运行。下面分别介绍这两种类型的打包。

8.10.1 使用 dinstutils 打包

distutils 可以用来在 Python 环境中构建和安装额外的模块。distutils 既是一个模块，也是一个包，其中包含了很多子模块。其中，distutils.core 可以用来为 Python 模块创建 setup.py 文件。创建发布程序或模块的步骤如下：

1）将各代码文件（顶层文件、模块等）组织到模块容器（目录）中。
2）准备一个 readme.txt 文件（可选）。
3）在容器中创建 setup.py 文件。
4）在命令行界面中使用 setup.py sdist 命令。

下面演示 distutils.core.setup 的用法。在 8.5～8.9 节中，我们编写了用户账户登录的小程序，它由多个模块构成，现在我们要将这些模块打包。首先定位到源代码所在的目录下，然后新建一个 Python 源代码文件，命名为 setup.py，编辑内容如下：

```
#coding:utf-8
from distutils.core import setup
setup(
    name = 'usersystem',                       # 包名
    author = 'Lili',                           # 作者
    author_email = '1649xxxx@qq.com',          # 作者邮箱
```

```
    url = 'http://www.cqcet.edu.cn',                                    # 模块或程序的主页
    description = 'A simple system allow user create accounts and login...',   # 简短描述
    long_description ='xxxxx..........',                                # 详细描述
    download_url = 'http://xxxxx.xxxx.xxx',                             # 包的下载位置

    # 包中的内容列表：
    py_modules = ['admin','captcha','encrypt','lock','login','match','newuser','sinput'],
    # 各模块名称组成的列表，子包名称要补全
    )
```

setup 的许多参数是可以省略的，编辑好之后，在命令行下执行以下命令：

python setup.py sdist

还可以使用 format 参数来指定打包格式：

--fomart=zip   # 可以是 gztar、bztar、ztar、tar 等

distutils 还允许直接发布二进制格式的包，也就是说，包可以是诸如 Windows 下的 EXE 安装程序、Linux 下的 RPM 安装包等格式。我们仍然使用上面的例子，对于同一个 setup.py 文件，使用以下命令：

python setup.py bdist   # sdist 改为 bdist，即 binary

同样，我们可以用 format 参数来指定二进制格式：

--fomart=wininst   # wininst 是 Windows 上的 EXE 格式的自解压缩 ZIP 包

根据平台的不同，format 还可以是 rpm（Linux）、pkgtool（Solaris）、msi（Microsoft Installer，要求 Windows 环境）。

除了上面介绍的语法，python setup.py bdist --format 还可以通过另一种形式来使用：

python setup.py bdist_winist
python setup.py bdist_msi
python setup.py bdist_rpm

另外，setup.py 提供了丰富的帮助信息，以下命令用于查看帮助信息：

python setup --help
python setup --help-commands   # 所有可以使用的命令
python setup COMMAND --help   # 获取特定命令的帮助
python setup COMMAND --help-formats   # 获取特定命令支持的格式

8.10.2 使用 Pyinstaller 创建可执行文件

Pyinstaller 是一个用于将 Python 源代码直接创建为 EXE 可执行文件的工具。它把 Python 解释器和用户自己的脚本打包成一个可执行的文件，和编译成真正的机器码完全是两回事，所以千万不要指望打包成一个可执行文件会提高运行效率，相反，这样做可能会降低运行效率。其好处就是在运行者的机器上不用安装 Python 和脚本依赖的库。

在 Linux 操作系统下，它主要使用 binutil 工具包里面的 ldd 命令和 objdump 命令。Pyinstaller 输入指定的脚本，首先分析脚本所依赖的其他脚本，然后去查找、复制，把所有相关的脚本收

集起来，包括 Python 解释器，最后把这些文件放在一个目录下，或者打包进一个可执行文件里面。可以直接发布输出的整个文件夹里面的文件，或者生成的可执行文件。你只需要告诉用户，你的应用 APP 是自我包含的，不需要安装其他包或某个版本的 Python，就可以直接运行。需要注意的是，Pyinstaller 打包的可执行文件，只能在和打包机器系统同样的环境下运行，也就是说，其不具备可移植性，若需要在不同系统上运行，就必须针对该平台进行打包。

Pyinstaller 并不是标准库的一部分，用户需要自行安装。它的官网地址如下：

http://www.pyinstaller.org/downloads.html

可以在官网下载源代码，也可以直接使用 pip 安装。安装好之后，Pyinstaller 会有一个同名的可执行文件位于 Python\Scripts 目录下（Windows）或位于 Python/bin/目录下（Linux）。Pyinstaller 的基本语法如下：

pyinstaller [options] script [script ...] | specfile

最简单的用法是不带任何参数，例如：

pyinstaller your_script.py

当然，首先要使命令行的当前位置位于 Python 源代码文件所在的路径。运行这个命令之后，当前目录下会新增加两个目录：build 和 dist。dist 下面的文件就是可以发布的可执行文件。对于上面的命令，你会发现 dist 目录下面有一堆文件，如各种动态库文件、PYD 文件、可执行文件。有时这样感觉比较麻烦，需要打包 dist 下面的所有东西才能发布，万一丢掉一个动态库就无法运行了，好在 Pyinstaller 支持单文件模式，像下面这样：

pyinstaller -F your_script.py

下面介绍 Pyinstaller 的其他常用参数。

指定依赖包的路径：如果 Python 源代码文件所依赖的包并不在当前目录下，也不在 sys.path 所列举的目录下，则需要用-p 参数来指定它们的确切位置：

pyinstaller –p D:\your_Package\　your_script.py

禁用控制台界面：如果要打包的是一个纯图形界面的程序，则可以使用-w 参数来禁止控制台界面。毕竟，大多数图形界面程序是没有控制台窗口的：

pyinstaller –w your_script.py

指定图标文件：可以使用-i 参数来给 EXE 可执行文件选择一个图标，例如：

pyinstaller –i D:\icofile.ico　your_script.py

还有一点要注意，通过可执行文件来运行程序时，一旦程序结束，命令行窗口就会自动退出。如果程序发生异常，则命令行窗口也会立即关闭，用户甚至来不及查看到底是什么类型的异常。当发生这样的情况时，需要重新去执行源代码，以查看错误提示。

8.11 小结

本项目内容较多，除了模块的使用和管理，还介绍了标准库常用的包和模块，并给出了通过模块来组织一个完整程序的案例——用户账户登录系统,最后介绍了如何把现有的模块和包进行打包发布,以及如何生成可执行文件。

- 模块的定义和导入。
- 模块文件和关键变量。
- 使用别名。
- 反射。
- 包、搜索路径、环境变量。
- 名称空间。
- 模块的查询。
- 标准库常用模块。
- 模块化程序设计——用户账户登录系统。
- 程序打包和部署。

8.12 习题

1. 导入"import moduleName"和"from moduleName import *"有什么不同?
2. 创建一个 importAs() 函数。这个函数可以把一个模块导入到名称空间,但使用指定的别名,而不是原始名字。也就是说,用你自己的方式,在一个函数中实现 import moduleName as newName 的效果。
3. 将本项目的用户账户登录系统打包成二进制可执行文件,使其能独立运行。

项目 9

异常处理

程序发生错误是一种常态。原因有很多，如程序员的粗心、分析和设计的缺陷、对问题的错误描述、协作开发时的沟通不足、新功能测试等。现代程序庞大的规模也使错误难以避免。一旦发生错误，程序就会终止运行，它的用户体验也就被毁掉了。为了提高程序的健壮性，人们需要一种能够在程序中处理错误的手段，而不是粗暴地终止程序。Python 提供了强大的异常处理机制，能够让程序自身纠正可能存在的错误。下面将介绍什么是异常，以及处理异常的各种方法。

9.1 任务 1 了解什么是异常

当程序发生错误时，Python 解释器就会指出当前指令已经无法继续执行下去了，这时就会出现异常，这是因为程序出现了错误而在正常控制流以外采取的行为。这个行为又分为两个阶段：首先是引起异常发生的错误，然后是检测（和可能采取的措施）阶段。

9.1.1 异常和错误

异常和错误紧密相关，但并不是所有的错误都会导致异常。程序的错误通常可以分为 3 类：语法错误、运行错误、逻辑错误。下面分别予以说明。

语法错误：在编程过程中输入了不符合语法的代码导致的错误，包括表达式不完整、缺少必要的符号、错误的关键字、错误的缩进等。在程序进行解释或编译时，解释器或编译器会对程序中的语法错误进行诊断，这些错误必须被纠正，否则程序无法执行。

运行错误：在程序运行过程中出现的错误，如除数为 0、序列下标越界、文件无法打开、缺乏磁盘读/写权限等。

逻辑错误：程序运行后没有得到设计者预期的结果，如使用了不正确的变量、指令次序错误、算法考虑不周全、循环条件不正确等。

在以上 3 类错误中，只有运行错误才会导致异常，另外两类错误和异常无关。

9.1.2 为什么要使用异常处理机制

当发生错误的时候，解释器会回溯相关信息，包括错误发生的位置及名称。例如，当我们尝试用 0 作为除数时，会发生错误并收到解释器的提示：

```
>>> 2/0
Traceback (most recent call last):         # 解释器回溯错误，给出相关信息
    File "<stdin>", line 1, in <module>
ZeroDivisionError: integer division or modulo by zero
```

在这里，ZeroDivisionError 就是异常的名称。并不是每个错误都是致命的，发生错误的程序不应该被"一刀切"。引入一些处理机制可以忽略掉某些错误，跳过它继续执行后面的代码。例如，可以使用条件句来纠正除数为 0 的错误：

```
a=input('Enter a dividend:')
b=input('Enter a divisor:')
if b!=0:
    print '%s / %s = %s' % (a,b,float(a)/b)
else:
    print "The divisor can't be 0!"
```

程序员无法控制用户的某些行为，但可以预防。这段代码并没有设法阻止用户输入 0 作为除数，但即使这发生了也没关系，条件句很好地将除零错误过滤掉了。那么，既然条件句可以解决问题，为什么还要使用异常处理机制呢？在较大的程序中，使用条件句来处理错误变得缺乏效率，而且使程序难以阅读。举个简单的例子：如果一段代码有 10 个可能发生的错误，就需要 10 个条件句；而使用异常处理语句 try-excpt 定义错误处理器，则只需要 1 个就够了。

9.2 任务 2 掌握异常的检测和处理

当程序因为错误而终止执行时，会提示"Traceback"消息，它回溯并显示错误的根源。这些信息包括错误的名称、原因及发生错误的行号。所有的错误（或者说异常）都有相同的格式，这里提供了一致的接口供程序员处理。

9.2.1 常见的异常类型

从根本上说，每个类型的异常都是一个类，并且它们在继承树上源自共同的祖先。下面看几个典型的异常。

1）NameError：尝试访问未声明的变量。

```
>>> a
Traceback (most recent call last):
    File "<stdin>", line 1, in <module>
NameError: name 'a' is not defined
```

当我们访问一个变量时，解释器查询了名称空间，但未能在其中找到该变量的名称，这时就会产生 NameError 异常。

2）IndexError：下标越界。

```
>>> l1 = [0,1,1,2,3,5,8,13]
>>> l1[10]
Traceback (most recent call last):
    File "<stdin>", line 1, in <module>
IndexError: list index out of range
```

IndexError 异常表示通过索引访问列表中的元素时，超出了序列的范围。

3）KeyError：按值访问不存在的序列元素，访问不存在的字典键。

```
>>> l1.remove(4)
Traceback (most recent call last):
    File "<stdin>", line 1, in <module>
KeyError: 4
```

列表方法 list.remove 是按元素的值来处理的，如果列表中没有任何元素等于参数提供值，则发生 KeyError 异常。在字典中访问不存在的键、在集合中访问不存在的元素，都会引发 KeyError 异常。

4）IOError：I/O 错误。

```
>>> f1=open('h:\\random.txt','r+')
Traceback (most recent call last):
    File "<stdin>", line 1, in <module>
IOError: [Errno 13] Permission denied: 'h:\\random.txt'
```

当试图打开一个只读文件时会发生 I/O 错误，任何 I/O 类的错误都会引发 IOError 异常，如访问不存在的文件或文件夹等。

9.2.2 处理异常

检测异常的主要手段是通过 try 语句。try 语句有 3 种类型：try-except、try-except-finally、try-finally。一个 try 语句中可以有多个 except 子句，但最多只能有一个 finally 子句。此外，和条件句、循环句等流程控制语句一样，try 语句里也允许有一个 else 子句，在其中定义一个语句块。

在一套 try 语句中，try 负责检测异常，所有在 try 语句块中的代码都会被检测。except 语句用于对已经检测到的错误进行处理，如果没有任何错误被检测到，则 except 语句块中的代码不会执行。finally 不处理错误，只用于定义一些必要的清理工作，如关闭文件、断开服务器连接等。和 except 不同，无论 try 语句是否检测到错误，finally 子句下的语句块都会被执行。

except 的一般语法如下：

```
except Exc[, reason]:
```

其中，Exc 是异常的类型；reason 是异常发生时的理由，我们稍后再做介绍，首先看看省略 reason 时的用法。仍然以前面的除 0 错误为例，看看一个最基本的 try-except 语句是如何工作的：

```
a=input('Enter a dividend:')
b=input('Enter a divisor:')
try:
    print '%s / %s = %s' % (a,b,float(a)/b)
except ZeroDivisionError:
print "The divisor can't be 0!"
```

执行结果：

```
Enter a dividend: 5
Enter a divisor: 0
The divisor can't be 0!
```

在 try 语句块中，异常发生点后的剩余语句永远不会执行。所以，当定义一个 try-except 语句时，一定要谨慎地操作，将可能出错的代码从其他代码里分离出来，以防它们受到影响。一旦一个异常被触发，就必须决定控制流下一步到达的位置，剩余代码将被忽略。解释器将搜索异常处理器（except 语句中对异常的处理），一旦找到，就开始执行处理器中的代码。

如果没有找到合适的处理器，那么异常就向上移交给调用者去处理。在一个嵌套结构的 try – except 语句中，上层调用者会继续查找异常处理器。如果到达最顶层仍然没有找到对应处理器，那么就认为这个异常是未处理的，Python 解释器会显示回溯信息，终止程序。

9.2.3　else 子句

类似于 if 条件句、while 循环和 for 循环语句，try 语句也允许引入一个 else 子句，其在 try 语句中的功能和其他地方没什么不同。如果 try 语句中的代码全部正常执行，则 else 中的代码也会被执行；相反，如果 try 语句中发生异常，则 else 中的代码会被忽略。

```
#_*_ coding:utf-8 _*_
try:
    a=input('If enter nonnumeric character, exception will occur.')
except Exception:       # 输入非数字字符会产生异常
    print 'Exception has occurred.'
else:
print "The else suite said aloud 'No exception occurred!'"
```

执行结果（1）：

```
If enter nonnumeric character, exception will occur. 20
The else suite said aloud 'No exception occurred!'
```

执行结果（2）：

```
If enter nonnumeric character, exception will occur. A
Exception has occurred.
```

这种用法可以用于在测试一个模块时记录日志。根据运行时是否发生异常，用户可以在日志中写入不同的信息。

9.2.4 处理多个异常

前面说过，一个 try-except 语句允许有多个 except 子句，这是因为可能有多种类型的错误会发生。因此，要处理 try 中的多种异常，最简单的方法就把多个 except 子句串联起来，每个 except 子句及其下属的语句块都被用作一个特定类型的异常处理器。

在捕捉除 0 异常的例子中，若用户输入的不是数字，而是其他字符，则会引发其他异常。因为我们通过 input() 来接收用户输入，而并非 raw_input()，所以严格来说只有输入数字才是合法的。但 input() 有一定的"纠错"能力，这又在除法运算中造成了不同的后果。

1) 如果用户输入除了下画线之外的其他特殊字符，如短横线、等号、括号、加号等，则会发生 SyntaxError 类型的异常。这是因为这些特殊字符被当作"意外的 EOF（文件结束标记）"。

2) 如果用户输入的是字母或下画线，则 input() 会默认这是一个绑定了数字对象的变量名称。假如该名称尚未被定义，则会发生 NameError 异常。

3) 假如 input() 收到的输入代表了一个已定义的、合法的对象，那么又会发生什么呢？

① 如果该对象的值是一个数字，则不会发生异常，除法操作被正确执行。

② 由于我们在除法表达式中使用 float() 函数对被除数进行处理，因此用户输入的第一个字符（代表被除数）所代表的对象能被 float() 函数处理。如果此对象是一个字符串，且仅包含数字，则字符串能被转换为浮点数，此时除法操作也能被正确执行。

③ 如果这个能被 float() 函数处理的对象是一个字符串，并包含非数字字符，则会发生 ValueError 异常，因为 float() 函数无法处理其他字符。

④ 如果这个能被 float() 函数处理的对象是一个列表、元组、字典或其他任何不受支持的对象类型，则会发生 TypeError 异常。float() 的参数必须是字符串或数字。

⑤ 如果用户输入的第二个数字（我们并未在代码中使用 float() 函数来转换它）是一个列表、元组、字典或其他任何不受支持的对象类型，则也会发生 TypeError 异常。因为除法运算不支持数字和字符串两种类型混合进行。

由此可见，哪怕是一个很小的功能，要预防所有的错误也不是一件容易的事。为了完善这个除法小程序，我们可以增加多个异常处理器，至少要覆盖上面列出的几种异常。此外，要使用户输入的过程也受到 try 语句的监控，需要把带有 input() 函数的语句移到 try 语句块内：

```
try:
    a=input('Enter a dividend:')
    b=input('Enter a divisor:')
    print '%s / %s = %s' % (a,b,float(a)/b)
except SyntaxError:
    print "Don't enter special characters."
except NameError:
    print "You entered an undefined named."
except ValueError:
    print "Please do not contain any other characters, only number are supported."
except TypeError:
    print "Function float supported only string or number, and division operation could only be performed between number."
```

```
except ZeroDivisionError:
    print "The divisor can't be 0!"
```

想想看，可以用几个独立或嵌套的 if 语句来完成相同的任务吗？即使可以，那也将是一个痛苦的过程。

9.2.5 在单 except 语句里处理多个异常

在 9.2.3 节的例子中，我们用了很多个 except 子句来处理不同的异常，每种异常都对应一个 except 子句，这大大增加了代码量。有时候也因为内存规定或是设计方面的因素，要求使用一个通用的异常处理器。基于这些理由，可以把多个异常放在一个单独的 except 子句中进行处理。

在一般情况下，一个 except 关键字后面跟一个异常类：

except Exc1:

如果要一次处理多个异常，可以把它们放进一个元组，例如：

except (Exc1, Exc2, Exc3, ..., ExcN):

下面让我们尝试将 9.2.3 节涉及的所有异常都集成到一个单独的 except 子句中，除了要将不同的异常类放入元组，还应该整合处理它们的语句：

```
try:
    a=input('Enter a dividend:')
    b=input('Enter a divisor:')
    print '%s / %s = %s' % (a,b,float(a)/b)
except (SyntaxError, NameError, ValueError, TypeError, ZeroDivisionError):
    print "Don't enter special characters or an undefined named.\nFunc float supported only number or numeric
        str, and division operation could only be performed between two numbers.\nThe divisor can't be 0!"
```

9.2.6 获取异常发生的原因

异常发生的原因可以作为 except 子句的可选参数。当异常被引发后，此参数是作为附加帮助信息传递给异常处理器的。虽然异常原因是可选的，但标准内建异常都提供了参数来指示异常的原因。如果需要，就可以在 except 子句中使用它们。可以保留一个变量来保存这个参数，把它放在 except 语句后，接在要处理的异常后面。

except 语句的这个语法可以被扩展为：

except Exc[, reason]:

或者

except (Exc1, Exc2, Exc3, ..., ExcN)[, reason]:

在这样的 except 子句中，reason 是一个包含来自导致异常的代码的诊断信息的类实例，它通过一个特殊方法 __str__() 来提供必要的信息。对于大多内建异常（从 StandardError 派生的异常），reason 提供一个元组，其中只包含一个指示错误原因的字符串。异常的名字本身可以就告诉用户一些线索，但这字符串会提供更具体的信息。对于操作系统或其他环境类型的错误，如 IOError，元组会把操作系统的错误编号放在错误字符串前。例如，在 Windows 下打开一个不存在的文件，会收到错误代码 Errno 2；以可写方式打开一个只读文件，会收到错误代码 Errno 13。

reason 并不是一个关键字，可以用任何合法的标识符来命名它。但在实际的协作开发中，reason 通常被约定成俗地写为 e：

```
a=input('Enter a dividend:')
b=input('Enter a divisor:')
try:
    print '%s / %s = %s' % (a,b,float(a)/b)
except ZeroDivisionError, e:
print e
```

执行结果：

```
Enter a dividend:6
Enter a divisor:0
float division by zero
```

在 Python 3 里使用 reason 的语法是这样的：

```
except ZeroDivisionError as e:
```

9.2.7 捕获所有异常

在 9.2.4 节的代码中，我们已经可以一次捕获多个异常，然后处理它们。进一步地，可以在一个 except 子句中捕获所有类型的异常。最简单的做法是使用一个不带任何参数的（空的）except 子句，它表示捕获任意类型的异常：

```
try:
    ...
except:
    ...
```

虽然这样的代码基本上可以捕获所有类型的异常，但不推荐使用。它可能不会如我们所想的那样工作，不会调查发生了什么样的错误，所以不知道如何避免它们。空 except 子句中没有指定任何要捕获的异常，所以其不会给我们任何关于可能发生的错误的信息。但它的确会捕获所有异常，这种不一致的行为可能会导致重要的错误被忽略掉。正常情况下，这些错误应该让调用者知道并对其做一定的处理。

使用空 except 子句的另一个问题是，我们没有机会保存异常发生的原因。虽然可以通过 sys.exc_info() 来获取原因，但这样我们就不得不去导入 sys 模块，然后执行函数。Python 的未来版本很可能不再支持空 except 子句。

那么，推荐的方法是什么呢？前面提到过，所有的异常都是类，它们中的大多数都源自共同的祖先类，这个祖先类叫作 Exception。用 Exception 作为 except 的参数，就可以捕获 Exception 派生出的所有类型的异常。例如：

```
try:
    ...
```

```
except Exception:
    ...
```

Exception 还有两个和它平级的异常：SystemExit 和 KeyboardInterupt。SystemExit 表示当前 Python 程序需要退出，KeyboardInterupt 表示用户在命令行里按下了 Ctrl+C 键（^C），试图关闭程序。通过 except Exception 来捕捉异常并不会影响这两种主动退出 Python 程序的行为。如果确实需要捕捉所有异常，可以使用 BaseException，它是 Exception、SystemExit 和 KeyboardInterupt 的共同祖先类。

try-except 语句的目的是减少程序出错的次数，并在出错后仍能保证程序正常执行。一种常见的错误用法就是把一大段代码（甚至整个程序）放入一个 try 块中，再用一个通用的 except 子句"过滤"掉任何致命的错误。最坏的做法是把大段的代码装入 try-except 中，然后使用 pass 忽略掉错误，在工程实践中采用这种方式可能会导致付出惨重代价。

9.2.8 finally 子句

finally 子句的特性是它所包含的语句块一定会执行，无论异常是否发生。这种机制主要用于那些需要释放资源的代码。如果 try 语句块正确执行，则 finally 语句块会紧随其后立即执行；如果 try 语句块中发生异常，则在导致异常的那行代码之后，程序将直接跳转到 finally 语句块。

为了说明 finally 子句在 try 语句中的执行顺序，考虑一个完整组合的 try 语句，它不仅具有 except 子句和 finally 子句，还有 else 子句。它的语法示例如下：

```
try:
    suite A
except Exc1[... ExcN]:
    suite B
else:
    suite C
finally:
    suite D
```

在这个示例中，A、B、C、D 分别代表不同的语句块。根据是否发生异常，程序的执行顺序可能是 A→C→D（正常）或 A→B→D（异常）。语句块 D 总在最后被执行，且一定会被执行。

9.2.9 单独的 try-finally 语句

单独的 try-finally 语句和带有 except 的 try 语句不同，它不是用来捕捉异常的。它的主要作用是无论异常是否发生，程序都会有相同的行为。当 try 语句块中有异常发生时，程序从发生异常的代码跳转到 finally 语句。finally 不会处理异常，但也不会丢弃它，当 finally 语句块执行完毕时，异常会继续向上（外）层代码引发。因此，常见的做法是将 try-finally 嵌套到另一个 try 语句中，由后者进行处理。

9.3 任务3 掌握处理异常的其他方法

除了各种不同的 try 语句之外,还有一些其他的异常处理方法。例如,可以以人工的方式来引发一个指定类型的异常,也可以自定义一个新的异常类。此外,诸如上下文管理、断言等方法,也为程序员在处理异常时提供了不同选项。下面将分别介绍。

9.3.1 主动触发异常:raise 语句

前面介绍的异常都是因为解释器发现了错误而引发的,程序员也可以主动触发异常。在 Python 中,触发异常最简单方式就是由程序员主动触发,只要使用关键字 raise 即可(类似于 C#和 Java 中的 throw)。方法是,在 raise 后面跟上一个要触发的异常的名称,可以是 Exception 或它的任何子类,一般来说越详细越好。例如:

```
raise ValueError
```

捕捉到了异常,但是又想重新引发它(传递异常),可以使用不带参数的 raise 语句。例如:

```
#_*_ coding:utf-8 _*_
try:
    try:
        raise IOError                    # 引发异常
    except IOError:
        print 'inner exception'
        raise                            # 将异常抛给外层
except IOError:                          # 接收到内层抛出的异常
    print 'Outter ExceptIO'              # 处理
```

9.3.2 封装内建函数

很多错误发生在交互式操作中,这些操作通常会用到内建函数。可以通过 try-except 语句处理大多数错误。更好的方法——更高的内聚、更利于功能独立的方法,是将要使用的连同处理异常的语句一起封装到一个新的函数中。

例如,open()函数用于打开一个文件。如果用户希望自己来指定要访问的文件,就需要使用 raw_input()函数来接收一个字符串,以指定文件名。当用户提供错误的路径或文件名时,程序会因为 IOError 而终止。

我们已经知道如何去捕获 IOError 异常,并处理它。现在,可以把这些功能和 open()函数放在一起,成为一个安全的 safe_open()函数。例如:

```
def safe_open(filename, mode):
    try:
        f1=open(filename, mode)
    except IOError, e:
        print e
```

```
else:
        return f1
```

有了内建函数的安全版本，就可以直接调用它，而不需要使用额外的异常处理语句了。

9.3.3 自定义异常处理方法

一般来说，标准异常类已经满足需要，但有些时候用户还是想要创建自己的异常。例如，用户可能想在特定的现有异常中添加额外的信息。由于异常是类，所以只需要从 Exception 或其他更具体的异常类继承即可。

例如，浏览器或其他应用程序客户端使用 HTTP 访问一个网络对象时，如果目标 URL 失效，将返回错误代码 HTTP 404。我们通过继承 IOError 异常来自定义一个异常类，用于处理这个异常。

```
#_*_ coding:utf-8 _*_
class HttpError(IOError):            # 从 IOError 继承
    def __init__(self, value):         # 实例化时需要一个参数
        self.value = value
    def __str__(self):
        return repr(self.value)       # 将 self.value 转换成字符串

try:
    raise HttpError(404)              # 引发异常
except HttpError as e:
    print 'Not Found.', e.value
```

由于自定义异常通常需要从标准类继承，因此这里也对标准异常的继承关系做简单介绍。所有的标准异常都是内建的，所以它们直接可用。这些异常都是从根异常 BaseException 派生的。图 9-1 列举了这些异常类，并以树状结构展示了它们的继承关系。

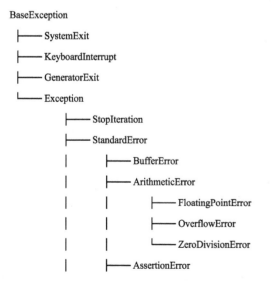

图 9-1 异常类的继承树

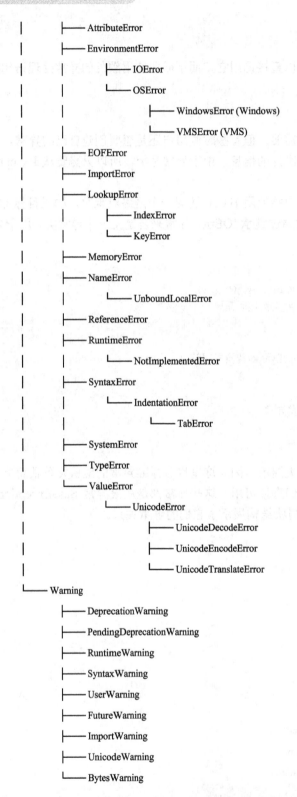

图 9-1 异常类的继承树（续）

9.3.4 上下文管理：with 语句

有一些任务，可能事先需要设置，事后做清理工作。当我们需要读/写文件时，首先要使用 open() 函数获取一个文件句柄，将其赋值给一个对象，然后根据需要对文件进行读/写，当任务完成后需要关闭文件句柄。最简陋的做法是这样的：

```
#_*_ coding:utf-8 _*_
file = open("/tmp/foo.txt")
data = file.read()            # 假设这就是要做的全部工作
file.close()
```

这里有两个问题：一是可能忘记关闭文件句柄；二是文件读取数据发生异常，没有进行任何处理。想想前面提到的 finally 语句，它就是用于处理这些问题的：

```
#_*_ coding:utf-8 _*_
file = open("/tmp/foo.txt")
try:
    data = file.read()        # 假设这就是要做的全部工作
finally:
    file.close()
```

虽然这段代码运行良好，但是太冗长了。如果使用 with 语句，则可以实现更优雅的语法，同时也可以很好地处理上下文出现的异常：

```
with open("/tmp/foo.txt") as f1:
    data = f1.read()
```

这段代码做了几乎相同的工作：打开文件，进行读/写操作，当完成时关闭文件。无论在这一段代码的开始、中间，还是结束时发生异常，程序都会执行清理的代码，而且文件仍会被自动关闭。

有了 with 语句，似乎一切都会变得更简单。遗憾的是，with 语句并非对所有对象都适用，只有支持上下文管理协议（context management protocol）的对象能被 with 语句处理。Python 仍然在发展，未来可能会支持更多类型的对象。但就目前而言，with 语句只适用于以下对象：

- file。
- decimal.Context。
- thread.LockType。
- threading.Lock。
- threading.RLock。
- threading.Condition。
- threading.Semaphore。
- threading.BoundedSemaphore。

9.3.5 断言：assert 语句

在没完善一个程序之前，我们不知道程序会在哪里出错，与其让它在运行时崩溃，不如让它在出现错误条件时就崩溃，这时候就需要断言（assert）的帮助。断言用来检查一个条件，如果其为真，则不做任何事；如果其为假，则会抛出 AssertError 并且包含错误信息。最简单的断言语句如下：

```
>>> assert False
Traceback (most recent call last):
    File "<stdin>", line 1, in <module>
AssertionError
```

它等价于：

```
if False:
    raise AssertionError
```

可以把上面两段代码中的 False 换成任何可能产生 bool 值的对象，包括数字（非零即为True）、各种类型的条件表达式、能返回 bool 值的函数等。AssertionError 异常和其他异常一样可以用 try-except 语句块捕捉。

9.3.6 回溯最近发生的异常

sys 模块中的 exc_info()函数可以提供最近一次异常的相关信息。它返回一个包含了 3 个元素的元组，比单纯使用 reason 参数获得的信息更多。先看一个简单的例子：

```
try:
    float('abc123')
except:
    import sys
    exc_tuple = sys.exc_info()
print exc_tuple
```

执行结果：

(<type 'exceptions.ValueError'>, ValueError('could not convert string to float: abc123',), <traceback object at 0x0000000002A42D88>)

从 sys.exc_info()得到的元组包含的 3 个元素分别如下。

exc_type：异常类。
exc_value：异常类的实例。
exc_traceback：追踪（traceback）对象。

前两项已经在介绍 try-except 和异常参数 reason 时见过它们了。第三项是一个新增的追踪对象，它提供了发生异常的上下文，包含诸如代码的执行帧、异常发生时的行号等信息。

9.4 小结

本项目介绍了 Python 的异常处理机制，列举了常见的异常种类，除了 except 的几种类型，还介绍了 raise 语句、断言、自定义异常等其他异常处理方法。

❑ 异常和错误。

- 常见的异常类型。
- except 语句。
- 处理多个异常。
- 获取异常发生的原因。
- 捕获所有异常。
- finally 子句。
- raise 语句。
- 封装内建函数。
- 上下文管理。
- 断言。

9.5 习题

1. 当你使用 try 语句处理异常时，如何根据需要选择合适的异常类？面对不熟悉的错误情况，你打算如何查询对应的错误？

2. 表 9-1 所示的这些交互解释器下的 Python 代码段分别会引发什么异常（参阅图 9-1 给出的内建异常清单）。

表 9-1 异常分析

代　　码	请写下答案
>>> if 3 < 4 then: print '3 is less than 4!'	
>>> aList = ['Hello', 'World!', 'Anyone', 'Home?']	
>>> print 'the last string in aList is:', aList[len(aList)]	
>>> x	
>>> x = 4 % 0	
>>> import math	
>>> i = math.sqrt(-1)	

3. 在用户账户登录系统中，我们用一个文本文件来记录账户-密码对列表，为了防止文件不存在导致程序异常，我们使用 os.path.exists() 函数并结合条件句来实现判断逻辑：

```
if os.path.exists('./userpasswd.txt'):
    userInf = open('./userpasswd.txt','r')
else:
    userInf = open('./userpasswd.txt','w')
```

现在你已经了解了捕获异常，请用 try-except 语句来代替条件句，改写用户账户登录系统。

4. 封装以下内建函数，在发生异常时返回 None。

float(arg)：请考虑两种错误，参数是一个带有非数字字符的字符串，或参数是一个其他不受支持的类型。

raw_input(string)：同样考虑两种错误，用户输入了 EOF（在 UNIX 下是由于按下了 Ctrl+D 键，在 Windows 命令行下是由于按下了 Ctrl+Z 键）或是通过键盘中断事件退出了程序（一般是由于按下了 Ctrl+C 键）。

项目 10

图形用户界面编程

从现在开始，我们将会为程序引入图形用户界面（Graphical User Interface, GUI）。Python 默认的 GUI 模块是 Tkinter，但也有许多优秀的面向 GUI 开发的第三方包。根据不同的应用环境，用户可以选择不同的工具。本项目将介绍其中的 wxPython，经过本项目的学习，读者可初步掌握 GUI 程序的设计和开发。

10.1 任务 1 了解 Python GUI 编程的基本概念

GUI 是采用图形方式显示的程序操作界面，允许用户用鼠标等定位设备操纵屏幕上的图标或菜单选项，以选择命令、调用文件、启动程序或执行其代日常任务。相比基于字符的命令行（Command Line Interface，CLI）界面，GUI 更美观、简洁，易于使用。用户也更倾向于选择具有良好 GUI 的应用程序，因为它更容易上手，显著降低了软件的使用门槛，节省了学习时间。正因为如此，自从 Macintosh 和 Windows 普及以来，GUI 几乎成了应用程序的必备要素。

10.1.1 常用的 Python GUI 工具介绍

许多适用于 Python 的 GUI 开发工具，多数以模块或包的形式被加载使用，下面分别介绍。

1. Tkinter

Tkinter 是 Python 的默认 GUI 模块，由标准库提供。Tkinter 适用于 Windows 和 Linux/ UNIX，其编写的 GUI 界面具有本地化的显示风格。Tkinter 使用简单，开发速度很快，适用于小型应用程序的开发。Python 在 Windows 下自带的 IDLE 就是用 Tkinter 编写的。

2. wxPython

wxPython 是 Python 对跨平台的 GUI 工具集 wxWidgets 的包装，作为 Python 的一个扩展模块实现，目前的版本是 4.0。wxPython 允许 Python 程序员很方便地创建完整的、功能健全的 GUI。它用 C++实现并在各种平台上广泛使用。其最大的优点是在每个平台上都使用原生 GUI，所以其程序和所有其他桌面程序有相同的外观和用户体验。

3. PyQt

PyQt 严格来说属于第三方框架而不是模块/包，其功能非常强大，包含了超过 620 个类、6000 个方法和函数。PyQt 能够开发出非常漂亮的 GUI，并且可以运行在所有的主流操作系统中。目前最新的版本是 PyQt5。PyQt5 采用双重许可模式。开发者可以在 GPL 和社区授权之间选择。

4. PyGTK

PyGTK 是用 C 语言开发的，具有跨平台的 GUI 库，它是 GNOME 桌面系统和 GIMP 图像编辑器的开发工具箱。许多 Gnome 下的著名应用程序的 GUI 都是使用 PyGTK 实现的，如 BitTorrent、GIMP 和 Gedit。PyGTK 是自由软件，所以用户几乎可以没有任何限制地使用、修改、分发、研究它，它是基于 LGPL 协议发布的。

以上列举的 GUI 开发工具各有特色，Tkinter 的缺点是功能相对单一，PyQt 的主要问题是没有实现向下兼容，PyGTK 在 Windows 平台下表现得不如 Linux 下那么好。当然，如果一种工具对你有价值，就值得使用。在本书中，我们选择 wxPython。

10.1.2 wxPython 的安装

wxPython 是第三方库，用户需要自己下载安装。可以访问 wxPython 的网站：

```
https://www.wxpython.org/pages/
```

或访问：

```
https://pypi.python.org/pypi/wxPython
```

此地址的下载列表提供了适用于不同操作系统的各个版本，下载时请注意 32 位或 64 位——需要和所用 Python 相兼容。如果所用操作系统是 64 位的，而 Python 是 32 位的，则应该下载 32 位版本。

下载到本地的安装文件是 WHL 格式，需要用 pip 安装，命令如下：

```
pip install wxPython-4.0.0b1-cp27-cp27m-win_amd64.whl
```

如果 WHL 文件不在当前路径下，则需要加上路径。

安装完成之后就可以在 Python 环境下导入它了，注意，模块名是 wx，而不是 wx Python。

10.1.3 关于帮助

对 wxPython 这样的大型第三方包来说，学会使用帮助和查询文档功能是极其重要的。本书只给出一般性示例，很多内容需要读者自行探索。wxPython 到底有多大？让我们来看看它的规模吧，使用以下命令：

```
>>> import wx
>>> len(dir(wx))
3611
>>> len(dir(wx.Frame))
454
```

```
>>> len(dir(wx.StaticText))
404
```

由于 dir 返回一个列表,因此计算它的元素数目即可得出以下结论:wx 提供了 3611 个类、函数或常量。其中很多类具有数目庞大的属性和方法。例如,这里查看的 wx.Frame 类和 wx.StaticText 类分别拥有 454 个和 404 个属性/方法。这还仅仅是 wx 核心,不包括 wx 扩展库中的大量包。

获取帮助信息有多种方法,我们前面已经提过使用 dir() 函数来枚举所有的可用方法,然后通过 help() 来查看具体方法的使用说明。也可以用 dir() 函数将所有的对象放入一个列表,用 for 循环去遍历每个元素,然后利用字符串相关方法去搜集符合要求的内容。例如,以下代码展示了如何获取所有以"EVT_"字样开头的对象:

```
>>> import wx
>>> wxList=dir(wx)                    # 将 wx 的所有属性放入列表
>>> EVT_List=[]                       # 创建一个空列表备用
>>> for item in wxList:               # 遍历 wxList 列表
...     if item.startswith('EVT_'):   # 如果当前条目以"EVT_"字样开头
...         EVT_List.append(item)     # 追加条目到新列表(也可以直接输出这个条目)
```

我们可以用类似的方法去获取其他任何想要的信息,如一个窗口组件的所有可用的方法。如果我们使用的是一个在代码自动提示方面非常友好的编辑器或 IDE,则程序会提供一个可用方法提示列表,不过,它通常不会列举出私有方法。

最后,如果所有的这一切都不能满足需求,那么查询官方文档是最好的选择。访问以下网址,可查询 wxPython 核心和 wx.lib 及其他信息:

https://docs.wxpython.org

10.1.4　GUI 程序设计的一般流程

可以根据 GUI 的需求来设计一个全新的程序,也可以将现有的 CLI 程序"移植"到 GUI 上来。有时候,后者的实现难度更大一些。

GUI 程序是基于事件驱动的,可以将它理解为一个客户端/服务器(Client/Server,C/S)架构。呈现的 GUI 就是客户端,但真正实现程序核心功能的是底层代码,和界面没有直接关系。

开发一个 GUI 程序,有以下 5 个基本的步骤:

1)导入用于 GUI 开发的包。
2)创建一个顶层窗口对象。
3)在这个窗口对象中创建其他 GUI 对象(以及功能)。
4)将这些 GUI 对象和底层的程序代码相连接。
5)进入主事件循环。

第 1)步是必需的,因为我们讨论的就是使用 GUI 包来完成设计和开发。

第 2)步是为 GUI 提供一个框架,就像盖房子必须有一个地基,作画必须有一张画布。在 GUI 开发中,通常将框架视为容器。最初建立的这个框架是根框架,也称为顶层窗口对象,它是唯一的。

第3）步是为框架添加组件。顶层的窗口对象包含所有的其他组件。这些组件可以是容器或其他任何窗口元素——菜单、文本框、按钮、选择控件等。组件既可以是独立的，也可以作为一个容器。如果一个组件"包含"其他组件，就被认为是一个容器，并且是这些组件的父组件；反过来，如果一个组件被"包含"在其他组件中，就被认为是子组件。要注意的是，这里的父子概念和面向对象中类的派生那种父子概念是两回事。

第4）步是为各个组件添加功能。可以预先设计好所有的组件，再统一为它们添加实际功能，也可以交替执行第3）步和第4）步，逐渐实现不同的组件的功能。通常，组件会有一些相应的行为，如按钮被按下或者文本框被写入。这种形式的用户行为称为事件，而 GUI 程序对事件所采取的响应动作称为回调。

用户操作包括按下（及释放）按钮、移动鼠标或按下 Enter 键等，所有这些从系统角度都被看作事件。GUI 程序正是由伴随其始末的整套事件体系所驱动的。这个过程称作事件驱动处理。例如，停在 GUI 程序某个位置的鼠标指针移动到了其他位置，则必定是有某个事件造成了它的移动。

最后一步是主事件循环，这也是典型的 C/S 架构的行为。程序会永久等待用户的动作，并做出响应。

10.2 任务 2 掌握 GUI 框架的设计

本节将根据 10.1.4 节提到的 GUI 设计流程创建框架。即使是非常复杂的程序，也可以从简单开始。在框架里放置少量的组件，测试它们的行为，然后往其中添加更多的对象。

10.2.1 使用 wx.Frame 创建框架

wx.Python 是纯粹的面向对象的开发工具，我们所要熟悉的第一个类是 wx.Frame，它是所有框架的父类。定义 wx.Frame 的子类时，必须在子类的构造函数中调用父类的构造函数，即 wxFrame.__init__(parent, id, title, pos, size, style, name)，该函数规定使用关键字参数，必须在传入参数的时候使用对应的名称。部分参数具有默认值，如果不需要特别指定，则可以省略。下面分别介绍这些参数。

parent：框架的父窗口，即包含当前对象的窗口。对于顶层窗口，parent 值必须设为 None。在多文档界面下，子窗口被限制为只能在父窗口中移动和缩放。当父窗口被销毁时，子窗口也随之销毁。

id：每个组件都有一个 ID，它的作用是在对象和对应的处理事件函数之间建立唯一的关联，因此，在一个单独的框架内，ID 必须是唯一的。不同的框架中可以有相同的 ID，但为了防止错误，最好在整个应用程序中保持 ID 的唯一性。

title：窗口的标题，没有默认值，因此必须传递此参数，要求数据类型为字符串。

pos：指定对象（的左上角）在父窗口中的位置。它要求提供一个 wx.Point 对象（包含了 x、y 坐标信息）或包含了两个整数的元组，(0, 0)通常代表位于父窗口（或桌面）的左上角。此参数的默认值为 wx.DefaultPosition，即(-1, -1)，表示让系统来决定其位置。

size：指定对象在窗口中的尺寸。如果对象是可调整大小的，则此尺寸代表的是初始尺寸。

它同样要求提供一个 wx.Size 对象（包含了 x、y 坐标信息）或一个整数二元组，默认值为 wx.DefaultSize，即(-1,-1)，表示让系统来决定其尺寸。

style：指定窗口类型，有默认值，可以省略参数传递。具体有哪些有意义的 style 参数将在稍后详细介绍。

name：框架的名字，指定后可以用来查找框架。出参数可省略。

这些参数也被定义为位置参数。一般而言，其定义的参数列表是这样的：

methondName(self, *args, **kw)

如果不写参数名，直接传值，则它们是可变参数，必须位于左侧；如果写了参数，则它们是关键自参数，必须位于右侧。如果一个方法左侧的参数都未省略，则该参数可以只填写值，无须写成"参数名=值"的格式。

下面来看一个简单的例子——图形界面下的"Hello World"：

```
import wx
class MyFrame(wx.Frame):
    def __init__(self, super):
        wx.Frame__init__(self, parent=super, title='Hello World!', size=(300,100))

app=wx.App()
f1=MyFrame(None)
f1.Show()
app.MainLoop()
```

这个程序生成了一个空白的窗口，标题为 Hello World，窗口宽 300 像素、高 100 像素。程序的生命周期由 wx.App 来管理，相关内容将在稍后介绍。

10.2.2 理解应用程序对象的生命周期

任何 wxPython 应用程序都需要一个应用程序对象。这个应用程序对象必须是类 wx.App 或其子类的一个实例。wx.App 定义了一些属性，它们的作用域是全局的。通常，如果系统只有一个框架，则没有必要去创建一个 wx.App 子类。

应用程序对象的主要任务是管理幕后的主事件循环，即上面例子中的 app.MainLoop()。主事件循环是 wxPython 程序的动力。启动主事件循环才能使应用程序对象工作。没有应用程序对象，wxPython 应用程序将不能运行。

wxPython 应用程序对象的生命周期开始于应用程序实例被创建时，在最后一个应用程序窗口被关闭时结束。没有必要把这个过程与 wxPython 应用程序所在的 Python 脚本的开始和结束相对应。Python 脚本可以在 wxPython 应用程序创建之前选择做一动作，并可以在 wxPython 应用程序的 MainLoop()退出后做一些清理工作。然而，所有的 wxPython 动作必须在应用程序对象的生命周期中执行，这意味主框架对象在 wx.App 对象被创建之前不能被创建。

10.2.3 如何管理 wxPython 对象的 ID

有以下 3 种方法可以指定对象的 ID：

1）明确地指定一个正整数作为 ID。使用这种方法时需要格外谨慎。wxPython 中还有一些预定义的 ID，有特定的含义。例如，wx.ID_OK 表示对话框中"OK"按钮的 ID，wx.ID_CANCEL 表示对话框中"Cancel"按钮的 ID。因此，不仅要确保一个框架内没有重复的 ID，还要避免和预定义的 ID 重名。

2）可以通过指定 ID 为-1（全局常量 wx.ID_ANY 的值）来让 wxPython 生成一个新的 ID。这也是 id 参数的默认值。如果选择此方案，可以不传递 id 的实参。

3）可以使用 wx.NewId()函数来生成新 ID，将它返回的 ID 赋值给一个变量，然后用这个变量作为 id 参数。

如果需要查询 id，可以使用 frame.GetId()函数。

10.2.4　wx.Point 和 wx.Size

10.2.1 节提到 wx.Frame 框架的参数 pos 和 size 可以通过两个特殊的 wx 类来指定值，即 wx.Point 和 wx.Size。这两个类保存两个整数分别作为 x 和 y 的坐标，用于分别为 pos 和 size 参数赋值。和二元组不同的是，它们支持坐标的加减法，因此在用法上比元组更灵活。例如，可以用它们的加减法来实现多个组件的间距。请看下面的示例：

```
>>> a=(10, 20); b=(15, 10)
>>> Point_A=wx.Point(a)              # 用元组对象作为参数
>>> Point_B=wx.Point(15, 10)         # 直接用两个数字（它们本身也构成元组）作为参数
>>> Point_A.Get()                    # wx.Point.Get()方法会返回 x 和 y 的值
(10, 20)
>>> Point_B.x                        # 单独用 wx.Point.x 和 wx.Point.y 返回各自的值
15
>>> Point_B.y
10
>>> a + b                            # 元组之间的加法只是将它们连接成一个新元组
(10, 20, 15, 10)
>>> Point_A + Point_B                # wx.Point 之间的加法是分别将它们的 x 和 y 值相加
wx.Point(25, 30)
```

如果需要使用浮点数来作为坐标，则可以使用 wx.RealPoint，其用法和 wx.Point 相同。wx.Size 的用法和 wx.Point 类似，只是实参用 width 和 height 代替 x 和 y。

10.2.5　创建窗口面板

wx.Panel 一般叫作窗口面板，或称子窗口，是其他对象的容器，可以视为顶层窗口中的画布。大多数情况下，要创建一个与顶层窗口大小相同的 wx.Panel 实例，以容纳框架的所有内容。这样做可以让定制的窗口内容与其他内容（如工具栏和状态栏）分开。通过 Tab 键，可以遍历单个 wx.Panel 中的元素。在 wxPython 中，只需在子窗口被创建时指定父窗口，这个子窗口即被隐式地增加到父对象中了。

```
1    #_*_ coding:utf-8 _*_
2    import wx
3    class MyFrame(wx.Frame):
4        def __init__(self, super):
5            wx.Frame.__init__(self,parent=super,title='Window no.2',size=(300,200))
```

```
    6            panel=wx.Panel(self)
    7     app=wx.App()    # 以下几行是决定应用程序生命周期的代码,在本项目后续代码示例中可能会省略
    8     f1=MyFrame(None)
    9     f1.Show()
    10    app.MainLoop()
```

这段程序只比前面的 Hello World 程序多了第 6 行代码。在这个例子中,wx.Button 在创建时使用了明确的位置和尺寸,而 wx.Panel 没有。如果只有一个子窗口的框架被创建,那么这个子窗口会自动重新调整尺寸以填满该框架的客户区域。这个自动调整尺寸将覆盖关于这个子窗口的任何位置和尺寸信息,即使已经指定了关于子窗口的信息,也将会被忽略。这个自动调整尺寸仅适用于框架内或对话框内只有唯一元素的情况。

显式地指定所有子窗口的位置和尺寸是十分乏味的。更重要的是,当用户调整窗口大小的时候,子窗口的位置和大小不能做相应调整。为了解决这个问题,wxPython 使用 sizers 对象来管理子窗口的复杂布局,稍后会介绍到。

10.2.6 Frame 的样式设置

每个窗口组件都要求有一个样式参数,也就是前面提到的构造函数中的 style。这里只介绍 wx.Frame 的样式,其中的一些也适用于其他组件。一些组件还支持 SetStyle()方法,可以在组件被创建后再更改它们的样式。

wx.Frame 的常用样式如下。

wx.DEFAULT_FRAME_STYLE:默认样式,它实际上包含了以下几种样式的集合——wx.CAPTION、wx.CLOSE_BOX、wx.MAXIMIZE_BOX、wx.MINIMIZE_BOX、wx.RESIZE_BORDER 和 wx.SYSTEM_MENU。

wx.CAPTION:在框架上增加一个标题栏,显示该框架的标题属性。

wx.FRAME_ON_TOP:置顶窗口。

wx.CLOSE_BOX:在窗口右上角显示关闭按钮。

wx.MAXIMIZE_BOX / wx.MINIMIZE_BOX:在窗口右上角显示最大/最小化按钮。

wx.RESIZE_BORDER:允许改变框架的边框尺寸。

wx.SYSTEM_MENU:在窗口左上角显示快捷菜单(通过 ALT + Space 键调出)。

wx.FRAME_SHAPED:用这个样式创建的框架可以使用 SetShape()方法去创建一个非矩形的窗口。

wx.FRAME_TOOL_WINDOW:通过给框架一个比正常更小的标题栏,使框架看起来像一个工具框窗口。在 Windows 下,使用这个样式创建的框架不会出现在任务栏上。

wx.FRAME_EX_CONTEXTHELP:是否有联机帮助按钮。

wx.FRAME_FLOAT_ON_PARENT:是否在它的父窗口中置顶显示。

在传递参数的时候,样式可以组合。可以通过类似于加减法的方式来增加或去掉某个样式。增加样式使用或运算符"|",减去样式使用脱字符"^"。

```
style=wx.DEFAULT_FRAME_STYLE | wx.FRAME_EX_CONTEXTHELP              # 类似加操作
style=wx.DEFAULT_FRAME_STYLE ^ (wx.MAXIMIZE_BOX | wx.MINIMIZE_BOX)   # 类似减操作
```

在上面的第二个示例中,将产生一个没有右上角的最大化、最小化按钮的窗口。图 10-1

展示了由 style 参数决定的窗口风格。

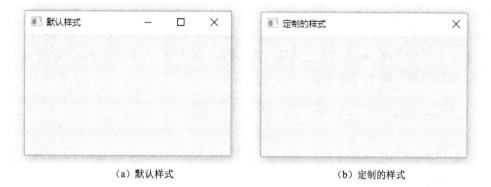

（a）默认样式　　　　　　　　　　　（b）定制的样式

图 10-1　由 style 参数决定的窗口风格

10.3　任务 3　掌握基本组件的使用

准备好了框架，相当于准备好了画布，组件才是作品的核心内容。限于篇幅，这里只介绍常用的组件——你可以用它们完成大部分任务。

10.3.1　静态文本框

静态文本框用于在窗口中显示文本信息，因此它有时候也称为文本标签。它是一种不能选择、不能编辑的文本对象。静态文本框通过 wx.StaticText 类来创建,其构造函数的参数有 parent、id、label、pos、size、style、name。其中大多数参数可参照 10.2.1 节介绍的用法，这里仅对 style 的取值进行介绍，因为不同组件可用的 style 参数是不同的。

静态文本框可选的 style 值如下。

wx.ALIGN_CENTER：文本在静态文本框里居中显示。

wx.ALIGN_LEFT / wx.ALIGN_RIGHT：文本左/右对齐，左对齐是默认样式。

wx.ST_NO_AUTORESIZE：如果使用了这个样式，那么在文本被改变之后，静态文本框对象不会自动调整尺寸。可结合使用一个居中或右对齐的控件来保持对齐。

在单行文本的情况下，没必要特别设置文本的对齐方式，如果要居中或靠右，通过 pos 参数来设置文本的位置更方便一些，其中的差别不太大。但是，对于多行文本，对齐方式就具有显而易见的效果了。

下面将 Hello World 程序稍做修改，添加少许代码以创建并显示静态文本框，如下所示：

```
1    #_*_ coding:utf-8 _*_
2    import wx
3    class MyFrame(wx.Frame):
4        def __init__(self, super):
5            wx.Frame.__init__(self,parent=super,title='Hello World!',size=(300,200))
6            panel=wx.Panel(self)
7            T1=wx.StaticText(parent=panel,label='I am a Static Text.\nI can''t be edited by user.\nif you do not
                like, close the window.',pos=(50,90),wx.ALIGN_RIGHT)
```

8   app=wx.App() # 应用程序生命周期开始，后面3行参照前文示例，这里略过

第 6 行代码创建了一个窗口面板 panel，正如 10.2.5 节所做的那样。第 7 行生成了一个静态文本框，它的父对象正是这个 panel（即它位于 panel 中）。label 参数决定了文本总共有 3 行，文本控件的左上角位于离 panel 的左上角偏左 50 像素、偏下 90 像素的位置，文本的 style 设置为右对齐。窗口效果如图 10-2(a)所示。

图 10-2   设置静态对话框

以下两个方法用于设置字体颜色和背景色。
wx.StaticText.SetForegroundColor(str)：指定一个颜色作为前景色（即字体色）。
wx.StaticText.SetBackgroundColor(str)：指定一个颜色作为背景色。
将以下内容插入到前面程序的第 8 行代码前：

```
        T1.SetForegroundColour('white')      # 两级缩进，和第 7 行代码对齐
        T1.SetBackgroundColour('grey')
```

运行程序，可以看到设置字体之后的效果，如图 10-2(b)所示。

10.3.2 文本样式设置

有时候我们希望组件中的文字显示出丰富多彩的效果，这就需要设置字体。很多组件都有自己的 SetFont(Font)方法用于设置字体，但它的参数必须是一个字体对象，即 wx.Font 类的实例。wx.Font 的构造函数如下：

wx.Font(pointSize, family, style, weight, underline, faceName, encoding)

下面介绍它的参数。
pointSize：字体的尺寸，以磅为单位，需要一个整数。
family：用于快速指定一个字体而无须知道该字体的实际名字。字体的准确选择依赖于系统和具体可用的字体。所得到的精确的字体依赖于所用的系统。字体类别如下。
1）wx.DECORATIVE：一个正式的、老的英文样式字体。
2）wx.DEFAULT：系统默认字体。
3）wx.MODERN：一个单间隔（等宽的字符间距）字体。
4）wx.ROMAN：serif 字体，通常类似于 Times New Roman。
5）wx.SCRIPT：手写体或草写体。

6）wx.SWISS：sans-serif 字体，通常类似于 Helvetica 或 Arial。

style：指明字体是否倾斜，它的值有 wx.NORMAL、wx.SLANT、wx.ITALIC 3 种，其中，wx.NORMAL 表示不倾斜，wx.SLANT 和 wx.ITALIC 表示倾斜。

weight：指明字体是否加粗，wx.NORMAL 和 wx.LIGHT 表示不加粗，wx.BOLD 表示加粗。

underline：仅在 Windows 系统下有效，如果取值为 True，则加上下画线。

faceName：指定字体名。

encoding：允许在若干编码中选择一个，编码不是 Unicode 编码，只是用于 wxPython 的不同的 8 位编码。大多数情况可以使用默认编码。

下面给出一个设置字体的示例：

```
#_*_ coding:utf-8 _*_
import wx
class MyFrame(wx.Frame):
    def __init__(self, super):
        wx.Frame.__init__(self, parent=super, title='Hello World!',size=(400,200))
        panel=wx.Panel(self)
        T1=wx.StaticText(parent=panel, label="I am a Static Text.\nI can't be edited by user.",pos=(20,20),
            style=wx.ALIGN_RIGHT) # 两行，右对齐
        T2=wx.StaticText(parent=panel, label="If you do not like,\nclose the window.",pos=(20,90))
        Font1 = wx.Font(18,wx.DEFAULT, wx.ITALIC, wx.NORMAL) # 18 磅倾斜字体
        Font2 = wx.Font(14,wx.DEFAULT, wx.NORMAL, wx.BOLD, underline=True)
        # 14 磅加粗带下画线字体
        T1.SetFont(Font1)   # 静态文本框 1 设置字体为 Font1
        T2.SetFont(Font2)   # 静态文本框 1 设置字体为 Font2
app=wx.App() # 应用程序生命周期开始，后面 3 行参照前文示例，这里省略
```

窗口效果如图 10-3 所示。

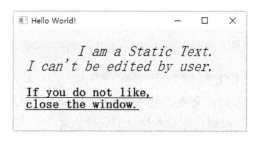

图 10-3　设置字体样式的效果

10.3.3　图片显示

要在窗口中显示图片，可以使用 wx.StaticBitmap 类。首先利用 wx.Bitmap 类创建一个图片对象，其参数指定了图片文件的路径和名称。wx.Bitmap 支持主流的图片格式，如 BMP、PNG、JPG、GIF 等。需要注意的是，如果图片包含透明通道，则会收到会丢失透明度信息的警告提示。实例化之后，这个对象可作为 wx.StaticBitmap 构造函数的参数。

如果在控件创建后要更换图片，则可以使用对象的 SetBitmap()方法。需要说明的是，

wx.StaticBitmap 对象没有自动适配图片大小的接口，需要程序增大、缩小图片到合适的尺寸，然后通过 SetBitmap() 的方式显示图片。

下面的代码显示了如何在窗口中显示一个图片，程序运行效果如图 10-4 所示。

```
#!/usr/bin/env python
#_*_ coding:GBK _*_
import wx
class MyFrame(wx.Frame):
    def __init__(self, super):
        wx.Frame.__init__(self, parent=super, title=u'滑稽',size=(240,200))
        panel=wx.Panel(self)
        bmp1=wx.Bitmap("E:\\_Python\\gui\\huaji.bmp", wx.BITMAP_TYPE_ANY)
        I1=wx.StaticBitmap(parent=panel, bitmap=bmp1, pos=(65,35), style=0)
app=wx.App() # 应用程序生命周期开始，后面 3 行参照前文示例，这里省略
```

图 10-4　显示图片

10.3.4　文本框

交互式程序的一个重要特征是需要接收用户输入信息，以此感知用户的意图，并据此做出正确的响应。在命令行控制台下，我们已经对 raw_input() 之类的交互方式非常熟悉了，在 GUI 里类似的功能通过文本框（也称为文本域）来实现。用于文本框的类是 wx.TextCtrl，允许单行文本和多行文本输入，还可以用做密码输入框。wxTextCtrl 的构造函数格式如下：

wx.TextCtrl(parent, id, value, pos, size, style, validator, name)

其中大多数参数的用法和前面介绍的组件是一样的。value 表示文本框中文本内容的初始值，可以为空。validator 用于限制只能输入特定的数据。此外，文本框的 style 有以下选项。

wx.TE_CENTER：文本居中显示。

wx.TE_LEFT/wx.TE_RIGHT：文本左/右对齐。

wx.TE_NOHIDESEL：文本始终高亮显示，只支持 Windows 平台。

wx.TE_PASSWORD：不显示输入的文本，以星号或"●"代替。

wx.TE_MULTILINE：多行文本，按 Enter 键时换行。

wx.TE_PROCESS_ENTER：当用户按 Enter 键时，触发一个事件。

wx.TE_READONLY：只读模式，用户不能更改文本。

这些选项也可以通过 | 或 ^ 来任意组合、搭配。

下面看一个账户和密码输入框的简单例子，这里仅给出构造函数，效果如图 10-5 所示。

```
#_*_ coding:GBK _*_
import wx
class MyFrame(wx.Frame):
    def __init__(self, super):
        wx.Frame.__init__(self, parent=super, title=u"用户登录", size=(275,160))
        panel=wx.Panel(self)                                    #创建面板
        userText=wx.StaticText(panel,label=u'用户名:',pos=(15,12)) # 文本标签 1
        basicText=wx.TextCtrl(panel,pos=(115,10),size=(125,-1))
        #   文本框 1，宽度 125，高度自动
        passwdText=wx.StaticText(panel,label=u'密码:',pos=(15,47)) # 文本标签 2
        pwdText=wx.TextCtrl(panel,pos=(115,45),size=(125,-1),style=wx.TE_PASSWORD)
        #   文本框 2，宽度 125，高度自动，样式为 wx.TE_PASSWORD（输入遮盖信息）
        # 后面代码省略
```

图 10-5　密码遮盖示例

10.3.5　按钮和事件驱动

可以通过 wx.Button 类或 wx.lib.buttons.GenButton 类来创建按钮。wx.Button 创建的按钮对象，根据操作系统平台的不同，其显示的样式会略有不同。wx.lib.buttons.GenButton 是通用按钮，在所有支持的平台上呈现相同的外观。但 GenButton 没有包含在 wx 中，需要通过 wx.lib.buttons 子包来导入它。这里只介绍 wx.Button 的用法，和已经介绍过的其他组件一样，只需要用构造函数生成它即可。

wx.Button(parent=panel, label='Cancel', pos=(50,50))

这表示在离父对象左上角(50, 50)的位置创建一个显示为"Cancel"的按钮。

下面来看一个关于阶乘计算器的例子。阶乘（正整数阶乘）是指给定一个正整数 n，求出 1×2×3×…×n 的积，一般写作 n!。虽然 0 乘以任何数都为 0，但为了相关公式的表述及运算方便，数学界特别定义 0 的阶乘为 1。

基于以上规则，窗口要提供两个文本框，第一个文本框用于指定要阶乘的正整数 n，另一个文本框用于返回结果。两个文本框各自需要一个静态文本框作为标签，最后要给两个按钮，即"计算"和"退出"。

仅仅创建按钮对象是不够的，如果不绑定事件驱动函数，则用户按下按钮不会产生任何结果。窗口对象提供了 self.Bind()方法来执行这个任务，格式如下：

self.Bind(self, event, handler, source, id, id2)

其中，event 指一个事件类型常量；handler 是一个事件驱动函数；source 是被事件所驱动

的对象。事件驱动不是按钮专用,它适用于许多不同的窗口组件对象。wx 有非常多的事件类型常量,可以像 10.1.3 节所介绍的那样通过 dir()函数、for 循环和字符串方法来枚举它们,以便查找。

可用的事件常量有两百多个,不过从它们的命名基本上能够看出其用途。需要根据不同的窗口组件来选择不同的事件类型常量。如果在操作组件时未能产生预期的结果,则应当检查事件类型是否适用于当前组件。

事件驱动函数通常由程序员来实现,但 wxPython 规定了它必须由两个参数构成:第一个是 self,第二个是 event,即发生的事件。self.Bind()方法在绑定事件驱动函数和窗口组件时会自动提供 event。

所有上面提到的一切——按钮、事件驱动函数、事件与对象的绑定,都会在阶乘小程序中得到综合运用。下面来看程序如何实现:

```
#_*_ coding:GBK _*_
import wx
class MyFrame(wx.Frame):
    def __init__(self, super):
        wx.Frame.__init__(self, parent=super, title=u"阶乘计算器",size=(340,180),style=wx.DEFAULT_
            FRAME_STYLE^wx.RESIZE_BORDER) # 样式为默认但禁止调整窗口尺寸
        panel=wx.Panel(self)
        wx.StaticText(panel, label=u"输入 n:", pos=(10,10))
        self.inputN=wx.TextCtrl(panel, value='0', pos=(150,10),size=(150,-1),style=wx.TE_PROCESS_
            ENTER)  # 设定 n 的初始值为 0,样式为接受回车时产生事件
        wx.StaticText(panel, label=u"1 累乘到 n 的结果为:",pos=(10,50))
        self.outProduct=wx.TextCtrl(panel, pos=(150,50),size=(150,-1),style=wx.TE_READONLY)
        # 阶乘的结果显示在第 2 个文本框,设置为只读
        self.btnProduct=wx.Button(parent=panel, label=u"计算", pos=(170,100),size=(50,30))
        # 创建"计算"按钮对象
        self.btnClose=wx.Button(parent=panel, label=u"关闭", pos=(250,100),size=(50,30))
        # 创建"关闭"按钮对象
        self.Bind(wx.EVT_TEXT_ENTER, self.f, self.inputN)
        # 绑定对象和事件:当文本框 self.inputN 发生用户按下 Enter 键事件时,调用 self.f 函数
        self.Bind(wx.EVT_BUTTON, self.f, self.btnProduct)
        # 绑定对象和事件:当按钮 self.btnProduct 发生用户点击/按下事件时,调用 self.f 函数
        self.Bind(wx.EVT_BUTTON, self.OnCloseMe, self.btnClose)
        # 绑定对象和事件:当按钮 self.btnClose 发生用户点击/按下事件时,调用 self.f 函数

    def f(self, event):  # 事件驱动函数:求 n 的阶乘,参数 event 是绑定窗口对象的接口
        n=self.inputN.GetValue() # 获取文本框对象 self.inputN 的值(用户输入的 n)
        n=int(n)
        i=1 ; s=1
        if n < 2: # 如果 n=0 或 n=1,结果为 1
            pass
        else:
            while i<=n: # 循环计算 i×(i+1),直到 i=n
                s=s*i
                i+=1
```

self.outProduct.SetValue(str(s)) # 调用文本框对象的 SetValue 方法传递计算结果

  def OnCloseMe(self, event): # 事件驱动函数：销毁窗口对象（退出程序）
    self.Destroy()

app=wx.App() # 应用程序生命周期开始，后面 3 行参照前文示例，这里省略

这段代码将会生成一个窗口，如图 10-6 所示。

图 10-6　计算阶乘的窗口

在文本框中输入 n 后按 Enter 键，会和单击"计算"按钮产生相同的结果。程序会计算阶乘的结果，并以只读的方式显示在第 2 个文本框中。按钮不仅接受鼠标单击，还接受键盘控制。用户可以通过 Tab 键和 Shift + Tab 键来遍历/反向遍历可操作的窗口控件，即本例中的文本框和按钮，当按钮处于激活状态时，通过 Space 键或 Enter 键均可以按下它。

10.3.6　对话框

对话框是一种由事件驱动的弹出式临时窗口。wx.Python 提供了一套丰富的预定义的对话框，常见的对话框有消息对话框、文本输入对话框、文件选择器对话框、字体选择器对话框、色彩选择器对话框、单选对话框、进度条对话框、打印对话框等，这里只介绍几个常用的对话框。

1．消息对话框

消息对话框是一个简单的文本提示框，由 wx.MessageDialog 类来创建，构造函数的格式如下：

wx.MessageDialog(parent, message, caption, style, pos)

其中，message 是消息对话框中的字符串（提示信息）；caption 是消息对话框的标题栏显示的内容。

style 的常用取值如下。

wx.OK：提供一个 OK 或"确定"按钮。

wx.CANCEL：提供 Cancel 或"取消"按钮。

wx.YES_NO：提供一对"是(Y)"和"否(N)"按钮。

wx.YES_DEFAULT：默认样式，相当于 wx.OK。

wx.STAY_ON_TOP：窗口置顶显示，仅限于 Windows 平台。

默认情况下，提示文本前会显示一个带"i"的蓝色圆形图标。以下样式可以使用其他图

标:

  wx.ICON_EXCLAMATION:提示文本前显示带"!"的黄色三角形图标,通常用于警告。
  wx.ICON_ERROR:提示文本前显示带"×"的红色圆形图标,通常用于提示错误。
  wx.ICON_QUESTION:提示文本前显示带"?"的气球形图标,通常用于强调问题。
  所有 wx.ICON_XXXXX 类型的样式都取决于系统是否有对应的图标支持。

  所有的对话框类都有一个 ShowModal()方法,类似于 wx.Frame.Show(),区别在于当调用一个 ShowModal()时,对话框显示出来之后,程序不会继续执行,而是等待下一个事件。也就是说,在此对话框关闭之前,应用程序中的其他窗体对象不能响应用户事件。wx.MessageDialog 对象自身的返回值是以下常量之一:wx.ID_YES、wx.ID_NO、wx.ID_OK、wx.ID_CANCEL,它们分别对应其字面意思所代表的事件。例如,用户在对话框中单击"确定"按钮,则返回值为 wx.ID_OK。通过这些值,就可以让条件句来判断用户单击了哪个按钮。

```
...
How = wx.MessageDialog(self,message=u'是/否? ',caption=u'是/否? ',style=wx.YES_NO)
if result = How.ShowModal()
if result == wx.ID_YES:            # 如果用户单击了"是"
    condition suite
```

  要注意的是,这些值在某些特殊情况下会误导你。例如,有一个 style=wx.YES_NO 类型的按钮对("是(Y)"和"否(N)"),如果用户单击"是"按钮,返回值既可能是 wx.ID_OK,也可能是 wx.ID_YES。但如果是 style=wx.YES_NO | wx.CANCEL 这样的组合,则对话框上会有"是(Y)"、"否(N)"和"取消"3 个按钮,此时返回 wx.ID_OK 的可能不是"是(Y)",而是"取消"。所以,不要用 wx.ID_OK 来代替 wx.ID_YES。

  下面的例子展示了退出程序时提供"确定/取消"选项的对话框,其效果如图 10-7 所示。

```
1   #_*_ coding:GBK _*_
2   import wx
3   class MyFrame(wx.Frame):
4       def __init__(self, super):
5           wx.Frame.__init__(self, super, title=u"顶层窗口", size=(340, 180))
6           panel = wx.Panel(self)
7           wx.StaticText(parent=panel, label=u"请按关闭退出", pos=(30, 30))
8           self.btnClose=wx.Button(panel,label=u"关闭",pos=(250,100),size=(50,30))
9           self.Bind(wx.EVT_BUTTON, self.OnCloseMe, self.btnClose)
10          # 绑定对象和事件:当按钮 self.btnClose 按下时,调用 self.OnCloseMe 函数
11      def OnCloseMe(self, event):
12          dlg = wx.MessageDialog(self, message=u"您确定要退出程序吗?", caption=u"确
                认退出",style=wx.CANCEL) # 创建一个消息对话框对象
13          result = dlg.ShowModal() # 调用消息对话框对象的 ShowModal()方法
14          if result==wx.ID_OK: # 如果返回 wx.ID_OK,关闭顶层窗口,程序结束
15              self.Destroy()
16          elif result==wx.ID_CANCEL: # 如果返回 wx.ID_CANCEL,关闭对话框,回到顶层窗口
17              dlg.Destroy()
18  app = wx.App() # 应用程序生命周期开始,后面 3 行参照前文示例,这里省略
    ...
```

图10-7 消息对话框

2. 文本输入对话框

文本输入对话框类似于文本框和消息对话框的组合，使用的类是 wx.TextEntryDialog，构造函数的格式如下：

wx.TextEntryDialog(parent, message, caption, value, style, pos)

对比一下，其参数和 wx.MessageDialog 并没有太大差别，只是多了一项 value，它用于为文本输入框设定一个初始的默认值。下面的程序展示了文本输入对话框的用法，效果如图 10-8 所示。

```
...          # 前 10 行代码和前面消息对话框相同，略
11    def OnCloseMe(self, event):
12        dlg=wx.TextEntryDialog(self,message=u"为了数据安全，请输入退出程序的原因。\n 我们会
          将它写入日志。",caption=u"确认退出",value=u"硬件维护", style=wx.OK|wx.CANCEL)
13        result = dlg.ShowModal()
14        print result
15        if result==wx.ID_OK:
16            response = dlg.GetValue() # 获取用户输入的内容
17            print response
18            self.Destroy()
19        elif result==wx.ID_CANCEL:
20            dlg.Destroy()
21    app = wx.App() # 应用程序生命周期开始，后面 3 行参照前文示例，这里省略
      ...
```

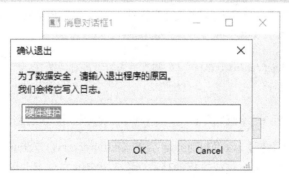

图10-8 文本输入对话框

3. 文件选择器对话框

文件选择器对话框通过 wx.FileDialog 类来创建，它允许用户从操作系统能访问的文件位

置选择一个或者多个文件。wx.FileDialog 支持通配符，可以让用户选择关心的文件。构造函数的格式如下：

FileDialog(parent, message, defaultDir, defaultFile, wildcard, style, pos)

其中，message 显示文件对话框的标题；defaultDir 表示初始的文件夹，如果省略则默认为当前程序的主.py 文件所在的目录；defaultFile 表示默认情况下要打开的文件名，即在文件选择器下方的文件名文本框中出现的初始值；wildcard 表示匹配通配符；style 决定了文件选择器的类型。

style 允许的值如下。

wx.FD_OPEN：单个文件选择对话框。

wx.FD_SAVE：文件保存对话框。

wx.FD_OVERWRITE_PROMPT：只对 wx.FD_SAVE 样式有效，当覆盖文件的时候，会弹出提醒对话框以警告用户。

wx.FD_MULTIPLE：只对 wx.FD_OPEN 样式有效，支持选择多个文件。

wx.FD_CHANGE_DIR：改变当前工作目录为用户选择的文件夹。

下面让我们来实现一个文本浏览器，打开一个文本文件，让它显示在多行文本框中。

```
#_*_ coding:GBK _*_
import wx
class MyFrame(wx.Frame):
    def __init__(self, super):
        wx.Frame.__init__(self, super, title=u"文本浏览器", size=(400, 300))
        panel = wx.Panel(self)
        self.txtctl=wx.TextCtrl(panel,pos=(5,5),size=(375,210),style=wx.TE_MULTILINE) #多行文本框对象
        self.btnOpen=wx.Button(panel,label=u"打开",pos=(140, 220)) # 打开按钮
        self.Bind(wx.EVT_BUTTON, self.OpenFile, self.btnOpen) # 绑定事件函数到按钮

    def OpenFile(self, event):         # 下面一行代码用于创建一个用于打开文件的文件选择器
        dlg = wx.FileDialog(self, message=u"打开一个文件", style=wx.FD_OPEN)
        result = dlg.ShowModal()       # 发生在文件选择器对话框中的事件动作
        if result == wx.ID_OK:         # 如果用户在对话框中单击"确定"按钮
            self.FileName = dlg.GetDirectory()+"\\"+dlg.GetFilename()
            # 返回用户在对话框选择的文件路径和文件名，并赋值给 self.FileName
            f1 = open(self.FileName,'r+')    # 在后台打开该文件
            words = f1.read()                # 读取文件内容
            self.txtctl.SetValue(words)      # 将文件内容填进对话框
            f1.close()

app = wx.App() # 应用程序生命周期开始，后面 3 行参照前文示例，这里省略
```

在这段程序中，我们通过 wx.FileDialog 类的 GetDirectory()方法获取了用户在对话框中所浏览到的目录；通过 GetFilename()方法获取到了用户指定的文件名。该程序运行效果如图 10-9 所示。

图 10-9　用于打开文件的文件选择器

关于其他类型的对话框，读者可自行探索如何使用。

10.3.7　菜单栏、工具栏和状态栏

曾经在很长一段时间里，大多数 GUI 程序有一个功能完善的窗口，包括具有各种菜单的菜单栏、提供快捷按钮的工具栏，以及显示某些状态信息的状态栏。现在许多程序在 GUI 设计上使用了工作空间这一概念，将过去在菜单栏和工具栏中提供的按钮放在了类似于选项卡的面板中。不过，wxPython 仍然可以实现传统的菜单栏和工具栏。

1. 菜单栏

创建菜单栏的类是 wx.MenuBar，一个窗口只能有一个菜单栏，菜单栏可以容纳若干个菜单。

创建菜单的类是 wx.Menu，一个菜单可以包含若干菜单项（即可被执行的选项）或子菜单。菜单需要明确地添加到菜单栏，可以使用 wx.MenuBar.Append()方法来完成这个工作。菜单可以通过调用自己的方法 wx.Menu.Append()来添加命令或子菜单。

2. 工具栏

和菜单栏不同，工具栏不通过专有的类进行实例化，而是由顶层窗口对象调用其自身的 self.CreateToolBar()方法来创建。它将成为顶层窗口对象的一个成员对象，可以通过该对象自身的 ToolBar.CreateTool()方法来创建工具，之后用 ToolBar.AddTool()方法将创建好的工具命令添加到工具栏。也可以直接使用 ToolBar.AddTool()方法来添加一个不存在的工具，它支持添加时创建。如果已经创建了工具，则 ToolBar.AddTool()的参数为现有工具对象，否则需要完整（冗长）的参数格式。关于这些参数，稍后在代码注释中会详细介绍。

完成了工具栏的布局后，还需要使用它自身的 Create ToolBar.Realize()方法使其在窗口上可见。

3. 状态栏

状态栏和工具栏类似，由父对象窗口调用自身的 self.CreateStatusBar()方法来创建。通过事件绑定，状态栏可显示对应的辅助信息。

某些方法，如 ToolBar.AddTool()方法，提供了 3 种重载类型，用户提供的参数必须在名称（以及值的类型）上精确匹配其中一种。它不像其他 wxPython 函数那样可以随意省略参数。我们可以通过 help(MethodName)来查看帮助信息，其中提供了参数的关键字。

和其他组件一样，菜单栏、工具栏和状态栏都需要相关的事件函数来驱动它们。

下面看一个综合例子：在窗口上集成常见的菜单和菜单项，并将提供的一些命令添加到工具栏；同时窗口具有一个状态栏，用于显示一些辅助信息。程序代码如下：

```python
#_*_coding:GBK_*_
import wx
class MyFrame(wx.Frame):
    def __init__(self, super):
        wx.Frame.__init__(self, super, -1, u'文本浏览器', size=(400,350))
        panel=wx.Panel(self)
        self.status=self.CreateStatusBar()    # 创建状态栏
        tb=self.CreateToolBar()  # 创建工具栏名为 tb
        bmpOpen = wx.Bitmap("E:\\_Python\\gui\\img\\open.png")  # 创建一个位图对象
        tb.AddTool(toolId=101, label='New', bitmap=bmpOpen, bmpDisabled=bmpOpen, kind = wx.ITEM_
                NORMAL, shortHelp =u'打开', longHelp =u'打开一个文件', clientData = None)
        # 工具栏添加工具，注意 id 的关键字和之前有所不同。明确指定 ID 以备事件驱动
        # bitmap 作为按钮的图标，bmpDisabled 指的是当该工具按钮被禁用时显示的图标
        # kind 是按钮类型，普通按钮使用 wx.ITEM_NORMAL
        # 其他常用的例如 wx.ITEM_CHECK 表示可勾选，wx.ITEM_DROPDOWN 表示下拉式按钮组
        # shortHelp 表示当鼠标指针指向按钮时在鼠标指针旁边显示的文字
        # longHelp 表示当鼠标指针指向按钮时显示在状态栏上的信息
        # clientData 理解为其他参数，一般使用 None 即可
        tb.Realize()                    # 将工具栏显示出来
        menuBar = wx.MenuBar()          # 创建菜单栏
        menuFile = wx.Menu()            # 创建菜单
        menuFile.Append(201, "&Open", u'打开一个文件')  # 在菜单里添加菜单项
        menuBar.Append(menuFile,"&File")         # 添加菜单到菜单栏
        self.SetMenuBar(menuBar)                 # 将菜单栏添加到父窗口
        self.Bind(wx.EVT_TOOL, self.OpenHelp, id=101)    # 工具栏按钮事件绑定
        self.Bind(wx.EVT_MENU, self.OpenHelp, id=201)    # 菜单栏菜单项事件绑定

    def OpenHelp(self, event): # 当单击工具栏按钮/单击菜单栏菜单项时，在状态栏显示信息
        self.status.SetStatusText(u"现在你已经打开一个新文件")

app = wx.App() # 应用程序生命周期开始，后面 3 行参照前文示例，这里省略
```

程序运行效果如图 10-10 所示。

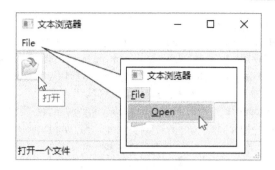

图 10-10　鼠标指向工具栏及菜单栏的效果

10.3.8　子任务：编写一个文本编辑器

我们所能接触到的平台基本上都有文本编辑器，有些是基础的文本工具，有些则提供了非常强大的扩展功能，可以作为 IDE 使用。一般来说，我们不需要自己写文本编辑器，因为有现成的可用。不过，在本项目的当前进度下，编写一个文本编辑器是非常好的综合练习。

我们要实现的是最简单的功能：可以在窗口里打开文本或支持以文本显示的文件，浏览或编辑它们；可以随时保存文件，当关闭文件或退出时，程序会检查文件是否已被更改，如果已更改，则程序应提示是否保存文件。

```python
#!/usr/bin/env python
# _*_ coding:GBK _*_
import wx
class MyFrame(wx.Frame):
    def __init__(self, super):
        wx.Frame.__init__(self, super, title=u"文本编辑器") # 顶层窗口默认样式
        self.txtctl = wx.TextCtrl(self,style=wx.TE_MULTILINE)
        # 多行文本框，由于没有依赖 Panel，因此默认尺寸可以自动填满窗口
        self.txtctl.Disable() # 设置文本框为禁用（新建或打开文件时解禁）
        self.status = self.CreateStatusBar() #创建状态栏
        self.FileName = None # 在未打开文件之前文件名为空

        # 工具栏部分：
        tb = self.CreateToolBar()  # 创建工具栏，名为 tb
        bmpNew = wx.Bitmap("E:\\_Python\\gui\\img\\new.jpg")  # 创建"新建"位图对象
        tb.AddTool(toolId=101, label='New', bitmap=bmpNew, bmpDisabled=bmpNew, kind=wx.ITEM_NORMAL, shortHelp=u'新建', longHelp=u'创建一个新文件', clientData= None)
                    # 为工具栏添加"新建"按钮
        bmpOpen=wx.Bitmap("E:\\_Python\\gui\\img\\open.jpg") # 创建"打开"位图对象
        tb.AddTool(toolId=102, label='Open', bitmap=bmpOpen, bmpDisabled=bmpOpen, kind=wx.ITEM_NORMAL, shortHelp=u'打开', longHelp=u'打开一个现有的文件', clientData= None)
                    # 为工具栏添加"打开"按钮
        bmpSave=wx.Bitmap("E:\\_Python\\gui\\img\\save.jpg") # 创建"保存"位图对象
        tb.AddTool(toolId=103, label='Save', bitmap=bmpSave, bmpDisabled=bmpSave, kind=wx.ITEM_NORMAL, shortHelp=u'保存', longHelp=u'保存当前文件', clientData=None)
                    # 为工具栏添加"保存"按钮
```

```python
tb.AddSeparator()  # 工具栏分隔符
bmpCut=wx.Bitmap("E:\\_Python\\gui\\img\\cut.jpg")    # 创建"剪切"位图对象
tb.AddTool(toolId=104, label='Cut', bitmap=bmpCut, bmpDisabled=bmpCut, kind=wx.ITEM_
        NORMAL, shortHelp=u'剪切', longHelp=u'剪切当前选择范围', clientData= None)
                        # 为工具栏添加"剪切"按钮
bmpCopy=wx.Bitmap("E:\\_Python\\gui\\img\\copy.jpg")  # 创建"复制"位图对象
tb.AddTool(toolId=105, label='Copy', bitmap=bmpCopy, bmpDisabled=bmpCopy, kind=wx.ITEM_
        NORMAL, shortHelp=u'复制', longHelp=u'复制当前选择范围', clientData= None)
                        # 为工具栏添加"复制"按钮
bmpPaste=wx.Bitmap("E:\\_Python\\gui\\img\\paste.jpg")  # 创建"粘贴"位图对象
tb.AddTool(toolId=106, label='Paste', bitmap=bmpPaste, bmpDisabled=bmpPaste, kind=wx.ITEM_
        NORMAL, shortHelp=u'粘贴', longHelp=u'粘贴到当前位置', clientData= None)
                        # 为工具栏添加"粘贴"按钮
tb.AddSeparator()
bmpUndo=wx.Bitmap("E:\\_Python\\gui\\img\\undo.jpg")    # 创建"撤销"位图对象
tb.AddTool(toolId=131, label='Undo', bitmap=bmpUndo, bmpDisabled=bmpUndo, kind=wx.ITEM_
        NORMAL, shortHelp=u'撤销', longHelp=u'撤销上次操作', clientData=None)
                        # 为工具栏添加"撤销"按钮
bmpRedo=wx.Bitmap("E:\\_Python\\gui\\img\\redo.jpg")    # 创建"重做"位图对象
tb.AddTool(toolId=132, label='Redo', bitmap=bmpRedo, bmpDisabled=bmpRedo, kind=wx.ITEM_
        NORMAL, shortHelp=u'重做', longHelp=u'恢复上次撤销', clientData=None)
                        # 为工具栏添加"重做"按钮
tb.Realize()  # 将工具栏显示出来

# 菜单栏部分：
menuBar = wx.MenuBar()          # 创建菜单栏
menuFile = wx.Menu()            # 创建文件菜单
menuFile.Append(201, u"新建(&N)", u"新建一个文件")    # 在菜单中添加菜单项
menuFile.Append(202, u"打开(&O) ...", u"打开一个文件")
menuFile.Append(203, u"保存(&S)", u"保存文件")
menuFile.Append(204, u"另存为(&A) ...", u"将文件另存为")
menuFile.AppendSeparator()                          # 添加菜单分隔符
menuFile.Append(205, u"关闭(&C)", u"关闭文件")
menuFile.Append(206, u"退出(&X)", u"退出程序")
menuEdit = wx.Menu()  # 创建编辑菜单
menuEdit.Append(301, u"撤销(&U)", u"撤销上次操作")    # 在菜单中添加菜单项
menuEdit.Append(302, u"重做(&R)", u"恢复上次撤销")    # 在菜单中添加菜单项
menuEdit.AppendSeparator()
menuEdit.Append(304, u"剪切(&T)", u"剪切所选内容")
menuEdit.Append(305, u"复制(&C)", u"复制所选内容")
menuEdit.Append(306, u"粘贴(&P)", u"粘贴到当前位置")
menuBar.Append(menuFile, u"文件(&F)")               # 添加菜单到菜单栏
menuBar.Append(menuEdit, u"编辑(&F)")
self.SetMenuBar(menuBar)                           # 显示菜单栏

# 事件函数与对象绑定部分：
self.Bind(wx.EVT_TOOL, self.NewFile, id=101)       # 绑定工具栏按钮"新建"
self.Bind(wx.EVT_MENU, self.NewFile, id=201)       # 绑定菜单项"新建"
```

```python
        self.Bind(wx.EVT_TOOL, self.OpenCheck, id=102)       # 绑定工具栏按钮"打开"
        self.Bind(wx.EVT_MENU, self.OpenCheck, id=202)       # 绑定菜单项"打开"
        self.Bind(wx.EVT_TOOL, self.SaveFile, id=103)        # 绑定工具栏按钮"保存"
        self.Bind(wx.EVT_MENU, self.SaveFile, id=203)        # 绑定菜单项"保存"
        self.Bind(wx.EVT_MENU, self.SaveAsFile, id=204)      # 绑定菜单项"另存为"
        self.Bind(wx.EVT_MENU, self.CloseFile, id=205)       # 绑定菜单项"关闭"
        self.Bind(wx.EVT_MENU, self.Exit, id=206)            # 绑定菜单项"退出"
        self.Bind(wx.EVT_CLOSE, self.Exit)                   # 绑定窗口关闭按钮
        self.Bind(wx.EVT_TEXT, self.OnEditing, self.txtctl)  # 绑定文本框输入事件
        self.Bind(wx.EVT_TOOL, self.OnUndo, id=131)          # 绑定工具栏按钮"撤销"
        self.Bind(wx.EVT_MENU, self.OnUndo, id=301)          # 绑定菜单项"撤销"
        self.Bind(wx.EVT_TOOL, self.OnRedo, id=132)          # 绑定工具栏按钮"重做"
        self.Bind(wx.EVT_MENU, self.OnRedo, id=302)          # 绑定菜单项"重做"
        self.Bind(wx.EVT_TOOL, self.OnCut, id=104)           # 绑定工具栏按钮"剪切"
        self.Bind(wx.EVT_MENU, self.OnCut, id=304)           # 绑定菜单项"剪切"
        self.Bind(wx.EVT_TOOL, self.OnCopy, id=105)          # 绑定工具栏按钮"复制"
        self.Bind(wx.EVT_MENU, self.OnCopy, id=305)          # 绑定菜单项"复制"
        self.Bind(wx.EVT_TOOL, self.OnPaste, id=106)         # 绑定工具栏按钮"粘贴"
        self.Bind(wx.EVT_MENU, self.OnPaste, id=306)         # 绑定菜单项"粘贴"

    def OnEditing(self, event):              # 文本框输入的事件函数
        self.EditingInfomation = u"现在你正在编辑"
        if self.FileName != None:            # 若用户正在编辑现有文件,状态栏显示正在编辑此文件
            self.status.SetStatusText(self.EditingInfomation + self.FileName)
        else:                                # 若用户正在编辑未命名的新文件,状态栏显示正在编辑一个新文件
            self.status.SetStatusText(self.EditingInfomation + u"一个新文件")

    def NewFile(self, event):                # 新建文本的事件函数
        self.txtctl.Enable(True)             # 一旦新建文件,文本框变成可用

    def OpenCheck(self, event):              # 打开另一个文件时检查是否需要保存当前文件
        if self.txtctl.IsModified() == False:  # 如果文本框内容未被修改
            self.OpenFile(event)             # 调用打开文件函数
        else:  # 否则用一个对话框提示文件已更改及是否保存,提供"是""否""取消"3 个选项
            WhetherSave = wx.MessageDialog(self, message=u'文件已经被更改,是否保存?', caption=u'
                是否保存更改?', style=wx.YES_NO | wx.CANCEL)
            result = WhetherSave.ShowModal()  # 获取用户选择的结果
            if result == wx.ID_YES:          # 如果用户选择"是"
                self.SaveFile(result)        # 调用保存文件的函数
            elif result == wx.ID_NO:         # 如果用户选择"否",什么也不做(文件仍将打开)
                pass
            else:
                return False                 # 如果用户选择"取消",提前返回,文件不会被打开
            self.OpenFile(result)            # 调用打开文件的函数

    def OpenFile(self, event):               # 打开文件事件函数
        dlg = wx.FileDialog(self, message=u"打开一个文件", style=wx.FD_OPEN)
        # 文件选择器对话框,类型为打开文件
```

```python
            result = dlg.ShowModal()        # 获取用户操作结果
            if result == wx.ID_OK:          # 如果用户单击了"确定"按钮
                self.FileName = dlg.GetDirectory() + "\\" + dlg.GetFilename()
                # 获取用户在文件选择器中定位的目录和选择的文件名
                try:
                    f1 = open(self.FileName, 'r+')    # 打开用户指定的文件
                except IOError:                       # 如果发生 IO 错误
                    err = wx.MessageDialog(self, message=u'文件只读或被占用,打开失败。', caption=u'文件
                        打开失败。', style=wx.OK | wx.ICON_EXCLAMATION)
                    # 用对话框提示用户：文件是只读模式或被占用
                    result2 = err.ShowModal()         # 获取用户在对话框里的操作
                    if result2 == wx.ID_OK:           # 如果用户单击了"OK"按钮
                        return False                  # 跳出 try-except 语句块
                else:   # 如果打开文件正常
                    words = f1.read()                 # 读取文件信息
                    self.txtctl.Enable(True)          # 文本框设置为可用
                    self.txtctl.SetValue(words)       # 将文件内容放进文本框
                    f1.close()  # 关闭文件

    def SaveFile(self, event):                        # 保存文件事件函数
        if self.txtctl.IsEnabled() == True:           # 如果窗口内容未禁用
            if self.FileName == None:                 # 如果当前窗口中的内容不属于一个已打开的文件
                if self.txtctl.IsModified() == False: # 如果当前窗口中的内容未更改
                    return False                      # 则不需要保存
                else:
                    self.SaveAsFile(event)            # 若已更改，调用另存为函数
            else:                                     # 如果当前窗属于一个已打开的文件
                try:
                    f1=open(self.FileName,'w') # 通过最近访问文件的文件名来打开文件
                except IOError: # 若因只读、源文件丢失、源文件被占用等原因无法打开
                    self.SaveAsFile(event)            # 则改为调用另存为函数
                else:                                 # 如果文件打开成功
                    f1.write(self.txtctl.GetValue()) # 将文本框内的内容写入文件
                    f1.close()
                    self.status.SetStatusText(u"文件已保存。") # 状态栏显示文件已保存
                    self.txtctl.SetModified(False) # 设置文件是否修改的状态为"未修改"
        else:
            return False # 如果窗口仍处于禁用状态，则没有保存的必要，返回

    def SaveAsFile(self, event): # 文件另存为的事件函数
        dlg = wx.FileDialog(self, message=u"将文件保存为", style=wx.FD_SAVE | wx.FD_OVERWRITE_
            PROMPT)
        # 另存为的文件选择器对话框，带有覆盖提示功能
        result = dlg.ShowModal()            # 获取用户操作
        if result == wx.ID_OK:              # 如果用户单击"确定"按钮
            response = dlg.GetFilename()    # 获取用户指定的路径和文件名
            f1 = open(response, 'w')        # 在后台打开指定文件
            # wx.FileDialog 对象能自行处理保存文件时可能发生的 IOError，不必再写 try 语句
```

```python
                f1.write(self.txtctl.GetValue())        # 将文本框内的内容写入文件
                f1.close()
                self.status.SetStatusText(u"文件已保存")
                self.txtctl.SetModified(False)   # 设置文件是否修改的状态为"未修改"
                self.FileName = None
        else:
            return False

    def OnUndo(self, event):        # 撤销的事件函数
        self.txtctl.Undo()           # 文本框对象自行撤销一个用户动作
    def OnRedo(self, event):        # 重做的事件函数
        self.txtctl.Redo()           # 文本框对象自行重做一个用户动作
    def OnCut(self, event):         # 剪切的事件函数
        self.txtctl.Cut()            # 文本框对象自带剪切功能
    def OnCopy(self, event):        # 复制的事件函数
        self.txtctl.Copy()           # 文本框对象自带复制功能
    def OnPaste(self, event):       # 粘贴的事件函数
        self.txtctl.Paste()          # 文本框对象自带粘贴功能

    def CloseFile(self, event):     # 关闭文件的事件函数
        if self.txtctl.IsModified() == True:  # 如果文本框已修改（文件已修改）
            WhetherSave = wx.MessageDialog(self, message=u'文件已经被更改，是否保存？', caption=u'
                是否保存更改？',style=wx.YES_NO)
            # 消息对话框，询问是否保存文件
            result = WhetherSave.ShowModal()   # 获取用户动作
            if result == wx.ID_YES:   # 如果用户单击"是"按钮
                self.SaveFile(result)  # 调用保存文件的函数
        self.FileName = None         # 最近使用文件名重新设为空
        self.txtctl.Clear()          # 文本框清空
        self.txtctl.Disable()        # 文本框设为禁用
        self.status.SetStatusText(u"")   # 状态栏提示信息清空

    def Exit(self, event):          # 退出程序的事件函数
        if self.txtctl.IsModified() == True:  # 如果文本框已修改（文件已修改）
            WhetherSave = wx.MessageDialog(self, message=u'文件已经被更改，是否保存？', caption=u'
                是否保存更改？', style=wx.YES_NO|wx.CANCEL)
            # 消息对话框，询问是否保存文件
            result = WhetherSave.ShowModal()
            if result == wx.ID_YES:   # 如果用户单击"是"按钮
                self.SaveFile(result)  # 调用保存文件的函数，调用完毕后退出程序
            elif result == wx.ID_NO:  # 如果用户单击"否"按钮
                pass                  # 不保存直接退出
            else:                     # 如果用户单击"取消"按钮
                return False          # 既不保存，也不退出程序
        self.Destroy()               # 程序结束

app = wx.App()
frame = MyFrame(None)
```

```
frame.Show(True)
app.MainLoop()
```

至此，一个功能简单的文本编辑器就已经完成了，如图 10-11 所示。目前该文本编辑器还有两个不足：第一是虽然有中文界面，但并不支持打开含有中文的文件；第二是文本框对象自带的撤销和重做功能只支持单次更改（和 Windows 自带的记事本一样！），无法多次撤销和重做。读者可以尝试解决这两个问题，或在其他方面继续完善程序。

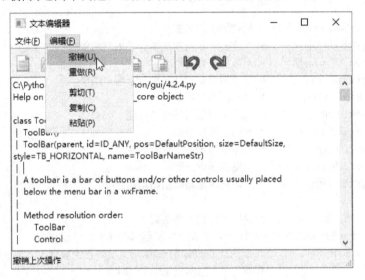

图 10-11　完成的文本编辑器

10.4　任务 4　了解组件的高级应用

我们已经了解了许多常用的基本组件，还有些组件仅在某些特定情景需要，但绝大多数程序都存在这种"特定情景"，因此它们仍然是非常有用的。这些组件多数和选择操作有关，如单选、复选或它们的组合。

10.4.1　单选按钮

单选按钮用于向用户提供两种或两种以上的选项以便选择其一。用户不能选多个选项，一旦单击了新的选项，之前的选项就会被取消。

有两种方法可以创建一组单选按钮。第一种方法是使用 wx.RadioButton 类，它的每个实例代表一个按钮；第二种方法是使用 wx.RadioBox，它能通过单一的对象来配置完整的一组按钮，这些按钮显示在一个矩形中。如果使用 wx.RadioButton，则需要小心考虑它们的位置、间距等参数，而使用 wx.RadioBox 则比较方便。这里只介绍 wx.RadioBox 的用法，wx.RadioButton 由读者自行研究。wx.RadioBox 的构造函数如下：

wx.RadioBox(self, parent, id, label, pos, size, choices, majorDimension, style, validator, name)

其中，比较重要的参数是 choices、majorDimension 和 style。

choices：接收字符串列表，列表中的每个元素对应一个按钮，因此这个列表决定了按钮的数目和名称。

majorDimension：表示所有按钮排列的行数或列数，行还是列取决于 style。

style：接收 wx.RA_SPECIFY_COLS 或 wx.RA_SPECIFY_ROWS，用于决定按行布置或者按列布置。

下面给出一个例子：

```
#-*- encoding:GBK -*-
import wx
class MyFrame(wx.Frame):
    def __init__(self, super):
        wx.Frame.__init__(self, parent=super, title=u"单选按钮示例")
        panel=wx.Panel(self)
        self.modes = [u"深度学习", u"科学计算", u"计算机图形学"] # 创建一个字符串列表
        self.rbox = wx.RadioBox(panel, -1, u'专业选修课', pos=(10, 10), size=(200,200), choices=self.modes,
            majorDimension=1, style=wx.RA_SPECIFY_COLS)
        # choices 决定按钮数量及名称；majorDimension 和 style 共同决定行列布局
        self.Bind(wx.EVT_RADIOBOX, self.OnSelect, self.rbox) # 绑定事件和对象

    def OnSelect(self, event): # 事件驱动函数
        dlg=wx.MessageDialog(self,u"你选择了",caption=u"确认选择",style=wx.OK)
        dlg.SetMessage(u"您选择了"+self.modes[s1]) # 该序号就是此按钮名称在列表中的索引
        dlg.ShowModal()

        dlg = wx.MessageDialog(self, u"你选择了", caption=u"确认选择", style=wx.OK)
        s1=self.rbox.GetSelection() # 获取选择的按钮序号
        dlg.SetMessage(u"您选择了"+self.rbox.GetString(s1)) # 按序号获取按钮的标签
        dlg.ShowModal()

app = wx.App() # 应用程序生命周期开始，后面 3 行参照前文示例，这里省略
```

在这个程序中，用户选择一个按钮，然后弹出提示对话框，如图 10-12 所示。

图 10-12　多选按钮示例

10.4.2　复选框

复选框是一个带有文本标签的开关按钮。虽然复选框通常以成组的方式显示，但是每个复

选框的开关状态是相互独立的。当有一个或多个需要明确的开关状态的选项时，可以使用复选框。复选框由 wx.CheckBox 来实现，其构造函数如下：

wx.CheckBox(self, parent, id, label, pos, size, style, validator, name)

wx.CheckBox 专用的事件是 EVT_CHECKBOX。在接下来的例子中，我们没有使用 EVT_CHECKBOX，而是通过一个按钮来触发事件。请看下面的代码：

```
#-*- encoding:UTF-8 -*-
import wx
class MyFrame(wx.Frame):
    def __init__(self, super):
        wx.Frame.__init__(self, parent=super, title=u"单选按钮示例")
        panel=wx.Panel(self)
        wx.StaticText(panel,-1,u'请选择你的专业选修课：',(20,10))
        self.c1=wx.CheckBox(panel,-1,u'深度学习',pos=(30,40),style=0)
        self.c2=wx.CheckBox(panel, -1, u'计算机图形学', pos=(130, 40), style=0)
        self.btn=wx.Button(parent=panel,label=u"确定",pos=(140, 80),size=(50,30))
        self.Bind(wx.EVT_BUTTON, self.OnOk, self.btn)

    def OnOk(self, event):
        dlg = wx.MessageDialog(self, u"你选择了", caption=u"确认选择", style=wx.OK)
        s1 = self.c1.GetLabel() if self.c1.GetValue() else ""
        s2 = self.c2.GetLabel() if self.c2.GetValue() else ""
        dlg.SetMessage(u"您选择了:\n" + s1 + "\n" + s2)
        dlg.ShowModal()

app = wx.App() # 应用程序生命周期开始，后面 3 行参照前文示例，这里省略
```

在这个例子中，我们通过 wx.CheckBox.GetValue() 的返回值（True/False）来获悉复选框是否被勾选。如果复选框被勾选，则通过 wx.CheckBox.GetLable() 来获取复选框的标签文本。程序执行结果如图 10-13 所示。

图 10-13　复选框程序示例

10.4.3　列表框、下拉框和组合框

列表框是提供给用户选择的另一机制。选项被放置在一个矩形的窗口中，用户可以选择一个或多个选项。列表框比单选按钮占据较少的空间，当选项的数目相对少时，列表框是一个不错的选择。然而，如果用户必须将滚动条拉很远才能看到所有的选项的话，那么它的效用就有所下降了。列表框的构造函数如下：

ListBox(parent, id, pos, size, choices, style, validator, name)

列表框对象依靠参数 choices 获取的字符串列表来设置所有的可选项。列表框支持的样式有多种，具体如下。

wx.LB_SINGLE：只能单选。

wx.LB_MULTIPLE：可以多选，选项可以是不连续的。

wx.LB_EXTENDED：可以通过 Shift 或 Ctrl 键来选择连续的多个选项。

wx.LB_HSCROLL：如果内容太宽，则创建一个水平滚动条，只支持 Windows 系统。

wx.LB_ALWAYS_SB：总是显示垂直滚动条。

wx.LB_NEEDED_SB：仅在需要时创建垂直滚动条。

wx.LB_NO_SB：不创建垂直滚动条。

wx.LB_SORT：列表框里的条目按字母表顺序排序。

列表框中的条目被选择时触发 EVT_LISTBOX 事件，被双击时触发 EVT_DCLICK 事件。一个简单的列表框对象如图 10-14 所示。

图 10-14　列表框

还有 3 种和列表框类似的组件，下面分别简单介绍。

1. 列表复选框

wx.CheckListBox 类用于实现复选框与列表框的组合形式。其效果如图 10-15 所示。wx.CheckListBox 的构造函数、大多数方法和 wx.ListBox 的相同。

2. 下拉式单选框

下拉式选择类似于菜单，是一种仅当下拉按钮被单击时才显示选项的选择机制，如图 10-16 所示。它是显示所选元素的最简洁的方法，当屏幕空间很有限的时候，下拉式单选框是最有用的。下拉式组合框通过类 wx.Choice 来实现，其使用方法也基本上和 wx.ListBox 相同。不过，wx.Choice 没有专属的特殊样式。

图 10-15　列表复选框

3. 组合框

将文本域与列表合并在一起的窗口组件称为组合框,其本质上是一个下拉选择框和文本框的组合,如图 10-17 所示。组合框通过 wx.ComboBox 类来创建,其构造函数如下:

ComboBox(parent, id, value, pos, size, choices, style, validator, name)

和列表框、多选列表框、下拉式单选框不同的是,组合框的构造函数有 value 参数,它用于在文本框显示初始值。当选择一个条目后,文本框的内容会变为用户所选条目的名称,用户也可以直接在文本框里编辑信息。

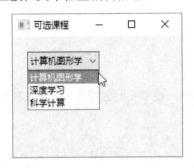
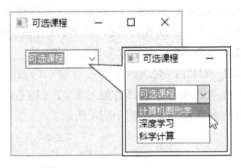

图 10-16 下拉式单选框　　　　　　　图 10-17 组合框

10.4.4 树形控件

树形控件是一种树状结构的窗口组件,适合用来存放、显示具有层次结构的条目。可以使用 wx.TreeCtrl 类来创建树形控件,其构造函数和其他组件没有太大差别。wx.TreeCtrl 被创建后,只是作为一个容器,需要调用它的 wx.TreeCtrl.AddRoot()方法来添加根结点(根结点只有一个),随后调用 wx.TreeCtrl.AppendItem()方法添加叶子结点。下面这段代码创建了一个具有 5 个结点的树形控件,但没有添加事件:

```
#-*- encoding:GBK -*-
import wx
class MyFrame(wx.Frame):
    def __init__(self):
        wx.Frame.__init__(self, None, -1, u'可选课程', size=(250, 250))
        panel = wx.Panel(self, -1)
        tree1 = wx.TreeCtrl(panel, -1, (20, 20), (160, 160))        # 树的容器
        rootNode=tree1.AddRoot(u"所有选修课")#根结点
        lv21Node=tree1.AppendItem(rootNode,u"专业选修课")           #Lv2 结点 1
        lv31Node=tree1.AppendItem(lv21Node,u"深度学习")             #Lv3 结点 1 添加到 Lv2 结点 1
        lv32Node=tree1.AppendItem(lv21Node,u"科学计算")             #Lv3 结点 2 添加到 Lv2 结点 1
        lv22Node=tree1.AppendItem(rootNode,u"公共选修课")           #Lv2 结点 2
        lv34Node=tree1.AppendItem(lv22Node,u"现代艺术赏析")         #Lv3 结点 2 添加到 Lv2 结点 2

app = wx.App() # 应用程序生命周期开始,后面 3 行参照前文示例,这里省略
```

程序界面如图 10-18 所示。

如果要像复选框那样在每个条目结点之前显示一个可勾选的方框,则需使用 wx.lib.agw.

customtreectrl 类，下面代码给出了示例（仅构造函数部分），效果如图 10-19 所示。

```
...
class MyFrame(wx.Frame):
    def __init__(self):
        wx.Frame.__init__(self, None, -1, u'可选课程', size=(250, 250))
        panel = wx.Panel(self, -1)
        tree1 = CT.CustomTreeCtrl(panel, -1, (20, 20), (160, 160))
        rootNode = tree1.AddRoot(u"所有选修课",ct_type=1)
        lv21Node = tree1.AppendItem(rootNode, u"专业选修课",ct_type=0)
        lv31Node = tree1.AppendItem(lv21Node, u"深度学习",ct_type=1)
        lv32Node = tree1.AppendItem(lv21Node, u"科学计算",ct_type=1)
        lv22Node = tree1.AppendItem(rootNode, u"公共选修课",ct_type=1)
        lv34Node = tree1.AppendItem(lv22Node, u"现代艺术赏析",ct_type=1)
        # 下略
```

注意：每个结点的最后一个参数 ct_type 允许有 3 种类型，分别是普通（0）、复选框（1）或单选按钮（2）。

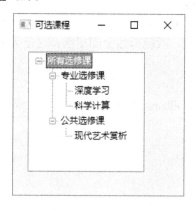
图 10-18 树形控件

图 10-19 具有复选功能的树形控件

10.4.5 窗口滚动条

滚动条用于在显示内容超出窗口范围的时候实现翻页。滚动条由滚动滑块和滚动箭头组成，可以用鼠标轮、键盘、鼠标拖动等控制。可以通过 wx.ScrolledWindow 类来创建带有滚动条的窗口，其构造函数和别的组件并无太大差别，这里只对其样式进行简单介绍。

wx.HSCROLL：作为水平滚动条。
wx.VSCROLL：作为垂直滚动条。
wx.ALWAYS_SHOW_SB：滚动条始终显示，而不是仅当内容超出窗口范围时显示。

下面这个例子显示了如何在树形控件中创建滚动条。首先创建滚动条窗口，如果顶层窗口 Frame 中没有其他子窗口，则滚动条窗口 wx.ScrolledWindow 可以代替 Panel，成为主要显示区域。

```
#-*- encoding:GBK -*-
import wx
class MyFrame(wx.Frame):
```

```
        def __init__(self, super):
            wx.Frame.__init__(self, parent=super, title=u'滚动条示例', size=(240, 200), style=wx.DEFAULT_
                FRAME_STYLE^wx.RESIZE_BORDER) # 顶层窗口采用固定边框
            sb=wx.ScrolledWindow(self, -1, pos=(0, 0), size=(234,170), style=wx.HSCROLL | wx.VSCROLL |
                wx.ALWAYS_SHOW_SB) # 滚动条窗口使用横向和纵向两个维度的滚动条，始终显示
            bmp = wx.Bitmap("E:\\_Python\\gui\\img\\huaji.png", wx.BITMAP_TYPE_ANY)
            self.I1=wx.StaticBitmap(sb,bitmap=bmp,pos=(65,50),style=0)
            self.I2=wx.StaticBitmap(sb,bitmap=bmp,pos=(65,160),style=0)
            # 所有其他内容放入滚动条窗口
            sb.SetScrollbars(2, 2, 250, 100)

app = wx.App() # 应用程序生命周期开始，后面3行参照前文示例，这里省略
```

最后使用的 sb.SetScrollbars()方法的参数元组是这样的：

(ppuX, ppuY, noUnitsX, noUnitsY, xPos=0, yPos=0, noRefresh=False)

第一对参数（Pixels per Unit X/Y）分别表示在横向滚动条和纵向滚动条上，每单击一次移动按钮所能移动的距离，即 X 方向和 Y 方向上的跨距。

第二对参数表示在滚动窗口中，当前显示区域之外的整个空间有多少跨距。不过，在实际的操作中，往往单击滚动按钮的次数达不到跨距总数，就能抵达空间尽头，这是因为窗口本身包含了若干个跨距。

参数 xPos 和 yPos 用于设置滚动条的当前位置。

参数 noRefresh 如果为 True，则可以在调用 SetScrollbars()引起的滚动后，阻止窗口自动刷新。

图 10-20 为上面代码的执行结果。

图 10-20　滚动条

10.4.6　滑块

滑块是一个窗口部件，它允许用户通过在该控件的尺度内拖动指示器来选择一个数值。在 wxPython 中，该控件类是 wx.Slider，它包括了滑块的当前值的只读文本的显示。构造函数如下：

wx.Slider(parent,id,value,minValue,maxValue,pos,size,style,validator,name)

其中，value 是滑块的初始值；而 minValue 和 maxValue 是两端的值。

滑块的可用样式有以下几种。

wx.SL_AUTOTICKS：如果设置这个样式，则滑块将显示刻度。刻度间的间隔通过 SetTickFreq 方法来控制。

wx.SL_HORIZONTAL/wx.SL_VERTICAL：水平/垂直滑块，默认是水平滑块。

wx.SL_LABELS：如果设置这个样式，那么滑块将显示两头的值和滑块的当前只读值。有些平台可能不会显示当前值。

wx.SL_LEFT/wx.SL_RIGHT：用于垂直滑块，刻度位于滑块的左边/右边。

wx.SL_TOP：用于水平滑块，刻度位于滑块的上部。

滑块有几个方法可以用于运行过程中的设置：

GetLineSize()：获取每按一下方向键，滑块增加或减少的值。

SetLineSize(lineSize)：设置每按一下方向键，滑块增加或减少的值。

GetPageSize()：获取每按一下 PgUp 或 PgDn 键，滑块增加或减少的值。

SetPageSize(pageSize)：设置每按一下 PgUp 或 PgDn 键，滑块增加或减少的值。

GetValue() SetValue(value)：设置滑块的值。

下面这段代码展示了创建一个简单的滑块，其效果如图 10-21 所示。

```
...
class MyFrame(wx.Frame):
    def __init__(self, super):
        wx.Frame.__init__(self, super, u'滑块示例', size=(240, 200))
        panel = wx.Panel(self)
        s1 = wx.Slider(panel,id=-1,value=5,minValue=0,maxValue=10,pos=(10,10),size=(200,30), style=
            wx.SL_AUTOTICKS|wx.SL_LABELS)
# 下略
```

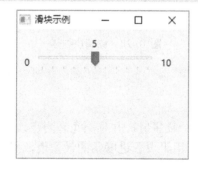

图 10-21　滑块调节器

10.4.7　微调控制器

微调控制器是文本控件和一对箭头按钮的组合，用于调整数字值，并且在要求一个最小限度的屏幕空间的时候，它是替代滑块的最好选择。在微调控制器中，可通过单击箭头按钮或在文本控件中输入实现数字值调整。对于输入的非数字的文本，尽管控件会显示它，但最后将被忽略。通过 wx.SpinCtrl 类来创建微调控制器，它的构造函数如下：

wx.SpinCtrl(self, parent, id, value, pos, size, style, min, max, initial, name)

其中，value 是微调控制器的初始文本，但不作为值；min 和 max 分别是允许的最大值和最小值，对于一个超出范围的值，尽管微调控制器显示的是输入的值，但最终其将被认作是允许的最大或最小值；initial 被用来作为默认值，请注意它和 value 有所区别。

默认样式是 wx.SP_ARROW_KEYS，它允许用户通过键盘上的上下方向键来改变控件的值。样式 wx.SP_WRAP 使得控件中的值可以循环改变，也就是说通过箭头按钮改变控件中的值到最大或最小值时，如果再继续，则值将变为最小值或最大值，从一个极值到另一个极值。

EVT_SPINCTRL 事件可以被捕获，它在控件的值改变时产生（即使改变是直接由文本输入引起的）。文本改变，将引发一个 EVT_TEXT 事件，就如同使用一个单独的文本控件时一样。

下面的代码显示了微调控制器的创建，其效果如图 10-22 所示。

```
...
class MyFrame(wx.Frame):
    def __init__(self, super):
        wx.Frame.__init__(self, parent=super, title=u'滑块示例')
        panel = wx.Panel(self)
        s1 = wx.SpinCtrl(panel,-1,value="", pos=(10,10),style=wx.SP_ARROW_KEYS|wx.SP_WRAP, min=
            0, max=100, initial=10)
# 下略
```

图 10-22　微调控制器

10.4.8　进度条

进度条用于图形化地显示一个数字值，并且不允许用户改变它。进度条由 wx.Gauge 类创建，在其构造函数参数中，range 用于设置进度条的最大值，代表标尺的上限，而下限总是 0。wx.Gauge 的样式有以下 3 种。

wx.GA_HORIZONTAL：默认样式，提供了一个水平进度条。

wx.GA_VERTICAL：垂直进度条。

wx.GA_SMOOTH：在进度条变化过程中提供像素级的平滑度。

作为一个只读控件，wx.Gauge 没有事件，但可以用一些方法来设置它的属性：

GetValue()：返回进度条的当前进度。

SetValue(pos)：设置进度条的当前进度。

GetRange()：返回进度条的上限。

SetRange(range)：设置进度条的上限。

SetBezelFace/SetShadowWidth：为进度条中的显示单元格设置 3D 的斜面宽度和阴影宽度，这两个属性在 Windows 10 这种扁平化风格的窗口中无效。

下面的代码显示了进度条的创建和使用,并使用了其他类型的事件驱动。其效果如图 10-23 所示。

```
#_*_ coding:utf-8 _*_
import wx
class MyFrame(wx.Frame):
    def __init__(self):
        wx.Frame.__init__(self, None, -1, u"进度条示例", size=(350, 150))
        panel = wx.Panel(self, -1)
        self.count = 0
        self.gauge = wx.Gauge(panel,-1,range=3000,pos=(10, 10), size= (250, 35))
        self.Bind(wx.EVT_IDLE, self.OnIdle)

    def OnIdle(self, event):
        self.count = self.count + 1                # 每次循环进度条前进 1/3000
        self.gauge.SetValue(self.count)
```

图 10-23　进度条

10.4.9　布局管理器

我们一直使用绝对坐标的方式来控制组件的位置,其指定的大小和位置均以像素为单位。在组件数目过多的大型窗体中,这并不是一件容易完成的任务,而且这种方法缺乏灵活性,例如,改变了窗口大小,但组件的布局不能适应新的尺寸。

wxPython 提供了多种布局管理器:wx.BoxSizer、wx.StaticBoxSizer、wx.GridSizer、wx.FlexGridSizer、wx.GridBagSizer。其中,最常用的是 wx.BoxSizer,它的构造函数非常简单,唯一的参数 orient 只接收两个值,即 wx.VERTICAL 和 wx.HORIZONTAL,分别表示在它设定的范围内按列或行来排列对象。

一旦完成创建,wx.BoxSizer 对象使用 wx.BoxSizer.Add()方法来添加其他对象,被添加的子对象根据 wx.BoxSizer 自身的 orient 类型按行或列依次排列。一种 orient 类型的 wx.BoxSizer 可以包含一组另一 orient 类型的 wx.BoxSize,后者再包含其他对象。例如,按列来组织子对象的 wx.BoxSize,其中包含的每一个子对象都是一个按行来组织子对象的 wx.BoxSize。可以想象一个一维的数组,每个数组中的元素都是另一个一维数组,这样它们就构成了二维数组。通过这种方式,wx.BoxSize 可以将子对象按矩阵进行布局。下面来看 wx.BoxSizer.Add()的用法:

wx.BoxSizer.Add(component, proportion, flag, border)

component:要添加的子对象。

proportion：值允许为 0~2。其中，0 表示组件保持原大小，不接受缩放；1 和 2 均表示当 flag 参数为 wx.EXPAND 时，按父对象 orient 规定的方向（纵向或横向）进行一维缩放。值为 1 的对象的比例总是等于值为 2 的对象的 1/2。

flag：有多种值，可以通过或运算符"|"进行合并使用。其中，wx.TOP、wx.BOTTOM、wx.LEFT、wx.RIGHT 和 wx.ALL 分别表示 border 参数（离边框的距离）对哪个方向的边框生效。wx.EXPAND 允许 proportion 参数不为 0 的子对象根据父对象 orient 参数规定的方向进行一维缩放。wx.ALIGN_LEFT、wx.ALIGN_RIGHT、wx.ALIGN_TOP、wx.ALIGN_BOTTOM、wx.ALIGN_CENTER_VERTICAL、wx.ALIGN_CENTER_HORIZONTAL、wx.ALIGN_CENTER 用于调整子对象的对齐方式。

border：调整控件的边框的宽度，此参数一般和 flag 参数配合使用。

另外一个较为常用的布局器是 wx.FlexGridSizer，它用于快速地进行矩阵类型的布局，其构造函数如下：

wx.FlexGridSizer(self, rows, cols, vgap, hgap)

其中，rows 和 cols 表示布局的行列数；vgap 和 hgap 分别表示组件之间的垂直间距和水平间距。

下面来看一个例子，它展示了在一个单独的 wx.BoxSizer 中嵌套 wx.FlexGridSizer 的方法。因为 wx.FlexGridSizer 没有调整对象离窗体边框的距离，而 wx.BoxSizer 在快速布局方面不如 wx.FlexGridSizer 那么便捷，因此将两者的优点结合起来是一个很不错的方法。代码示例如下：

```
#_*_coding:GBK_*_
import wx
class Frame3(wx.Frame):
    def __init__(self, super):
        wx.Frame.__init__(self, parent=super,id=31, title=u"创建新账户",size=(300,300))
        panel=wx.Panel(self)
        userText=wx.StaticText(parent=panel,label=u'用户名：',pos=(10,10))
        userEnter=wx.TextCtrl(parent=panel,size=(125,-1))
        passwdText=wx.StaticText(parent=panel,label=u'密    码：')
        pwdEnter=wx.TextCtrl(parent=panel,size=(125,-1),style=wx.TE_PASSWORD)
        self.btnLogin=wx.Button(parent=panel, label=u"登录", size=(50,30))
        self.btnClose=wx.Button(parent=panel, label=u"取消", size=(50,30))

        vbox = wx.BoxSizer(wx.VERTICAL)
        # 创建 wx.BoxSizer，由于只包含一个单独的 wx.FlexGridSizer，故采用垂直或水平均可
        fsizer = sizer = wx.FlexGridSizer(rows=3, cols=2, hgap=50, vgap=20)
        # 创建 wx.FlexGridSizer，3 行 2 列，水平间隔 50，垂直间隔 20
        vbox.Add(fsizer,1, flag= wx.EXPAND | wx.ALL,border= 30)
        # 将 wx.FlexGridSizer 添加到 wx.BoxSizer
        fsizer.AddMany([userText, userEnter, passwdText, pwdEnter, self.btnLogin, self.btnClose])
        # 将 6 个子对象添加到 wx.FlexGridSizer
        panel.SetSizer(vbox)    # 在面板中启用 Sizer
```

程序界面如图 10-24 所示。

图 10-24 通过 Sizer 布局的界面

10.5 小结

本项目介绍了 Python 下著名的 GUI 开发工具 wxPython 的使用，覆盖了图形界面的各种常用元素。

- 窗体框架。
- 窗口面板。
- 窗体样式设置。
- 静态文本框及样式设置。
- 文本框。
- 按钮和事件驱动。
- 对话框。
- 菜单栏、工具栏和状态栏。
- 选择器：单选按钮、复选按钮、列表框、下拉框、组合框、树形控件。
- 窗口滚动条。
- 滑块。
- 微调控制器。
- 进度条。
- 布局管理器。

10.6 习题

1. 请描述 wxPython 窗口对象中子对象和父对象的关系。
2. 创建一个同学录管理程序，用静态文本框来显示姓名，用文本框来显示其他信息，如性别、学号、电话等。
3. 改写上面的同学录管理程序，文本框中的信息处于只读模式，只有提供管理员密码，才能编辑。
4. 哪些控件可以提供选择功能？
5. 尝试为项目 8 的用户账户登录系统实现 GUI 界面。

项目 11

与数据库交互

内存是易失性存储器，而应用程序需要持久存储数据。小型程序可以仅通过文件来存储，正如同我们在前面的许多例子中演示的那样。然而，文件系统主要用于存放和管理文件，而并非是针对数据管理来设计的。在大型软件中，程序员需要更合理的方式来组织数据，包括减少数据冗余度以节省空间、更高效的数据结构以提高查询速度等，因此产生了数据库系统。下面将介绍如何在 Python 中操作数据库。

11.1 任务 1 了解数据库的概念

数据库是按照数据结构来组织、存储和管理数据的仓库。严格来说，数据库是长期储存在计算机内、有组织的、可共享的数据集合。数据库中的数据以一定的数据模型组织、描述和储存在一起，具有尽可能小的冗余度、较高的数据独立性和易扩展性的特点，并可在一定范围内被多个用户共享。

这种数据集合具有如下特点：尽可能不重复，以最优方式为某个特定组织的多种应用服务，其数据结构独立于使用它的应用程序，对数据的增、删、改、查由统一软件进行管理和控制。从发展的历史看，数据库是数据管理的高级阶段，它是由文件管理系统发展起来的。

11.1.1 关系型数据库

数据库通常分为层次型数据库、网络型数据库和关系型数据库 3 种。不同的数据库是按不同的数据结构来联系和组织的。

关系型数据库是主流数据库结构的主流模型，它借助于集合代数等数学概念和方法来处理数据库中的数据。现实世界中的各种实体以及实体之间的各种联系均用关系模型来表示。

关系模型是一种二维表格模型，因而关系型数据库就是由二维表及其之间的联系组成的一个数据组织。当前主流的关系型数据库有 Oracle、DB2、PostgreSQL、MySQL、SQLite、Microsoft

SQL Server、Microsoft Access 等。表 11-1 列举了关系型数据库常用的重要名词。

表 11-1 关系型数据库常用的重要名词

术语	含义
关系	可以理解为一张二维表，每个关系都有一个关系名，就是通常说的表名
元组	可以理解为二维表中的一行，在数据库中经常称为记录
属性	可以理解为二维表中的一列，在数据库中经常称为字段
域	属性的取值范围，也就是数据库中某一列的取值限制
主键	主键是唯一的。一个数据表只能包含一个主键。主键可以包含一个或多个字段，不允许为空值，且要求是唯一的
外键	外键用于关联两个表
复合键	复合键（组合键）将多个列作为一个索引键，一般用于复合索引
关系模式	指对关系的描述。其格式为：关系名(属性1，属性2，……，属性N)，在数据库中称为表结构
索引	使用索引可快速访问数据库表中的特定信息。索引是对数据库表中一列或多列的值进行排序的一种结构，类似于书籍的目录
参照完整性	参照完整性要求关系中不允许引用不存在的实体。其与实体完整性是关系模型必须满足的完整性约束条件，目的是保证数据的一致性

关系型数据库主要有以下 3 个优点：

1）二维表结构是非常贴近逻辑世界的一个概念，关系模型相对网状、层次等其他模型来说更容易理解。

2）使用方便，通用的 SQL 语言使得操作关系型数据库非常方便。

3）易于维护，丰富的完整性（实体完整性、参照完整性和用户定义的完整性）大大减低了数据冗余和数据不一致的概率。

11.1.2 结构化查询语言

结构化查询语言（Structured Query Language, SQL）是一种以数据库查询为目的的特殊的语言，用于存取数据以及查询、更新和管理关系型数据库系统。目前，所有主流的关系型数据库都使用 SQL。

SQL 是高级的非过程化编程语言，允许用户在高层数据结构上工作。它不要求用户指定数据的存放方法，也不需要用户了解具体的数据存放方式。所以，具有完全不同底层结构的不同数据库系统，可以使用相同的 SQL 作为数据输入与管理的接口。SQL 语句可以嵌套，具有极大的灵活性和强大的功能。

SQL 基本上独立于数据库本身、使用的机器、网络、操作系统，基于 SQL 的数据库管理系统（Database Management System, DBMS）产品可以运行在从个人机、工作站到基于局域网、小型机和大型机的各种计算机系统上，具有良好的可移植性。

SQL 的语法规范很简单。在绝大多数数据库中，它是大小写不敏感的，而约定成俗的规则是关键字大写。很多命令行工具要求 SQL 语句以分号结尾。

下面是一些常用的 SQL 命令的示例：

```
----数据库操作----
CREATE DATABASE test;              # 创建一个名为 test 的数据库
GRANT ALL ON test.* to user(s);    # 将该数据库的权限赋给具体的用户（或全部用户）
USE test;                          # 选择（更改）要使用的数据库为 test
DROP DATABASE test;    # 删除数据库 test，包括数据库所有的表及表中的数据，需要谨慎操作
----表操作----
CREATE TABLE users (login VARCHAR(8), uid INT, prid INT);
# 用于创建名为 users 的表，它包含一个类型为字符串的列 login 和两个类型为整数的字段 uid 和 prid。
DROP TABLE users;                  # 删除数据库中的一个表和它的所有数据，需要谨慎操作
----记录的增删改查----
INSERT INTO users VALUES('leanna', 311, 1);
# 向数据库中添加新的数据行，语句中必须指定要插入的表（user）及该表中各个字段的值（leanna 对应
# login 字段，311 和 1 分别对应 uid 和 prid）
DELETE FROM users;                 # 从表 users 中删除所有记录
UPDATE users SET prid=4            # 从表 users 中修改所有记录的 prid 字段为 4
SELECT column1, column2, ... , columnN FROM users      # 从名为 users 的表中获取指定字段
SELECT * FROM users                # 从名为 users 的表中获取所有字段
----常用子句----
WHERE                              # 用于设置条件
UPDATE users SET prid=1 WHERE uid=311;        # 所有 uid 为 311 的记录，prid 都变更为 1
DELETE FROM users where prid=2;    # 从表 users 中删除所有 prid 为 2 的记录
LIKE                               # 用于在指定的字段按指定的模式匹配文本内容
SELECT login FROM users WHERE login LIKE '%abc%';
# 查找 login 列所有包含 abc 字段的记录。在查找模式中，"%"表示任意数量的任意字符，下画线表示
# 单一的任意字符，它们可以组合使用
GLOB                               # 类似于 LIKE，不同的是 GLOB 是大小写敏感的
SELECT login FROM users WHERE login GLOB '*Abc*';
# 查找 login 列所有包含 Abc 字段的记录。在查找模式中，"*"表示任意数量的任意字符，"?"表示
# 单一的任意字符，它们可以组合使用
LIMIT                              # 用于在 SELECT 中限制返回的记录条数
SELECT * FROM users LIMIT 5        # 从表 users 中查找记录，但只返回其中的前 5 条
```

这里仅列举了 SQL 语句中最常用的极少部分，如果需要进一步了解 SQL 语法或其他数据库知识，请参考数据库相关的专业书籍。

11.1.3 PythonDB-API

在 Python 中要连接数据库，不管是 MySQL、SQL Server、PostgreSQL 亦或是 SQLite，均采用游标的方式。下面先来了解一下 Python DB-API。

Python 所有的数据库接口程序在一定程度上遵守 DB-API 规范。DB-API 定义了一系列必需的对象和数据库存取方式，以便为各种底层数据库系统和多种多样的数据库接口程序提供一致的访问接口。由于 Python DB-API 为不同的数据库提供了一致的访问接口，在不同的数据库之间移植代码成为一件轻松的事情。

Python DB-API 支持的数据库包括 IBM DB2、Firebird、Interbase、Informix、Ingres、MySQL、Oracle、PostgreSQL、SAP DB、Microsoft SQL Server、Microsoft Access、Sybase。

要使用不同的数据库，需要下载不同的 DB-API 模块，例如，要访问 Oracle 数据库和 MySQL

数据库，就必须下载（及导入）Oracle 和 MySQL 数据库模块。

Python DB-API 的操作流程大致可以分为 4 个步骤：

1）引入 API 模块。
2）获取与数据库的连接。
3）执行 SQL 语句和存储过程。
4）关闭数据库连接。

11.1.4 数据库的选择

Python 支持多种数据库，在开发中应该根据实际问题的数据规模、资金预算、维护成本、与 Python 的集成度等因素选择不同的数据库。在常用的数据库中，Oracle 是超大型数据库，Microsoft SQL Server、MySQL、PostgreSQL 都是大型数据库，SQLite 和 Access 是小型数据库。

MySQL、PostgreSQL 和 SQLite 都是开源的。其中，MySQL 有收费的（服务支持）版本和免费的社区版；而 PostgreSQL 和 SQLite 完全免费；Oracel 和 Microsoft SQL Server 是商用产品，但都有免费的 Express 版可供使用。

除了 SQLite，其他数据库都需要服务器端，也就是说需要单独安装；而 SQLite 则已经集成在 Python 中，不需要另行安装。

下面是几个常用的数据库所需要的 Python 模块：

❑ 如果使用 MySQL，则需要 MySQLdb 模块。
❑ 如果使用 PostgreSQL，则需要 PyGreSQL 模块。
❑ 如果使用 SQLite，则需要 sqlite3 模块。
❑ 如果使用 Microsoft SQL Server，则需要 pymssql 模块。

SQLite 一般在客户端使用，本质上它更像是一个本地通用存储组件，作为单个软件的数据库，如嵌入式系统、桌面应用等，它是很完美的。当涉及并发性能、完整事务性、大数据集等特性时，SQLite 就完全无法胜任了。因此，综合来看，目前使用最广泛的还是 MySQL。

11.2 任务 2 熟悉在 Python 中操作 SQLite

由于 Python 已经集成了 SQLite 数据库，自然也就集成了管理 SQLite 所需的模块 sqlite3，无须下载，直接导入即可使用。和其他数据库相比，SQLite 不仅免费，而且具有部署容易、维护简单、与 Python 集成度高等优点。

11.2.1 SQLite 简介

SQLite 是用 C 语言实现的一款轻量级数据库，实现了自给自足的、无服务器的、零配置的、事务性的 SQL 数据库引擎。SQLite 是开源的，代码不受版权限制。SQLite 占用资源非常少，在嵌入式设备中，可能只需要几百 KB 的内存就够了。

SQLite 不支持外键限制，但支持 ACID 事务（原子性、一致性、隔离性、持久性）。它储存在单一磁盘文件中，可以在不同字节顺序的机器间自由共享，每个数据库文件最多可以高达 2TB。SQlite 足够小，大致在 13 万行 C 代码的量级，约 4.43MB。小巧的尺寸和基于本地 I/O

的访问，使它在大部分普通的数据库操作方面要比一些主流的数据库更快。

SQLite 的其他特性包括：简单轻松的 API、包含 TCL 绑定、通过 Wrapper 支持其他语言的绑定、独立（没有额外依赖）、完全开源。SQLite 支持多种开发语言，如 C、C++、PHP、Perl、Java、C#、Python、Ruby 等。

下面列举一些使用 SQLite 的知名案例：
- Mozilla Firefox 使用 SQLite 作为数据库。
- Mac 计算机包含了多个 SQLite 的实例，用于不同的应用。
- 和 Python 一样，PHP 也将 SQLite 作为内置的数据库。
- Skype 客户端软件在内部使用 SQLite。
- AOL 邮件客户端绑定了 SQLite。
- Solaris 10 在启动过程中需要使用 SQLite。
- McAfee 杀毒软件使用 SQLite。
- Adobe 的 AIR 使用 SQLite。
- iOS 使用 SQLite。
- Android 使用 SQLite。

11.2.2　SQLite 的安装和配置

SQLite 会随着 Python 一起被安装到计算机上。但是，对于 UNIX/Linux 平台，可能需要安装 sqlite-devel 软件包。如果之前已经通过编译源代码的方式安装了 Python，则应当在安装 sqlite-devel 之后重新编译 Python。

```
[root@localhost ~]# yum install -y sqlite-devel
```

安装完成后，首先清除之前编译的设置，然后重新编译。进入 Python 源代码解压缩的目录，然后使用以下命令：

```
[root@localhost Python-2.7.11]# make clean
[root@localhost Python-2.7.11]# ./configure –prefix=/usr/local/python27
[root@localhost Python-2.7.11]# make && make install
```

编译完成后，尝试载入模块 sqlite3，如果没有报错，则表示可以正常使用。Windows 平台没有此问题。

11.2.3　sqlite3 模块的使用

sqlite3 模块用于操作 SQLite，限了篇幅，这里只介绍其最基本的功能。

1．创建或连接数据库

创建或连接数据库的基本方法是使用 connect 函数，一般用法如下：

```
connection1 = sqlite3.connect(database [,timeout ,other optional arguments])
```

该函数建立一个到 SQLite 数据库文件 database 的连接。要注意的是，文件名是一个字符串。如果数据库成功打开，则返回一个连接对象。当一个数据库被多个连接访问，且其中一个修改了数据库，此时 SQLite 数据库被锁定，直到事务提交。timeout 参数表示连接等待锁定的持续时间，直到发生异常断开连接。timeout 参数默认是 5.0（5 秒）。

如果给定的数据库名称 filename 不存在，则该调用将新建一个数据库。数据库默认创建在当前目录，也可以指定带有路径的文件名，将它创建在指定的位置。

可以通过下面的方法，使数据库运行在内存而不是磁盘中，从而提升性能。

```
connection1 = sqlite3.connect(':memory:')
```

连接对象可以进行的主要操作如下：

```
execute(SQL stetement)      # 执行 SQL 语句
executemany()               # 重复执行具有多组参数的语句
cursor()                    # 创建游标
commit()                    # 事务提交
rollback()                  # 事务回滚
close()                     # 关闭连接
```

2. 创建游标

游标可以看作一个查询结果集（可以是零条、一条或由相关的选择语句检索出的多条记录）和结果集中指向特定记录的游标位置组成的一个临时文件，提供了在查询结果集中向前或向后浏览数据、处理结果集中数据的能力。有了游标，用户就可以访问结果集中任意一行数据，在将游标放置到某行之后，可以在该行或从该位置的行块上执行操作。

当创建或连接一个 SQLite 数据库之后，通过该连接对象自身的 cursor() 方法可以创建游标，应当将其赋值给一个游标对象，示例语法如下：

```
cur1 = connection1.cursor()
```

游标可以进行的主要操作如下：

```
execute(SQL stetement)      # 执行 SQL 语句
fetchall()/fetchmany(n)     # 返回一个列表，其中包含查询结果集中所有的（或指定数目的）尚未
#                             取回的行。执行此操作意味着取回它们。如果查询结果集中所有的行已经取回，则返回一个空列表
fetchone()    # 以元组的方式迭代取回结果集的下一行。如果结果集所有的行都已经取回，则返回 None
```

3. SQLite 的主要 SQL 语句

SQLite 常用的 SQL 语句请参考 11.1.2 节，完整的 SQL 语句以字符串形式作为参数，被提交给连接对象或游标对象的 execute() 方法以执行。

11.2.4　SQLite 基础应用：用户账户信息

还记得我们写过的用户账户登录界面吗？过去我们使用文本文件来存储用户账户信息，包括账户名、密文形式的密码、是否处于锁定状态、账户错误产生的时间戳。为了方便读取信息，这些内容被存储在不同的文件中。但账户属性不仅仅只有名称和密码，在真实案例中，它们往往有更多的关键信息，例如，对于一个信用卡账户，需要一系列的关键字段来记录其可用额度、账单日、还款日、透支额/余额、积分、信用等级、外汇等。实际上，在运行了多年的系统中，业务数据通常是 TB 甚至 PB 量级的。

现在，我们可以通过数据库编程，将该系统的关键信息从文件迁移到数据库中。所有账户的所有属性（字段）均可以存储在同一个表中，利用查询命令来读取相应的字段即可。

为了达到这个目的，我们需要在思路上做一些转换：

- 向文件写入数据的行为，将由向数据库添加记录的行为来代替。
- 从文件读取数据的行为，将由从数据库查找记录的行为来代替。
- 针对文件中的某一行进行修改的行为，将由在数据库更新记录的行为来代替。

这么一来，所有涉及文件的代码都需要改写，包括账户重名检查、新建账户、密码检查、锁定检查等。那么，具体怎么做呢？这里给出一个操作数据库的一般性示例。请看下面的代码：

```
#coding:utf-8
import sqlite3
username=raw_input('Enter your name: ')
passwd=raw_input('Enter the Password: ')
locked=0
timeStamp=0

db=sqlite3.connect('users')          # 创建或打开一个数据库
cur=db.cursor()                       # 创建一个游标对象
cur.execute('''create table userList (
              name   text  PRIMARY KEY   not NULL   UNIQUE ,
              passwd text,
              locked boolean,
              timeStamp integer)''')
              # 执行 SQL 语句，创建一个表，包含 4 列数据
              # 其中 name 为主要字段，不允许为空值，且在整个列中必须具有唯一的值
cur.execute("insert into userList (name, passwd) values('Caesar', '12345678')")
# 执行 SQL 语句，在表中选择性地（针对名字、密码）插入一条记录（前提是其他字段允许空值）
cur.execute("insert into userList values('Alexander','12345678',0,0)")
# 执行 SQL 语句，在表中完整地插入一条记录
cur.execute("insert into userList values('%s', '%s', %d, %d)" % (username, passwd, locked, timeStamp))
# 执行 SQL 语句，使用 Python 变量进行传值，在表中完整地插入一条记录。注意格式化参数的使用
cur.execute("update userList set locked=1 where name='Caesar'")
# 执行 SQL 语句，修改 Caesar 账户的锁定状态为真，即该账户被锁定
temp=cur.execute("select name,locked from userList")
# 执行 SQL 语句，选择性地读取 name、locked 两列数据
for row in temp.fetchall():                          # 遍历读取结果
    print row                                        # 输出读取的每一行
    if row[1]==1:                                    # 如果锁定值为真
        print "Account %s has been locked." % row[0] # 显示对应的账户被锁定
db.commit()                                          # 事务提交（数据库更改被写入磁盘）
db.colse()                                           # 关闭数据库
```

执行结果：

```
Enter your name: Napoleon
Enter the Password: 12345678
(u'Caesar', 1)
Account Caesar has been locked.
(u'Alexander', 0)
(u'Napoleon', 0)
```

现在，假设我们要彻底改写整个程序。想想应该如何做？

首先仍然需要分解问题，对于第一步，可以设计好如何创建新账户。这里给出一个框图，如图 11-1 所示，请按此思路写出代码。

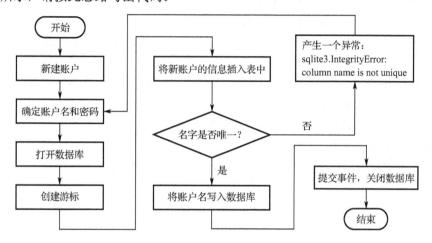

图 11-1　将新建账户的信息存入数据库

11.3　任务 3　熟悉在 Python 中操作 MySQL

SQLite 是本地嵌入式数据库，适用于在客户端存储一些数据，或者在并发不高的服务端处理一些本地数据。SQLite 不能提供远程服务（除非给它包装一个服务端），多进程读/写同一个文件也有一些限制。此外，SQLite 不具备很多数据库必要的特性，如完整事务性、大数据集。基于这些原因，在更多应用场景下，我们需要"正统"的数据库方案。由于 MySQL 的广泛流行，并且 Python 对它的支持也非常完善，我们将在接下来的部分介绍 MySQL。

11.3.1　MySQL 简介

MySQL 由瑞典 MySQL AB 公司开发，目前属于 Oracle 旗下产品。MySQL 是较流行的关系型数据库管理系统之一，它采用了双授权政策，分为社区版和商业版。由于其体积小、速度快、总体拥有成本低，尤其是开放源码这一特点，一般中小型网站的开发都选择 MySQL 作为网站数据库。MySQL 和 Linux 操作系统、Apache HTTP 服务器及 PHP/Perl/Python 共同构成了一个强大的 Web 应用程序平台，即著名的 LAMP。从网站的流量上来说，70%以上的访问流量是由 LAMP 提供的，LAMP 是最强大的网站解决方案，作为其中一员的 MySQL 功不可没。

从规模上来看，MySQL 属于大型数据库，每个数据库最多可以建 20 亿个表，最大连接数量可达 16384；MySQL 可以选择多种数据库引擎，其中常用的是 InnoDB 和 MyISAM 两种。如果使用 InnoDB 引擎，则其单表最大容量为 64TB；如果使用 MyISAM 引擎，则容量高达 64TB。InnoDB 支持数据库事务，是 MySQL 的默认引擎。

下面列举了 MySQL 的一些主要优点和特性：

❏ 支持 AIX、FreeBSD、HP-UX、Linux、Mac OS、Novell Netware、OpenBSD、OS/2 Wrap、Solaris、Windows 等多种操作系统。

- 为多种编程语言提供了 API。这些编程语言包括 C、C++、Python、Java、Perl、PHP、Eiffel、Ruby、.NET 和 Tcl 等。
- 支持多线程，充分利用 CPU 资源。
- 优化的 SQL 查询算法，有效地提高查询速度。
- 既能够作为一个单独的应用程序应用在客户端服务器网络环境中，也能够作为一个库而嵌入到其他软件中。
- 提供多语言支持，常见的编码如中文的 GB 2312、BIG5 及日文的 Shift_JIS 等都可以用作数据表名和数据列名。
- 提供 TCP/IP、ODBC 和 JDBC 等多种数据库连接途径。
- 提供用于管理、检查、优化数据库操作的管理工具。
- 支持大型数据库，可以处理拥有上千万条记录的大型数据库。
- 支持多种存储引擎。
- MySQL 是开源的，并且可以定制，采用了 GPL 协议，用户可以通过修改源码来开发自己的 MySQL 系统。
- 在线 DDL/更改功能，数据架构支持动态应用程序和开发人员灵活性。
- 复制全局事务标识，可支持自我修复式集群。
- 复制无崩溃从机，可提高可用性。
- 复制多线程从机，可提高性能。
- 原生 JSON 支持。
- 支持多源复制。
- 支持 GIS（地理信息系统）的空间扩展。

11.3.2 获取和安装 MySQL

MySQL 支持多种主流操作系统，不过使用最广泛的还是 Linux 平台。在 Linux 下，可以通过多种方法安装 MySQL，以 RHEL/CentOS 为例，用户可以在 MySQL 的官网上下载编译好的二进制格式的 RPM 包，也可以下载 MySQL 的源代码自行编译安装。当然，最简单的方式莫过于使用 YUM 工具了。限于篇幅，在此不对编译安装多做介绍，作为学习和练习，建议使用 RPM 包或 YUM 安装方式。对于生产环境中的真实项目，如果要求源代码安装，则请参考 MySQL 相关书籍或相关文档。

获取 MySQL 的官方网址如下：

https://www.mysql.com/downloads/

我们推荐选择社区版（MySQL Community Edition），目前最新的版本是 5.7。选择所需 MySQL 版本后需要选择对应的操作系统平台。如果使用 RPM 包来安装 MySQL，则必需的软件包有 4 个，这里按依赖关系列举出来，分别是 MySQL-common、MySQL-lib、MySQL-client 和 MySQL-Server。必须按上述顺序来安装。

由于很多 Linux 发行版自带 MySQL 的某些组件，所以建议在安装前先查询是否有 MySQL 早期版本的残留文件。如果存在，则先将其删除干净。可以使用以下命令：

```
[root@host]# rpm -qa | grep mysql                       # 查询是否有 MySQL 早期版本
[root@host]# rpm -e --nodeps <mysql-members-name>       # 强制删除查询到的 MySQL 组件
```

如果通过其他方式（如 YUM）安装 MySQL，则也应当先进行这样的处理。接下来按前面提到的依赖顺序，分别安装 4 个必需的软件包。请注意对应版本文件名，例如：

[root@host]# rpm –ivh mysql-community-common-5.7.19-1.el6.x86_64.rpm
[root@host]# rpm -ivh mysql-community-libs-5.7.19-1.el6.x86_64.rpm
[root@host]# rpm -ivh mysql-community-client-5.7.19-1.el6.x86_64.rpm
[root@host]# rpm -ivh mysql-community-server-5.7.19-1.el6.x86_64.rpm

安装成功后，即可启动 MySQL 服务器端（守护进程），如下所示：

[root@host]# service mysqld start   # 启动 MySQL 服务器端，首次启动时会进行初始化配置
[root@host]# chkconfig mysqld on   # 设置为每次引导时自动启动

MySQL 默认的特权账户是 root，其初始密码为空。可以用下述方法为其创建一个密码，然后在服务器本地登录 MySQL。参考以下示例：

[root@host]# mysqladmin -u root password "*new_password*"   # 创建新密码
[root@host]# mysql -u root –p   # 登录 MySQL
Enter password: # 在 Shell 中输入密码不会显示星号（*）或其他任何信息

至此便可正常使用 MySQL 了。

对于 Windows 平台上 MySQL 的安装过程，这里不再介绍，如果读者有此需求，请自行尝试安装。

11.3.3 MySQL 编码设置

在 Windows 中安装 MySQL 时可以选择编码，通常建议选择 UTF-8 以便正确地处理中文。而在 Linux/UNIX 中则需要编辑 MySQL 的配置文件，在配置文件中把数据库默认的编码全部改为 UTF-8。MySQL 的配置文件默认为/etc/my.cnf 或者/etc/mysql/my.cnf。将以下内容添加到配置文件中，注意不要和原有的字段重复。

```
[client]
default-character-set = utf8

[mysqld]
default-storage-engine = INNODB
character-set-server = utf8
collation-server = utf8_general_ci
```

重启 MySQL 后，可以通过 MySQL 的客户端命令行检查编码：

[root@host]# mysql -u root –p   # 登录 MySQL
Enter password:
mysql> show variables like '%char%';   # 显示以下内容

执行结果如表 11-2 所示。

表 11-2 执行结果

变 量 名	值
character_set_client	utf8

续表

变量名	值
character_set_connection	utf8
character_set_database	utf8
character_set_filesystem	binary
character_set_results	utf8
character_set_server	utf8
character_set_system	utf8
character_sets_dir	/usr/share/mysql/charsets/

查询到上面的结果，就表示编码设置正确。

11.3.4 常见问题

在使用 MySQL 的时候，可能因为服务器配置、网络设置、权限、版本差异等因素产生一些错误，下面列举几个常见的错误，并给出经验证可行的解决办法。读者可以先跳过这部分，当遇到这些问题的时候再回来查看。

1. MySQL Client 本地登录失败

当使用 MySQL Client 在本地登录时，出现错误：

error: 'Access denied for user 'root'@'host' (using password: NO)'

请尝试以下操作：

```
[root@host]# service mysqld stop          # 停止 MySQL 服务器端守护进程
[root@host]# mysqld_safe --user=mysql --skip-grant-tables --skip-networking &
# --skip-grant-tables 表示不启动 grant-tables（授权表），跳过权限控制
# --skip-networking 表示跳过 TCP/IP 协议，只在本机访问（这是可选的）
```

接下来，保留开启 mysqld_safe，新建一个终端或会话，在其中运行 MySQL，此时就可以直接登录到 MySQL 服务器了。

```
[root@host]# mysql                        # 直接登录
mysql> USE mysql                          # 选择 MySQL 数据库
mysql> SELECT host, user, authentication_string from user;
# 在之前的版本中，密码列的名称是 password，但是在 5.7 版本改成了 authentication_string
mysql> UPDATE user set authentication_string=PASSWORD('new_password') where user='root' and host=
       'localhost';                       # 重设密码
mysql> FLUSH privileges;                  # 刷新 MySQL 的系统权限相关表
mysql> quit
```

现在可以重新以 root 身份登录了。不过，仅在数据库中修改了密码记录，在执行 SQL 语句时还可能被拒绝，可能会看到这样的错误提示：

ERROR 1820 (HY000): You must reset your password using ALTER USER statement before executing this statement.

此时可以执行以下命令重设一次所修改的密码：

```
mysql> SET PASSWORD = PASSWORD('united');
```

2. 错误 10060/10061

某些原因会导致远程连接 MySQL 数据库失败，产生"Error: 2003: Can't connect to MySQL server on 'ip_address:3306' (10060)"错误（或者 10061）。由于我们使用 Python 远程操作 MySQL，所以很可能碰上这样的问题。通常这种错误是由以下几方面的原因导致的。

（1）socket 设置

在 mysql.connector.connect 方法中增加参数"unix_socket='/var/lib/mysql/mysql.sock'"，即 /etc/my.cnf 中配置项"socket"对应的值。

（2）防火墙设置

防火墙是否阻止了 MySQL 的进程，是否屏蔽了 MySQL 的 3306 端口。

（3）MySQL 的账户设置

MySQL 默认不允许 root 账户远程登录，可以尝试以下方法更改授权：

```
[root@host]# mysql -u root -p       # 登录 MySQL
mysql> GRANT ALL PRIVILEGES ON *.* TO 'root'@'%' IDENTIFIED BY 'mypassword' WITH GRANT
    OPTION;                         # 任何远程主机都可以访问数据库
mysql> FLUSH PRIVILEGES;            # 需要输入此命令使修改生效
mysql> EXIT
```

也可以通过修改表来实现：

```
mysql -u root -p
mysql> use mysql;
mysql> update user set host = '%' where user = 'root';
mysql> FLUSH PRIVILEGES;
```

（4）有可能在配置文件绑定了本机地址

检查 MySQL 配置文件/etc/my.cnf，其中存在下列条目：

```
bind-address = 127.0.0.1
```

将其改为：

```
bind-address = 0.0.0.0
```

尝试这些方法之后，可能需要重新启动 MySQL 守护进程。

11.3.5　Python 中的 MySQL 驱动

由于 MySQL 服务器独立运行，并通过网络对外服务，所以在 Python 中需要有相关的模块来作为 MySQL 驱动，用于连接 MySQL 服务器。PEP 249（Python 增强建议书-249）规定了 Python 的数据库 API。MySQL 主要有 3 种 API 实现，下面分别介绍。

1. MySQLdb

MySQLdb 是由 Andy Dustman 开发的、使用 C 语言实现的驱动，有多年的历史。它最高只支持到 Python 2.7，不支持 Python 3 的任何版本。在安装 MySQLdb 时要求计算机上有 C 语言编译器，如果在 Windows 平台下，则建议先安装 Microsoft Visual C++ Compiler for Python 2.7，然后再通过 pip 工具安装。

2. mysqlclient

mysqlclient 是 MySQLdb 的一个支持 Python 3 的分支，因此其使用方法和 MySQLdb 是完全相同的，可以无缝替换 MySQLdb。mysqlclient 目前是 MySQL 在 Django（著名的 Web 开发框架）下的推荐选择。如果在 Python 2.7 下安装 mysqlclient，则要求有 C 编译器。可以通过下面的地址获取 mysqlclient：

https://pypi.python.org/pypi/mysqlclient/1.3.6

该链接提供了支持不同平台、不同 Python 版本的 whl 文件（用于 pip 方式安装），也提供了打包好的源代码。源代码的安装方式和其他 Python 第三方包一样，使用 Python 解释器对 setup.py 这个文件进行 build 和 install 即可：

python setup.py build
python setup.py install

3. MySQL Connector/Python

MySQL Connector/Python 是 Oracle 收购 MySQL 之后开发的，可以算是 MySQL 的官方驱动，是纯 Python 实现的客户端库，支持 Python 3。

MySQL Connector/Python 支持多种平台，在 Linux 下根据不同的发行版家族提供不同类型的安装包，例如，RHEL/CentOS 对应的是 rpm，而 Ubuntu 对应的是 deb。对于 Windows 平台，则提供 MSI（Microsoft Installer）安装程序，双击运行即可。

如果使用源代码安装，则需要注意的是，下载的源代码是以 .src.rpm 格式归档的，需要使用 rpm2cpio 命令来解包。

以上所有的驱动都是线程安全的，且提供了连接池。由于 MySQLdb 不支持 Python 3，因此不推荐使用。下面将分别介绍 mysqlclient 和 MySQL Connector/Python 的使用方法。

11.3.6 mysqlclient 的基本使用

mysqlclient 只是它作为 MySQL 驱动的外部名称，当需要在 Python 中导入 mysqlclient 的时候，需要使用 MySQLdb 这个名称（毕竟 mysqlclient 源自 MySQLdb）。和 sqlite3 类似，可以用 MySQLdb.connect() 来连接数据库，通过返回实例中的 cursor() 来创建游标。

和 SQLite 数据库不同的是，不能在 Python 中创建 MySQL 数据库实例，因此，第一步要在 MySQL 服务器主机上操作，或在安装了 MySQL 客户端并能访问到 MySQL 服务器的远程主机上操作。

[root@host ~]# mysqladmin -u root - p create HR   # 用 root 身份登录控制台
Enter password:

创建成功不会有任何提示。下面让我们回到 Python，使用 mysqlclient 进行连接并执行相关操作。由于 Python 的 DB-API 定义都是通用的，所以，操作 MySQL 的数据库代码和 SQLite 类似。下面让我们重写 11.2.4 节的程序，数据库换成了 MySQL。示例代码如下：

```
1    #!/usr/bin/env python
2    # _*_ coding:utf-8 _*_
3    import MySQLdb
4    locked=0
```

```
5       timeStamp=0
6       conn = MySQLdb.connect(
                host = 'mysql_server_ip_address',
                port = 3306,
                user='root',
                passwd='united',
                db ='users',
                )           # 参数依次为远程数据库服务器地址、端口号、账户、密码、数据库实例名称
7       # 上面使用的默认端口号 3306 是可以省略的,仅当使用非默认的端口号才需要在此提供参数
8       cur = conn.cursor()          # 创建游标
9
10      cur.execute('''create table userList (
                name   VARCHAR(40) PRIMARY KEY   not NULL   UNIQUE,
                passwd text,
                locked boolean,
                time integer)''')
11
12      cur.execute("insert into userList (name, passwd) values('Siegfried', '12345678')")
13      cur.execute("insert into userList values('%s','%s',%d, %d)" % ('Lancelot', '', locked, timeStamp))
        # 用格式化字符串的方式插入数据
14      cur.execute("insert into userList values('%s', '%s', %d, %d)" % ('Merlin', '12345678', 1, 0))
15
16      cur.execute("update userList set passwd='s%An3i^1' where passwd = ''")
        # 修改满足查询条件（密码为空）的数据
17      cur.execute("delete from userList where locked='1'")
        # 删除满足查询条件的数据（账户锁定）
18      cur.close()           # 关闭游标
19      conn.commit()    # 在向数据库插入一条数据时必须要有这个方法,否则数据不会被真正插入
20      conn.close()         # 关闭数据库连接
```

执行结果由读者自行通过 MySQL 数据库控制台查看。

11.3.7　使用 exceutemany()方法批量插入数据

每次要插入新数据都要使用一条 execute()语句,如果数据量特别大,则这样做就比较麻烦。对于海量数据,可以通过一个超级循环,迭代调用 execute()方法,但仍然很耗时。幸运的是,Python 中可用的三大 MySQL 驱动都提供了 exceutemany()方法,它可以允许一次插入多条数据。

仍然以 mysqlclient 为例,mysqlclient.exceutemany()接受两个参数,第一个是字符串,内容为插入数据的 MySQL 语句,携带各个字段的占位符,例如:

```
"insert into userList values(%s,%s,%s,%s)"
```

和前面例子中用到占位符的语句不同,当使用 exceutemany()方法的时候,所有占位符的格式均为"%s"。

exceutemany()的第二个参数是一个二维序列,准确地说是一个由元组构成的元组（或列表）,每个元组是一条数据,包含和上面提到的占位符数量相等的元素。

现在让我们改写 11.3.6 节的代码,在第 18 行之前插入以下代码:

```
...
sql="insert into userList values(%s,%s,%s,%s)"    # 要执行的语句和数据占位符
new_users=[('Mercury','12345678',0,0), ('Venus','12345678',0,0),
    ('Mars','12345678',0,0), ('Jupiter','12345678',0,0)] # 包含 4 个元组的列表
cur.executemany(sql,new_users)
...
```

这样，就可以一次性地将列表中的 4 条数据批量插入到表中了。注意语句中的占位符全部为"%s"。

11.3.8　导入海量数据

使用 exceutemany()方法可以一次插入多条语句，且效率比使用循环要高。如果数据量进一步增大，则 exceutemany()就会力不从心。对于海量数据，推荐使用 MySQL 提供的高效导入方法——load data infile 语句。该语句从一个文本文件中以很高的速度读入一个表中。为了保证安全，当读取位于服务器上的文本文件时，文件必须处于数据库目录或可被所有人读取。另外，为了对服务器上的文件使用 load data infile，在服务器主机上，用户必须有访问该文件的权限。

和其他 MySQL 语句一样，该语句可以直接在 MySQL 控制台或客户端执行，也可以在 Python 中使用 exceute()来执行。load data infile 语句的语法规范如下：

```
load data   [low_priority] [local] infile '[path]file_name' [replace | ignore]
into table tbl_name
    [fields
        [terminated by't']
        [OPTIONALLY] enclosed by '']
        [escaped by'\' ]]
    [lines terminated by'n']
    [ignore number lines]
    [(col_name,    )]
```

这里有很多可选的参数，我们只介绍其中几个常用的。

low_priority：如果指定了此参数，那么 MySQL 守护进程将会等到没有其他程序或用户读这个表的时候，才会插入数据。

local：如果要从客户机读取文件，那么必须使用此参数。如果 local 省略，那么文件必须位于服务器上。

replace/ignore：这两个参数控制对现有的唯一键记录的重复的处理。如果指定 replace，那么新行将代替有相同的唯一键值的现有行。如果指定 ignore，那么跳过有唯一键的现有行的重复行的输入。如果不指定任何一个选项，那么当找到重复键时，出现一个错误，并且文本文件的余下部分被忽略。

fields：此参数指定了文件记录中各字段的分割格式，如果用到这个关键字，那么 MySQL 剖析器希望看到至少下面的一个选项。

- terminated by ...，以什么字符作为分隔符，默认情况下是 Tab 制表符（\t）。
- enclosed by ...，描述的是字段的括起字符。
- escaped by ...，描述的是转义字符，默认的是反斜杠（backslash：\ ）。

lines：指定每条记录的分隔符默认为"\n"，即换行符，如果 field 和 lines 两个字段都指定

了，那么 fields 必须在 lines 之前。

下面给出一个例子。假设我们有一个文本文件（E:/other_user.txt），里面有若干行，每行有账户名、密码、是否锁定（数字）、时间戳 4 个字段，中间以空格分隔，格式如下：

```
username password isLocked timestamp
Andromeda 12345678 0 0
LargeMagellanic 12345678 0 0
NGC4552 12345678 0 0
Galaxy 12345678 0 0
M31 12345678 0 0
Whirlpool 12345678 0 0
Sombrero 12345678 0 0
...
```

下面的代码用于将文本文件中的信息导入到 MySQL 数据库中：

```
1    #_*_ coding:utf-8 _*_
2    import MySQLdb
3    locked=0
4    timeStamp=0
5    conn = MySQLdb.connect(host='192.168.44.128', port = 3306, user='root',
             passwd='united', db ='users', )
6    cur = conn.cursor()
7
8    cur.execute("load data local infile 'E:/other_user.txt' into table userList fields terminated by ' '(name,
     passwd, locked, time)")
     # 从本地（客户机）上的文件读取数据，批量插入到 userList 表中，以空格为分隔符
9    cur.close()
10   conn.commit()
11   conn.close()
```

执行结果由读者自行通过 MySQL 数据库控制台查看。

load data infile 一直被认为是 MySQL 的一个很强大的数据导入工具，因为它速度非常快。除了上述的语法规则之外，使用 load data infile 的时候还要注意编码问题。对于字段中的控制，用 "\N" 来表示。

11.3.9　mysql-connector-python 的使用

由于具有统一的 API，mysql-connector-python 的使用和 mysqlclient 大同小异，仍然可以使用 connect()、cursor()、exexute()等方法来创建连接、创建游标和执行语句。因此，这里不再详细介绍细节上的用法，下面给出一个企业人事档案简单的例子：

```
#!/usr/bin/env python
#coding:utf-8
import mysql.connector as mc
cnt = mc.connect(host='mysql_server_ip_address', user='root', password='mypassword', database='HR')
# 参数依次为数据库服务器地址、账户名、密码、数据库实例名称
cur = cnt.cursor()                # 创建游标
```

```
cur.execute('create table if not exists employee (\
# 通过游标对象执行 SQL 语句，在数据库 HR 中创建表 employee
id int UNSIGNED AUTO_INCREMENT,\
# id，无符号整数，自动增长
name VARCHAR(40) NOT NULL,\
# 名字，长度不超过 40 字符，不允许为空
age INT(4) UNSIGNED,\
# 年龄，长度不超过 4 位，无符号整数
sex VARCHAR(6),\
# 性别，长度不超过 6 字符
rank VARCHAR(20),\
# 职级，长度不超过 20 字符，不允许为空
PRIMARY KEY (id)\
# 指定名为 id 的列为主键
     )ENGINE=InnoDB DEFAULT CHARSET=utf8;')         # 指定数据库引擎和编码
cur.execute('insert into user (id, name, age, sex) values (%s, %s, %s, %s)', ['1', 'Tyson', '36', 'male'])
# 执行 SQL 语句，插入一条记录
print cur.rowcount                                   # 受 insert、update、delete 等 SQL 语句影响的行数
cnt.commit()                                         # 事务提交
cur.close()                                          # 关闭游标
cur = cnt.cursor()                                   # 重新从数据库对象获取游标
cur.execute('select * from user where id = %s', ('1',))  # 执行 SQL 语句
values = cur.fetchall()                              # 返回包含查询结果的列表
print values
cur.close()
cnt.close()                                          # 关闭数据库连接
```

11.4 小结

本项目先介绍了关系型数据库的相关概念、常用的 SQL 语句、Python DB-API 等知识点，然后介绍了 SQLite 数据库在 Python 中的使用，最后介绍了 MySQL 及 MySQL 在 Python 中的驱动 myslclient 和 mysql-connector-python 的使用。

- ❑ 关系型数据库。
- ❑ 结构化查询语言。
- ❑ Python DB-API。
- ❑ SQLite 数据库和 sqlite3 模块。
- ❑ MySQL 简介、获取和安装。
- ❑ MySQL 常见问题。
- ❑ mysqlclient 的使用。
- ❑ 批量插入数据。
- ❑ 从文件导入数据。
- ❑ mysql-connnector-python 的使用。

11.5 习题

1. 持久存储的方案很多，如使用文本、使用电子表格，为什么要使用数据库？数据库的优势是什么？
2. 请列举几个 Python 支持的数据库。
3. 简单描述 Python 操作数据库的流程。
4. 改写项目 8 的用户账户系统，使用 SQLite 数据库来代替文本文件存储数据。
5. 假设某用户账户系统正在不断地成长，注册用户数量越来越多，我们有必要考虑负载问题，此外还要考虑故障切换。试将此程序所用的数据库迁移到 MySQL 中去，并且当 MySQL 服务器发生故障时，自动地切换回 SQLite 数据库。

项目 12 网络编程

网络编程的本质是处理设备之间的数据交换，最主要的工作就是，在发送端把信息通过规定好的协议进行封包，在接收端按照规定好的协议对包进行解析，从而提取出对应的信息，达到通信的目的。网络编程的核心是如何使用套接字进行通信。下面将介绍相关概念，并介绍如何使用 Python 中的一些模块来创建网络应用。

12.1 任务 1 了解网络编程基本知识

12.1.1 计算机网络层次结构

在系统的设计上使用分层结构是很常见的思路，操作系统、存储设备、应用软件，以及计算机网络都有各自的分层结构模型。使用分层结构主要有 3 个方面的好处。

1）各层之间相互独立：上一层是不需要知道底层的功能是采取硬件技术来实现的，它只需要知道通过与底层的接口就可以获得所需要的服务。

2）灵活性好：各层都可以采用最适当的技术来实现。例如，某一层的实现技术发生了变化，用硬件代替了软件，只要这一层的功能与接口保持不变，实现技术的变化并不会对其他各层及整个系统的工作产生影响。

3）易于实现和标准化：由于采取了规范的层次结构去组织网络功能与协议，因此可以将计算机网络复杂的通信过程，划分为有序的连续动作与有序的交互过程，这样有利于将网络复杂的通信工作过程化解为一系列可以控制和实现的功能模块，使得复杂的计算机网络系统变得易于设计、实现和标准化。

国际标准化组织（ISO）和国际电报电话咨询委员会（CCITT）联合制定了称为"开放系统互连（Open System Interconnect, OSI）"的网络层次参考模型。OSI 模型将网络划分为 7 层，从低到高分别是物理层、数据链路层、网络层、传输层、会话层、表示层、应用层。

虽然 OSI 模型较早已定义完毕，具有指导意义，但七层模型过于复杂，效率也不高。由于 Internet 主要是围绕着 TCP/IP 来工作的，因此后来提出的 TCP/IP 参考模型得到了广泛的使用，取代了 OSI 模型成为了事实上的标准。

TCP/IP 参考模型分为 4 层，从下往上分别是网络接入层（对应 OSI 的物理层和数据链路层）、网际互联层、传输层、应用层（对应 OSI 的会话层、表示层和应用层）。图 12-1 表示了数据在计算机网络中的传输过程。如图 12-1 所示，负责网络转发的路由器工作在网络层/网际互联层，而交换机则工作在数据链路层，当它们转发数据时，都会在各自的层级对数据进行封装，并进行其他处理。

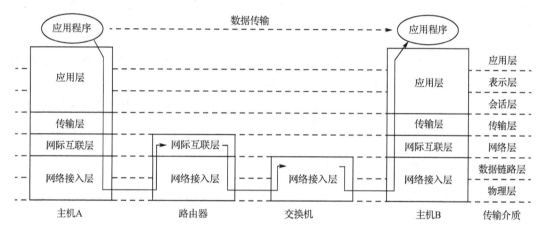

图 12-1 TCP/IP 网络层次模型及数据传输过程

12.1.2 C/S 模型

现在的网络应用程序基本上是基于请求/响应方式的，也就是一个设备发送请求数据给另一个设备，然后接收它的反馈。在网络编程中，发起连接程序，即发送第一次请求的程序，称作客户端（Client）；等待其他程序连接的程序称作服务器（Server）。客户端程序可以在需要的时候启动，而服务器为了能够时刻响应连接，则需要持久运行。以打电话为例，拨打方式类似于客户端，接听方必须保持电话畅通，类似于服务器。连接一旦建立以后，客户端和服务器端就可以进行数据传递了，而且两者的身份是等价的。

客户端/服务器（C/S）模型的应用十分广泛，如 FTP 服务、域控制器、共享的打印机、网络游戏、支持局域网互联的单机游戏、即时通信程序等，不胜枚举。在介绍数据库编程的时候，我们使用 Python 程序来连接并操作 MySQL，这也是一个典型的 C/S 模型。

虽然 C/S 模型随处可见，但它不是网络架构的唯一类型，B/S（浏览器/服务器）模型是另一类主流，我们将在项目 14 中介绍 B/S 应用程序。此外，点对点（P2P）模型也非常普遍，在这一类模型中，程序既有客户端功能，也有服务器端功能，较常见的软件如 BT、Emule 等。

12.1.3 套接字

套接字可以看成两个程序进行通信连接中的一个端点,是连接应用程序和网络驱动程序的桥梁。套接字在应用程序中创建,通过绑定与网络驱动建立关系。此后,应用程序送给套接字的数据,由套接字交给网络驱动程序向网络上发送出去。计算机从网络上收到与该套接字绑定的 IP 地址和端口号等相关数据后,由网络驱动程序交给套接字,应用程序便可从该套接字中提取接收到的数据,网络应用程序就是这样通过套接字进行数据的发送与接收的。

本质上,套接字是网络通信过程中端点的抽象表示,包含进行网络通信必需的 5 种信息:连接使用的协议、本地主机的 IP 地址、本地进程的协议端口、远地主机的 IP 地址、远地进程的协议端口。

套接字协议族,通常称为套接字家族。套接字家族有很多,但常用的只有两个,分别是用于本地进程间通信(IPC)的 AF_UNIX(在 POSIX1.g 中也称为 AF_LOCAL)和用于网络通信的 AF_INET(即 Internet)。AF_INET6 类似于 AF_INET,但它支持 IPv6 寻址。

Python 只支持 AF_UNIX、AF_NETLINK 和 AF_INET 这 3 个家族,其中 AF_INET 是 Python 网络编程的核心协议,因此后面将主要介绍 AF_INET。

12.1.4 面向连接通信与无连接通信

无论使用哪种地址家族,包括 AF_INET,套接字的类型只有两种:面向连接通信和无连接通信。

1. 面向连接通信

在通信之前建立一条逻辑链路("虚电路"或者"流套接字"),从而获得具有顺序性、可靠性且无重复的数据传输,即所发的信息将被拆分,不多不少地到达目的地,在目的地的操作系统内核层被重新拼接,传给用户层的应用程序。这有点像石油管道运输,只要在源地点和目的地之间铺设一条输送管道,就可以源源不断地将石油输送过去。

面向连接通信的主要协议是传输控制协议(Transmission Control Protocol,TCP)。那么创建 TCP 套接字就需要指定套接字类型 SOCK_STREAM。STREAM 这一名称表达了它作为"流套接字"的特点。由于这些套接字用 IP 协议来查找网络中的主机,因此这样的系统一般用 TCP/IP 来提及。

图 12-2 描述了面向连接的套接字的工作流程。

2. 无连接通信

和虚电路相反,无连接套接字使用数据报进行传输,因此它无须建立连接就可以进行通信。由于缺乏逻辑链路,数据到达的顺序、可靠性、不重复性往往无法保证。数据报会保留数据边界,整个发送。这有点类似于油罐车,车辆比固定的管道线路更灵活,但必须为每一辆车明确指明目的地。

虽然 TCP 对数据传输有更好的保障,但虚电路的建立也会带来额外开销,而无连接通信则因为少了这些开销,带来了更高的传输效率,能够为某些应用场景提供更好的性能(如 DNS、高可用性集群中的心跳信号等)。无连接通信使用的协议主要是用户数据包协议(User Datagram Protocol,UDP),在创建 UDP 套接字时需指定套接字类型 SOCK_DGRAM(datagram,数据报)。

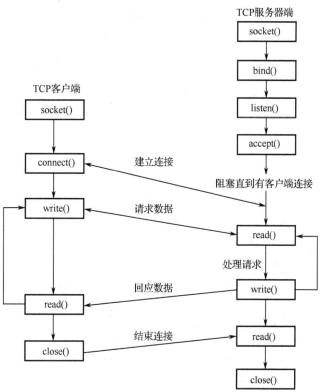

图 12-2 面向连接的套接字的工作流程

12.2 任务 2 掌握基于套接字的网络编程

现在我们已经了解了套接字在网络应用程序中的重要地位。无论是基于 C/S 模型的传统程序，还是浏览器上的 Web 应用，几乎任何网络程序都会用到套接字。图 12-2 以面向连接的通信方法为例，展示了套接字工作的一般流程。下面将介绍 Python 中的套接字编程。

12.2.1 socket 模块及其对象

socket 模块被包含在 Python 标准库中，作为 Python 处理套接字的默认工具。套接字对象是 socket.socket，可以用其构造函数来创建对象，语法如下：

socket(socket_family, socket_type, protocol=0)

socket_family 表示要使用的地址家族，可以是 socket.AF_INET 或 socket.AF_UNIX，默认为 socket.AF_INET；socket_type 指定连接类型，可以是面向连接的 socket.SOCK_STREAM 或无连接的 socket.SOCK_DGRAM，默认为 socket.SOCK_STREAM；protocol 默认为 0，表示使用 IP 协议。

socket 模块有许多函数可用，表 12-1 列举了一些常用的函数。

表 12-1 常用函数

函　　数	作　　用
socket.bind()	绑定地址到套接字，参数是一个地址元组，包含字符串形式的 IP 地址和整数形式的端口号
socket.listen()	开始 TCP 监听，参数为整数，表示允许等待的队列长度
socket.accept()	被动接受 TCP 客户的连接，（阻塞式）等待连接的到来，该函数返回一个套接字对象和一个地址元组
socket.connect()	连接 TCP 服务器，通常用于客户端，参数是地址元组
socket.connect_ex()	connect()函数的扩展版本，出错时返回出错码，而不是抛出异常
socket.recv()	接收 TCP 数据，参数为整数，指定接收消息的缓冲区尺寸（字节），接收的消息返回为字符串
socket.send()	发送 TCP 数据，参数为待发送的字符串
socket.sendall()	完整发送 TCP 数据
socket.recvfrom()	接收 UDP 数据，返回接收到的字符串和发送方的地址元组
socket.sendto()	发送 UDP 数据，参数是待发送的字符串和目的地的地址元组
socket.getpeername()	获取远程套接字的名字，包括它的 IP 地址和端口
socket.getsockname()	获取本地套接字的名字，包括它的 IP 地址和端口
socket.getsockopt()	返回指定套接字的参数
socket.setsockopt()	设置指定套接字的参数
socket.close()	关闭套接字
socket.setblocking()	设置套接字的阻塞模式与非阻塞模式
socket.settimeout()	设置阻塞套接字操作的超时时间
socket.gettimeout()	得到阻塞套接字操作的超时时间
socket.fileno()	套接字的文件描述符
socket.makefile()	创建一个与该套接字关联的文件

12.2.2　创建 TCP 服务器

在最简单的情况下，创建一个 TCP 服务器的流程大致如下：

1）创建套接字。
2）绑定套接字到本地 IP 与端口以便监听连接。
3）进入循环等待状态。
4）接受客户端的连接请求，建立连接。
5）接收/发送数据。
6）传输结束后关闭套接字。

仅仅通过套接字创建一个可通信的服务器，本来是非常简单的。但在实际的开发中，需要设计软件的功能和逻辑，这往往比较困难。下面给出一个例子，客户端可以向服务器发送消息，服务器将此消息写入日志，并对此做出简单回应。服务器端参考代码如下：

```
# ./tcp_server.py
# _*_ coding:utf-8 _*_
```

```python
import socket
sk = socket.socket()                    # 省略参数，则默认使用 socket.AF_INET
ip_port = ('0.0.0.0',5000)              # 监听所有 IP 地址
sk.bind(ip_port)                        # 绑定指定的地址和端口号
sk.listen(5)                            # 开始监听

while True:
    conn, address = sk.accept()         # 该函数返回一个元组，包含一个套接字对象和一个远程地址
    print address + ' has connection succesed.'
    while True:
        data = conn.recv(1024)          # 接收远程计算机发来的信息，缓冲区大小为 1024B
        if data == 'Q' or data == 'q':
            break                       # 如果客户端退出程序，则退出本层循环，继续等待下一位用户
        log = open('./log.txt','a+')
        log.write(data+'\n')            # 将接收到的信息写入文件
        log.close()                     # 关闭文件
        print "The data has been writed to ./log.txt."
        conn.send("Your data has been writed to the Server.")
conn.close()                            # 关闭套接字
sk.close()
```

在这个例子里，服务器监听所有地址，并在一个死循环中无休止地等待连接请求，一旦接受了来自远程计算机的连接请求，则进入第二层死循环，无休止地等待信息传输。当有信息传入时，判断其是否为终止信号：如果是，则表示客户端已经终止运行，退出到外层循环，等待下一个客户端连接请求；反之，表示传来的是普通数据，将其写入日志。

执行结果见 12.2.3 节。

12.2.3 创建 TCP 客户端

在设计客户端的时候，必须考虑服务器端的处理逻辑。客户端运行的第一件事仍然是创建套接字，然后通过目标服务器的 IP 地址和端口号发送连接请求。连接成功后，由用户输入字符串，并通过套接字发出去，当服务器成功接收到数据时，会发送消息进行反馈。如果用户输入的是"q"或"Q"，则退出客户端。参考代码如下：

```python
# ./tcp_client.py
#_*_ coding:utf-8 _*_
import socket
client = socket.socket()
ip_port = ('127.0.0.1',5000)    # 如果服务器端和客户端不在相同的计算机，则应提供正确的地址
client.connect(ip_port)         # 连接到指定的地址和端口号

print "Send data to the Server and write it to logfile. Type <Q> to quit."
while True:
    inp=raw_input('Send to Server: ')
    client.send(inp)            # 客户端输入信息并发送
    if (inp=='q')or(inp=='Q'):  # 如果发送了 q/Q，则关闭客户端
        break
```

```
            message = client.recv(1024)
            print message
client.close()
```

./tcp_server.py 执行结果：

127.0.0.1 has connection succesed.
The data has been writed to ./log.txt.
The data has been writed to ./log.txt.

./tcp_client.py 执行结果：

Send data to the Server and write it to logfile. Type <Q> to quit.
Send to Server:Hello world!
Your data has been writed to the Server.
Send to Server:Python is beautiful.
Your data has been writed to the Server.
Send to Server:

12.2.4 创建 UDP 服务器/客户端

UDP 协议在无连接状态下进行传输，不存在 TCP 传输那样的连接过程，客户端和服务器端的代码中也分别省去了 socket.listen()和 socket.connect()函数。由于无连接，所以发送消息的时候要显性地指明目标地址和端口号，因此，需要使用 socket.sendto()来发送消息，使用 socket.fromrecv()来接收消息。

现在，我们来重写前面那个 TCP 服务器和客户端的 UDP 版本。服务器端代码如下：

```
# ./udp_server.py
#_*_ coding:utf-8 _*_
import socket
sk = socket.socket(socket.AF_INET, socket.SOCK_DGRAM)
ip_port = ('0.0.0.0',5000)
sk.bind(ip_port)                            # 绑定指定的地址和端口号

while True:
    while True:
        data, remoto_addr = sk.recvfrom(1024)    # 接收信息，缓冲区大小为 1024B
        if data == 'Q' or data == 'q':
            break       # 如果客户端退出程序，则退出本层循环，继续等待下一位用户
        log = open('./log.txt','a+')
        log.write(data+'\n')                # 将接收到的信息写入文件
        log.close()
        print "The data has been writed to ./log.txt."
        sk.sendto("Your data has been writed to the Server.", remoto_addr)
sk.close()
```

可以看出，和 TCP 版本相比，代码改动很小。同样地，客户端代码也只需要修改一点点，代码如下：

```
# ./udp_client.py
#_*_ coding:utf-8 _*_
import socket
client = socket.socket(socket.AF_INET, socket.SOCK_DGRAM)
ip_port = ('127.0.0.1',5000)
```

```
    client.connect(ip_port)            # 连接到指定的地址和端口号
    print "Send data to the Server and write it to logfile. Type <Q> to quit."

    while True:
        inp=raw_input('Send To Server: ')
        client.sendto(inp, ip_port)     # 客户端输入信息并发送
        if (inp=='q') or (inp=='Q'):    # 如果发送了 q/Q，则关闭客户端
            break
        message, server_addr = client.recvfrom(1024)
        print message
    client.close()
```

运行结果和前一个例子相同。

使用 UDP 协议的无连接通信比面向连接的通信更加灵活，而且不需要为建立连接而产生额外的开销。但是，无连接通信有丢包的风险，即数据在传输过程中有可能丢失。从传输效率和传输可靠性来看，面向连接的通信更好。

12.3 任务 3 掌握服务器多并发功能的实现

在前面的例子中，服务器可以永久运行。一旦一个客户端退出连接，服务器就可以接受下一个客户端的连接请求。在同一时刻，只能有一个客户端连接。当需要处理大量请求时，请求就会阻塞在队列中，甚至发生请求丢弃。要使服务器能支持并发访问，同时处理来自多个客户端的请求，就需要多线程的支持。

12.3.1 SocketServer 模块

SocketServer 是标准库中的一个高级别的模块，这里说的"高级"不仅是指它能够用于简化网络客户与服务器的实现，而且它也依赖其他几个标准库里的模块。查看 SocketServer 的源代码，可以发现它自身已经导入了 socket、select、sys、os、errno、threading 这几个模块。关于 socket、sys、os、errno 这几个模块，我们已经较为熟悉了，select 模块主要用于 I/O 多路复用，threading 主要用于多线程处理。在 Python 3.x 中，SocketServer 已经更名为 socketserver，即取消了首字母大写。表 12-2 列举了 SocketServer 模块里一些可用的类。

表 12-2 SocketServer 模块可用类

类	描 述
BaseServer	包含服务器的核心功能与混合（mix-in）类的钩子功能。这个类仅用于派生，不要直接生成这个类的类对象，可以考虑使用 TCPServer 和 UDPServer
TCPServer	基本的网络同步 TCP 服务器，是 BaseServer 类的一个 TCP 实现
UDPServer	基本的网络同步 UDP 服务器，是 BaseServer 类的一个 UDP 实现
UnixStreamServer	基本的基于文件同步 TCP 服务器
UnixDatagramServer	基本的基于文件同步 UDP 服务器

续表

类	描 述
ForkingMixIn	实现了核心的进程化或线程化的功能，用于与服务器类进行混合（mix-in），以提供一些异步特性
ThreadingMixIn	不要直接生成这个类的对象
ForkingTCPServer	ForkingMixIn 和 TCPServer 的组合
ForkingUDPServer	ForkingMixIn 和 UDPServer 的组合
ThreadingTCPServer	ThreadingMixIn 和 TCPServer 的组合
ThreadingUDPServer	ThreadingMixIn 和 UDPServer 的组合
BaseRequestHandler	包含处理服务请求的核心功能。仅用于派生，可以考虑使用 StreamRequestHandler 或 DatagramRequestHandler
StreamRequestHandler	TCP 服务器的请求处理类的一个实现
DatagramRequestHandler	UDP 服务器的请求处理类的一个实现

使用 SocketServer 创建的服务器端的核心内容是 Server 类的创建，无论使用哪一种 Server 类，都需要以一种特定类型的 Handler 类作为其构造函数的参数，这个构造函数会调用相关方法，为类中的其他方法提供必要的数据。以 TCPServer 为例，它的构造函数先调用父类 BaseServer 的构造函数，同时重新实现了自己的构造函数，包括生成一个新的套接字对象、绑定地址和端口、开始监听。

除了地址和端口元组，Server 类的构造函数还需要一个 Handler 类作为参数，由 BaseRequestHandler 类派生而来，可以重写它的 handle 方法来实现不同的逻辑流程，以满足特定需要。

Server 类通过 serve_forever 方法来实现阻塞等待，该方法主要通过调用 select 模块中的 select.select 函数来实现并发请求的处理。

12.3.2 创建支持多并发的服务器端

仍然以远程写入日志文件为例，现在我们改写服务器端代码，要求能够接受多个用户同时连接和传送数据。为了区别数据究竟来自哪个客户端，可以通过在 Handler 类中调用 self.client_address 字段来获取客户端地址，然后按"地址：数据"的格式写入日志。

之前的例子采用两层死循环，外层循环用于永久等待下一位用户的连接，内层循环用于在单个连接的生命周期内阻塞等待用户发送的消息。由于 serve_forever 方法本身就提供了"阻塞等待"的功能，所以我们只需要单层循环。

服务器端参考代码如下：

```
# ./myserver.py
# _*_ coding:utf-8 _*_
import SocketServer

class MyServer(SocketServer.BaseRequestHandler):    # 从 BaseRequestHandler 派生

    def handle(self):
        conn = self.request    # 获取客户端的请求，返回一个套接字对象，用于连接该客户端
```

```python
            client_addr = self.client_address[0]    # 获取客户端地址
            print client_addr + ' has connection succesed.'
            while True:   # 由于server.serve_forever()本身可以阻塞等待, 这里只需要单层循环
                data = conn.recv(1024)
                if data == 'q' or data == 'Q':    # 如果客户端关闭, 则终止循环
                    print client_addr + ' has stopped running.'
                    break
                log = open('./log.txt', 'a+')
                log.write(client_addr + ' writed: ' + data + '\n')   # 写入文件
                print "The data from "+ client_addr +" has been writed to ./log.txt."
                conn.send("Your data has been writed to the Server.")
            conn.close()

server = SocketServer.ThreadingTCPServer(('0.0.0.0', 5000), MyServer)
server.serve_forever()
```

客户端的代码无须修改，和 12.2.3 节中的例子保持一致，只是如果要用多台计算机来测试，则需要在客户端使用服务器端的真实地址代替本地环回测试地址 127.0.0.1。

下面是运行结果，多个客户端可以同时或交替发送消息，而最终服务器上日志文件的记录取决于每个客户端发送消息的顺序。

./myserver.py 执行结果：

```
127.0.0.1 has connection succesed.
The data from 127.0.0.1 has been writed to ./log.txt.
192.168.44.128 has connection succesed.
The data from 192.168.44.128 has been writed to ./log.txt.
127.0.0.1 has stopped running.
The data from 192.168.44.128 has been writed to ./log.txt.
```

./tcp_client.py 执行结果（1）：

```
(instance1, localhost)
Send data to the Server and write it to
logfile. Type <Q> to quit.
Send to Server: AAA
Your data has been writed to the Server.
Send to Server: q
```

./tcp_client.py 执行结果（2）：

```
(instance2, 192.168.44.128)
Send data to the Server and write it to
logfile. Type <Q> to quit.
Send to Server:111
Your data has been writed to the Server.
Send to Server:222
Your data has been writed to the Server.
Send to Server:
```

12.3.3 通过 SocketServer 传输文件

我们都知道，在计算机最底层，一切指令和数据都是以二进制形式存在的。无论是一段代码还是一张图片、一段音频、一个压缩包，它们本质上都是 0 和 1 的不同序列。之前我们已经知道如何用 Python 自身的文件处理功能对文件进行读/写，如今可以读取一份文件，将其发送到远程计算机，并在另一端接收数据，写入文件。关键在于，使用 open()函数打开文件对象时要使用基于二进制的读/写模式。

客户端成功读取了文件，随后就需要考虑如何发送数据。因为 socket.recv()函数的缓冲区默认为 1024B，最大为 8196B，即 8KB，所以一次发送的数据必须小于等于缓冲区大小，并用一个临时变量来记录已发送的字节数。每次发送后，对临时变量进行累加，直到该变量等于文件大小，这意味着文件已完整发送。因此，我们需要知道文件大小，其可以通过 os.stat(path).st_size 字段来获取。

同理，服务端也需要用一个临时变量来记录已接收的字节数，每次接收数据均需要对临时变量进行累加，直到文件接收完成。

由于文件是从客户端发往服务器的，为了方便理解，这次我们先编写客户端的代码：

```
1    #!/usr/bin/env python
2    #_*_ coding:utf-8 _*_
3
4    import socket
5    import os
6
7    ip_port = ('127.0.0.1', 5000)
8    sk = socket.socket()
9    sk.connect(ip_port)
10
11   while True:
12       print 'You can enter the File Path that you want to upload, \
13              it must be an absolute path. Type <Q> to quit.'
14       pathabs = raw_input('Enter: ')        # 用户必须输入文件的绝对路径及文件名
15       if (pathabs=='q') or (pathabs=='Q'):  # 如果输入 q，则直接通知服务器，并退出程序
16           sk.send(pathabs)
17           exit(0)
18       if not os.path.exists(pathabs):                # 如果文件不存在
19           print 'This file does not exist: ', pathabs  # 告诉用户，进入下一轮循环
20           print 'Try again please.'
21           continue
22       path, file_name = os.path.split(pathabs)    # 将路径分割为所在目录和文件名
23       file_size = os.stat(pathabs).st_size         # 返回文件的大小，以字节为单位
24       print 'Trying send ',file_name
25       sk.send(file_name + ',' + str(file_size))    # 发送文件名及文件大小
26       send_size = 0                                # 初始发送 0B
27       f = file(pathabs, 'rb')                      # 用户指定的文件以二进制读取模式打开
28       point = 0
29       while True:
30           f.seek(point)
```

```
31            if file_size < send_size + 1024:    # 如果文件大小小于（已发送尺寸+1024B）
32                data = f.read(file_size - send_size)   # 文件读取（文件尺寸-已发送 B）
33                sk.send(data)
34                break
35            else:
36                data = f.read(1024)         # 否则从文件指针处往后读取 1024B
37                send_size += 1024           # 更新已发送文件大小
38                sk.send(data)               # 发送读取的字节
39                point = f.tell()
40                f.flush()                   # 清空缓冲区
41       f.close()
42       print sk.recv(1024)                  # 上传完毕后接收来自服务器的确认信息
43
44  sk.close()
```

注意：套接字收发消息时会在内存开辟一块区域作为缓冲区，而文件对象也有自己的缓冲区。因此，客户端先从磁盘读取文件中的一个二进制串，放进文件对象缓冲区，然后提交到套接字的缓冲区，再进行发送。

每次读取一段数据之后，都要使用 file.flush()函数来清空文件对象缓冲区，这允许发送大容量文件而不会显著降低系统的响应速度，否则，整个文件会被逐步读取，直到耗尽内存资源。一旦物理资源下降到某个阈值（这取决于操作系统的内存管理策略），就会引发内存交换，某些内存页面会被置换到磁盘上的交换分区中。由于磁盘 I/O 的速度远远低于物理内存，频繁的内存交换就意味着系统性能变慢。一个设计合理的程序应该尽量避免这种现象。

对服务器来说，这方面的考虑更加重要。因为服务器要接受并发访问，它必须为每一个上传的用户开启一个线程。假设一千个用户同时上传文件，就可能有一千个文件对象在接收数据写入。因此，及时清理缓冲区是必不可少的环节。

服务器代码如下：

```
1   #!/usr/bin/env python
2   #_*_ coding:utf-8 _*_
3
4   import SocketServer
5   import os
6
7   class MyServer(SocketServer.BaseRequestHandler):
8       def handle(self):
9           base_path = 'D:/temp/'         # 任何用户上传的文件均位于此目录
10          conn = self.request            # 用户请求产生的套接字对象
11          print 'Connected...'
12          while True:
13              pre_data = conn.recv(1024)
14              if (pre_data=='q') or (pre_data=='Q'):    # 如果收到 q
15                  break                                  # 退出循环，等待下一个客户端
16              file_name, file_size = pre_data.split(',') # 获取文件名、文件大小
17              recv_size = 0  # 已经接收的文件大小
18              file_dir=os.path.join(base_path, file_name)  # 将路径和文件名拼接起来
```

```
19              f=file(file_dir,'wb')          # 以写入方式打开句柄,用于创建文件,按二进制写入
20              while True:
21                  if int(file_size) > recv_size:    # 如果文件尺寸大于已接收的尺寸
22                      data = conn.recv(1024)         # 接收数据
23                      recv_size += len(data)         # 写入文件
24                  else:
25                      recv_size = 0                  # 否则将已接收文件大小归零并终止循环
26                      break
27                  f.write(data)                      # 将数据写入文件对象缓冲区
28                  f.flush()                          # 将文件对象缓冲区的内容写入文件,清空缓冲区
29              conn.send('Upload successed.')
30              f.close()
31
32  instance = SocketServer.ThreadingTCPServer(('127.0.0.1',5000),MyServer)
33  instance.serve_forever()
```

注意第 25 行,之所以要将已接收文件大小归零是为了后续用户可以继续上传文件。运行结果涉及文件的传输结果,请自行运行查看。

谈到文件传输,实际上 Python 标准库已经包含了用于创建 FTP 应用的 ftplib 模块,限于篇幅,这里不再详细介绍,由读者自行研究。

12.4 小结

本项目首先介绍了网络层次结构、套接字、面向连接通信和无连接通信等网络编程的基本知识,然后介绍了 Python 下基于套接字的网络编程。

- 计算机网络层次结构。
- C/S 模型。
- 套接字。
- 面向连接通信和无连接通信。
- socket 模块及其对象。
- 创建 TCP 服务器/客户端。
- 创建 UDP 服务器/客户端。
- SocketServer 与支持多并发的服务器。
- 基于套接字的文件传输。

12.5 习题

1. 在使用套接字编程的时候,TCP 和 UDP 中哪一种服务器在接受连接后,把连接交给不同的套接字来处理与客户的通信?

2. 编写一个程序,让客户端能够发送消息使服务器休眠,客户端指定休眠多久,服务器就休眠多久。

3. 将 12.3.3 节的文件传输程序改写为使用无连接通信的方式。

项目 13 多线程和多进程

基于对称多处理技术（包括单芯片多处理器）的发展，现在绝大多数计算机拥有多个 CPU。如果程序只在单个 CPU 上运行，则无法充分发挥计算机的运算性能。为了避免这种浪费，进一步提高程序的性能，需要使用多线程或多进程的程序设计方法。下面我们将简单介绍进程和线程的概念，并介绍 Python 中和多线程、多进程有关的编程方法。

13.1 任务 1 了解进程和线程的概念

进程和线程都是计算机运行中产生的实体。不严谨地说，线程是进程的子集。系统可以同时管理和调度多个进程或线程，从而实现并发处理。因此，进程和线程必须工作在支持多任务的计算机上，即下面提到的多道程序设计系统和对称多处理系统。

13.1.1 多道程序设计和对称多处理

多道程序操作系统是早期的并发处理概念。因为 CPU 的速度比 I/O 设备快得多，程序为了等待 I/O 操作而使 CPU 闲置的问题，在早期的批处理系统上十分突出。假设内存空间可以同时容下操作系统和多个应用程序，那么当一个程序需要等待 I/O 时，CPU 可以转而去执行另一个无 I/O 的程序。这种方法称作多道程序设计（Multiprogramming）或多任务处理（Multitasking），它是现代操作系统的主要方案。

如图 13-1 所示，在一台单 CPU 的计算机上，当只有一个程序时，程序会因为等待 I/O 操作而阻塞，此时 CPU 处于闲置状态。当多个程序在内存中时，虽然任一时刻仍然只能执行一个程序，但当程序阻塞时，CPU 可以转而执行另一个非阻塞的程序。除非所有的程序都阻塞，否则 CPU 就不会闲置。

由于 CPU 的速度比人的反应速度快若干个数量级，以非常微小的时间间隔交替执行的多个程序是可行的——在人的主观感受上，它们基本上相当于同时在执行。

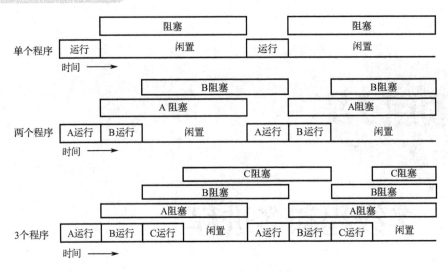

图 13-1 多道程序设计系统

随着硬件性能的提高和价格的下降，计算机设计者们可以在单个计算机上堆叠多个 CPU 以实现并行处理，这种技术称为对称多处理（Symmetrical Multi-Processing, SMP），即在一个计算机上汇集一组 CPU，各 CPU 之间共享内存子系统及总线结构。它是相对非对称多处理技术而言的、应用十分广泛的并行技术。除了在小型机、服务器上常见的多路（多个插槽）CPU 架构，对称多处理也包括单芯片多处理器，即多核处理器。

在单处理器多道程序设计系统中，程序交替运行，表现出一种"同时执行的假象"。即使不能实现真正的并行处理，并且在程序之间来回切换也需要一定的开销，交替执行在处理效率和程序结构上还是带来了重要的好处。

在对称多处理器系统中，不仅可以交替运行多个程序，而且可以多个程序同时重叠运行，如图 13-2 所示。和"并发"不同，"并行"这一术语特指这样的重叠运行。

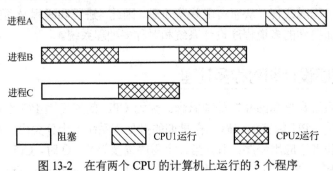

图 13-2 在有两个 CPU 的计算机上运行的 3 个程序

13.1.2 进程

在早期的批处理系统上，一个正在运行的程序称为"作业"；对于实现了并发的计算机系统，正在运行的程序称为"进程"。从本质上讲，计算机程序只不过是记录在磁盘中的可执行的代码，可能是二进制或其他类型。它们只有在被加载到内存中，被操作系统调用时才开始它们的生命周期。除了程序自身的指令，进程还包括地址空间、内存、数据栈及其他记录其运行轨迹的辅助数据。操作系统管理在其上运行的所有进程，并为这些进程公平分配 CPU 时间。

由于进程有自己专属的内存空间、数据栈等,所以进程间的协作或其他目的的数据交换只能通过进程间通信(Interprocess Communication, IPC)来实现,而不能直接共享信息。

当 CPU 执行进程的指令时,我们称进程当前的状态为运行态;进程准备就绪,随时可以执行(如正在等待另一个进程让出 CPU)的状态,称为就绪态;进程正在等待一个 I/O 操作而不能在 CPU 上执行时的状态,称为阻塞态。当操作系统使一个进程的状态发生改变时,称为进程的切换。不同的进程交替在 CPU 上执行,就是多个进程不断地切换。进程切换的开销相对较大,操作系统必须保存程序执行的上下文环境、更新进程的状态信息及其他信息域,包括状态变更的原因、现场信息。此外,还必须更新内存管理的数据结构,这取决于如何管理地址转换(如是否使用虚拟内存)。

13.1.3 线程

前面已经说过,进程是系统进行资源分配的基本单位,即以进程为单位分配所需的空间、完成任务需要的其他各类外围设备资源和文件。同时,进程也是处理器调度的基本单位,进程在任一时刻只有一个执行控制流,通常将这种结构的进程称为单线程进程(single threaded process)。

线程是程序执行流的最小单元,是被系统独立调度和分派的基本单位,线程自己不拥有系统资源,只拥有一点儿在运行中必不可少的资源,但它可与同属一个进程的其他线程共享进程所拥有的全部资源。一个线程可以创建和撤销另一个线程,同一进程中的多个线程之间可以并发执行。每一个程序至少有一个线程,若程序只有一个线程,则那就是程序本身。由于线程的这些特性,有时候我们也称它为轻量级进程。

多线程是指操作系统在单个进程内支持多个并发执行路径的能力。每个进程中只有一个线程在执行的传统方法称为单线程方法。UNIX 是一个典型的例子:支持多用户多进程,但只支持每个进程一个线程。Linux 内核也只提供了轻量级进程的支持,但并未实现多线程模型。Windows 则原生支持多线程。单线程进程和多线程进程的组织结构如图 13-3 所示。

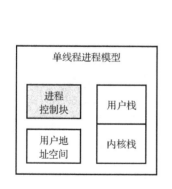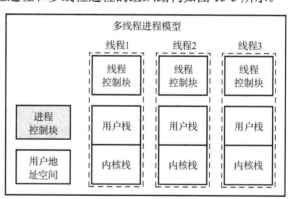

图 13-3 单线程进程和多线程进程的组织结构

在不同的指标下,进程和线程有各自的优势和不足。在本项目的最后,我们会详细列举,并针对如何在进程和线程之间进行选择给出一些参考意见。从操作系统发展的角度来看,多线程是比多进程更先进的并发方式。多线程的主要优点如下:

1)在一个已有进程中创建一个新线程比创建一个全新进程所需的时间要少许多。

2）终止一个线程比终止一个进程花费的时间少。

3）同一进程内线程间切换比不同进程间切换花费的时间少。

4）线程提高了不同执行程序间的通信效率。在大多数操作系统中，独立进程间的通信需要内核的介入，以提供保护和通信所需要的机制；而在同一个进程中的多个线程共享内存和文件，它们无须调用内核就可以互相通信。

13.2 任务 2 掌握 Python 中的多线程编程

Python 标准库提供了支持多线程的模块，从初级的、原始的 thread，到较为高级的、支持守护线程和其他重要特性的 threading 模块，以及在多线程环境下常用的 Queue 模块。下面依次介绍这些模块，同时，我们也会讨论关于全局解释器锁这一 Python 的特殊机制。

13.2.1 thread 模块与多线程示例

thread 模块提供了基本的线程和锁的支持。和 threading 模块相比，thread 模块有一些缺点：只有一个同步原语，而且对进程结束的阶段缺乏控制，例如，当主线程退出的时候，其他所有线程没有被清除就退出了。thread 和 threading 不宜同时使用，它们的某些属性可能会有冲突。因此，这里不会对 thread 模块进行过多介绍，但我们会通过 thread.start_new_thread()函数来展示多线程的实际执行情况。

thread.start_new_thread()是 thread 模块中一个非常关键的函数，用于开始一个新线程，需要的参数包括一个函数、函数的参数及可选的关键字参数。函数的参数必须以元组形式提供，如果函数没有参数或只有一个参数，则也必须表现为空元组或只有单个元素的元组。在 thread.start_new_thread()函数中运行的函数会作为一个新的线程，和程序的主线程并发执行。

下面的程序有两个函数，它们的作用是从一个起始数字按一定的步长进行增加，直到设定的结束数字为止。我们把这两个函数带参数放入 thread.start_new_thread()函数使它们运行，然后观察输出的结果，即可了解线程交替运行的过程。

```
1    # _*_ coding:utf-8 _*_
2    import thread
3    from time import time, sleep
4
5    t1=time()                        # 程序运行起始时间
6
7    def func1(start, end, step):     # 自增函数 1
8        while start <= end:
9            print 'func1 said:',start
10           start += step
11           sleep(0.1)               # 线程休眠以释放 CPU
12
13   def func2(start, end, step):     # 自增函数 2
14       while start <= end:
15           print ' func2 said:',start
16           start += step
```

```
17              sleep(0.2)
18
19     thread.start_new_thread(func1,(10,16,1))      # 在新线程中运行自增函数
20     thread.start_new_thread(func2,(0,20,3))
21     sleep(1.3)                                    # 主线程休眠以释放 CPU
22     t2=time()                                     # 程序运行结束时间
23     print "The program runs for",t2-t1,"seconds."
```

执行结果：

```
func1 said: 10
    func2 said: 0
func1 said: 11
    func2 said: 3
func1 said: 12
func1 said: 13
    func2 said: 6
func1 said: 14
func1 said: 15
    func2 said: 9
func1 said: 16
    func2 said: 12
    func2 said: 15
    func2 said: 18
The program runs for 1.29999995232 seconds.
```

注意：函数内部和主程序的最后均使用了 time.sleep() 函数，来使当前程序的执行流程进入睡眠。线程通过这样的方式释放 CPU 的使用权，切换到其他线程执行。由于在线程中执行的函数存在着有限次数的循环，每次循环都会消耗 CPU 时间，因此主线程必须有一定的休眠时间来保证其他线程执行结束。我们已经提到过，这是 thread 模块的不足之处：如果主线程结束，其他所有线程均会被强制终止。如果缺少第 21 行的 time.sleep() 语句，或休眠的时间过短，则线程函数就无法执行完毕而被清除，程序得出错误的运行结果或直接抛出以下错误：

```
Unhandled exception in thread started by
sys.excepthook is missing
lost sys.stderr
```

13.2.2 thread 中的线程锁

你可能已经想到了，使主线程休眠设定的时间并不是一个好办法。显而易见，如果无法事先确定其他线程的执行时间，则主线程就可能过早或过晚退出，所以这里引入了锁的概念。

thread.allocate_lock() 函数可以分配一个锁对象，该对象包含以下方法。

acquire(wait=None)：尝试获取锁对象。

locked()：如果获取了锁对象则返回 True，否则返回 False。

release()：释放锁。

现在，我们将锁添加到上面的代码中去，将 time.sleep() 函数替换掉。使用锁之后，程序可

以在两个线程都退出后，马上退出。

```
1    #_*_ coding:utf-8 _*_
2    import thread
3    from time import time
4    
5    t1=time()
6    
7    def func1(start, end, step, lock):     # 自增函数需要一个锁对象作为参数
8        while start <= end:
9            print 'func1 said:',start
10           start += step
11       lock.release()                     # 通过锁对象的 lock.release()方法释放 CPU
12   
13   def func2(start, end, step, lock):
14       while start <= end:
15           print ' func2 said:',start
16           start += step
17       lock.release()
18   
19   lock1 = thread.allocate_lock()
20   lock2 = thread.allocate_lock()
21   lock1.acquire()
22   lock2.acquire()
23   thread.start_new_thread(func1,(10,16,1,lock1))   # 在新线程中运行自增函数，带锁
24   thread.start_new_thread(func2,(0,20,3,lock2))
25   while lock1.locked() or lock2.locked():           # 死循环，直到两个锁均解锁
26       pass
27   t2=time()
28   print "The program runs for",t2-t1,"seconds."
```

执行结果：

```
func1 said:       func2 said:10
0func1 said:
        func2 said:11
3func1 said:
        func2 said:12
6func1 said:
        func2 said:13
9func1 said:
        func2 said:14
12func1 said:
        func2 said:15
15func1 said:
        func2 said:16
18
The program runs for 0.00100016593933 seconds.
```

可以看到，程序的执行时间缩短了不少。不过，和单线程相比，这个程序并没有速度上的优势，稍后我们会解释为什么。

13.2.3 threading 模块

当决定使用多线程的时候，使用 threading 而非 thread，并且两者不要混合使用。threading 模块通过 Thread 类来实现和线程有关的功能，此外还提供了各种非常好用的同步机制。表 13-1 列出了 threading 模块中较为重要的类。

表 13-1 threading 模块中的类

类	描述
Thread	表示一个线程的执行的对象
Lock	锁原语对象（跟 thread 模块里的锁对象相同）
RLock	可重入锁对象，使单线程可以再次获得已经获得了的锁（递归锁定）
Condition	条件变量对象能让一个线程停下来，等待其他线程满足某个"条件"，如状态改变或值改变
Event	通用的条件变量。多个线程可以等待某个事件的发生，在事件发生后，所有的线程都被激活
Semaphore	信号量，为等待锁的线程提供一个可消耗的计数数值
BoundedSemaphore	与 Semaphore 类似，只是不允许超过初始值
Timer	与 thread 类似，只是要等待一段时间后才开始运行

13.2.4 Thread 类

Thread 类是 threading 模块的主要运行对象。在实例化一个 Thread 类的时候，需要为其构造函数传递两个参数——target 和 args，分别是用于子线程的函数及其参数元组（必须是元组格式）。接下来，可以使用 threading.Thread.start()开始这个新的线程。在下面的示例中，我们用 Thread 类创建一个子线程，并在子线程中输出字符串：

```
1   #_*_coding:utf-8_*_
2   from threading import Thread
3   def foo(args):          # 先定义子线程函数
4       count = 1
5       for i in args:
6           print "%2d : %s" % (count,i)      # 每次输出一个序号和一个字符
7           count +=1
8   
9   t1=Thread(target=foo,args=('Einstein',))
10  t1.start()
11  print t1.getName()      # 获取线程的名称并输出
```

执行结果：

Thread-1
 1 : E
 2 : i
 3 : n

```
4 : s
5 : t
6 : e
7 : i
8 : n
```

程序的第 11 行使用了 Thread.getName()来获取线程的名称。对应地，Thread.setName()用于为线程设置一个新的名称，Thread.isAlive()可以用来查询这个线程是否还在运行。

需要特别说明的是，Thread.start()只是启动子线程，而在调用构造函数时传入的线程函数其实是由 Thread.run()来调用的。因此，Thread 类的另一种常见用法是从它派生一个新类，然后在子类中重新实现 run()方法，例如，在 Thread.run()的基础上加入一些其他的功能。如果要在 run()中添加功能，则注意要显性地调用父类中的 run()。Thread 是新式类，可以使用 super()方法。

13.2.5 守护线程

在使用 threading 模块时，主线程是守护线程，创建了子线程之后不再干预其运行，而是继续执行自己的指令。所以 13.2.4 节的代码先执行了第 11 行，输出了线程名称 Thread-1，然后转而执行子线程。支持守护线程是 threading 模块优于 thread 模块的一项重要指标。在 thread 模块中，当主线程退出时，所有的子线程（无论是否还在工作）都会被强行退出，有时这会导致意外的结果。守护线程用来解决这样的问题，它会像一个等待客户请求的服务器那样，如果没有客户提出请求，则它就在那等着。当进程退出时，程序会等待除了守护线程之外的所有线程正常退出。

如果不希望守护线程等待一个子线程正常结束，则可以通过更改字段 self.daemon 来设置。self.daemon 是一个布尔型变量，默认是 False，表示主线程会等待它；True 则表示不等待。self.daemon 不允许直接赋值，必须通过 threading.Thread.setDaemon()函数来修改，并且应该在执行 Thread.start()方法之前完成修改操作。threading.Thread.isDaemon()还可以用来查询 self.daemon 的值。

回到 13.2.4 节的代码，在第 9、10 行之间插入一行代码：

```
t1.setDaemon(True)
```

执行结果：

```
1 : E
2 : i
3 : n
4 : s
```

由于线程 t1 被设置为不被等待，因此主线程执行完毕之后，整个程序就结束了，字符串没有输出完毕。

13.2.6 抢占和释放 CPU

在某些特定的情况下，我们希望一个子线程完全受控运行。例如，它在特定的时候抢占

CPU 开始运行,并在规定的时间交出 CPU 的使用权(无论它是否执行完毕)。这种需求可以使用 Thread.join(timeout)函数来实现。Thread.join()函数执行时会立即从主线程那里获得 CPU,如果其没有明确指定参数,则它将一直运行,直到子线程执行完毕。也可以指定一个浮点数,它表示在规定的时间之后阻塞,并释放 CPU。请看下面的例子及执行结果。

```
1   #_*_ coding:utf-8 _*_
2   from threading import Thread
3   from time import sleep
4
5   def foo(args):
6       count = 1
7       for i in args:
8           print "%2d : %s" % (count,i)
9           count +=1
10          sleep(0.3)      # 通过睡眠阻塞 0.3 秒
11
12  t1=Thread(target=foo,args=('Turing',))
13  t1.start()
14  t1.join(1)              # 抢占 CPU 并在 1 秒后主动释放
15  print 'After t1.join()'
```

执行结果:

```
 1 : T
 2 : u
 3 : r
 4 : i
After t1.join()
 5 : n
 6 : g
```

在这个程序的第 12、13 行,子线程开始运行之后立即抢占 CPU,并设置运行时间为 1 秒。在子线程内部,首先输出字符串的第 1 个字符,然后睡眠 0.3 秒,之后输出第 2 个字符。在输出第 4 个字符后,累计已经耗费超过 0.9 秒,因此在输出第 5 个字符之前已经超时,于是释放 CPU,程序运行流程转到主线程。由于子线程不是守护线程(即 daemon 字段没有被设为 True),因此当主线程结束后,仍然会将 CPU 交回给子线程,使其能够执行完剩余的代码。

13.3 任务 3 了解多线程有关的高级话题

线程和线程之间可能有竞争(访问相同的数据),也可能有协作(彼此依赖对方的执行结果),因此涉及同步和互斥,下面将分别介绍这些概念。

13.3.1 线程与队列

Queue 模块提供了队列类型数据结构的实现,即先进先出(First In First Out, FIFO)。虽然 Queue 并不是 thread 模块或 threading 模块的一部分,但在某些多线程场景下必须要有队列的支持,如著名的生产者-消费者问题(producer-consumer problem)。

除了 FIFO 队列,Queue 模块也提供了后进先出的栈(Last In First Out, LIFO)和基于优先级的队列。它们都是以类的形式提供的。

Queue.Queue(maxsize)即 FIFO 队列,其构造函数的参数决定了队列允许的最大长度。可以通过 Queue.qsize()方法来获取队列当前的长度。此外还有两个方法比较重要。

方法一:

Queue.put(item[, block[, timeout]])

在参数中,item 是要追加的数据,block 和 timeout 都是可省略的。timeout 是一个正整数,它指定进程或线程阻塞的秒数,默认为 0,表示不超时。如果超时并无空间可用(队列已满),则程序抛出异常。block 默认为 True,如果为 False,则当没有空间可用时程序会立即抛出异常。

方法二:

Queue.get([block[, timeout]])

该方法用于从队列中取出一个数据,block 和 timeout 的作用同 Queue.put()方法。

13.3.2 生产者-消费者问题

下面我们用一个例子来演示如何通过 Queue.Queue 来解决生产者-消费者问题。生产者-消费者问题也称有限缓冲问题(bounded-buffer problem),是一个多线程同步问题的经典案例。该问题描述了两类共享固定大小缓冲区的线程(即所谓的"生产者"和"消费者")在实际运行时会发生的问题。生产者的主要作用是,生成一定量的数据放到缓冲区中,然后重复此过程。与此同时,消费者也在缓冲区消耗这些数据。该问题的关键是,要保证生产者不会在缓冲区满时加入数据,消费者也不会在缓冲区空时消耗数据。

假设米老鼠和唐老鸭在汉堡店打工,它们各自管理一条汉堡的生产线,可以独立生产汉堡。无论谁产出了新的汉堡,都会放到一个共同的货架上。与此同时,不断地有顾客来购买汉堡,因此货架上的汉堡会不时地被取走。当货架被取空时,拒绝顾客购买;当货架放满时,必须停止生产。参考代码如下:

```
1    #_*_ coding:utf-8 _*_
2    from threading import Thread
3    from Queue import Queue
4    from time import sleep
5
6    class Procuder(Thread):
7        def __init__(self, name, queue):
8            self.__Name = name              # 生产者的名字,有几个实例就有几个生产者
9            self.__Queue = queue            # 生产者将产品放入的队列
10           super(Procuder, self).__init__()    # 调用父类的构造函数
11
12       def run(self):
13           while True:
14               if not self.__Queue.full():         # 如果队列未满
15                   self.__Queue.put('Hamburger')   # 追加新产品到队列
```

```
16              print 'A hamburger is produced.'
17              sleep(1)
18
19      class Consumer(Thread):
20          def __init__(self, name, queue):
21              self.__Name = name          # 消费者的名字,有几个实例就有几个消费者
22              self.__Queue = queue
23              super(Consumer, self).__init__()
24
25          def run(self):
26              while True:
27                  if not self.__Queue.empty():   # 如果队列非空,取出一个产品
28                      self.__Queue.get()
29                      print 'Sold a hamburger.'
30                  sleep(1)
31
32      que = Queue(maxsize=32)             # 设定队列(货架)容量为 32
33      Donald = Procuder('Donald',que)     # 线程唐老鸭
34      Donald.start()
35      Mickey = Procuder('Mickey',que)     # 线程米老鼠
36      Mickey.start()
37
38      for item in range(20):
39          name = 'Consumer%d' % item      # 产生 20 个消费者线程
40          temp = Consumer(name, que)
41          temp.start()                    # 消费者线程启动
```

执行结果:

```
A hamburger is produced.
A hamburger is produced.
Sold a hamburger.
Sold a hamburger.
A hamburger is produced.
Sold a hamburger.
A hamburger is produced.
Sold a hamburger.
A hamburger is produced.
Sold a hamburger.
……(略)
```

13.3.3 线程锁、临界资源和互斥

由于线程可以共享进程内的内存空间,可能会有多个线程去修改同一个变量,可能导致某一时刻此变量的值和预期的不一致。虽然子线程是按一定的顺序产生的,但它们获取 CPU 的顺序可能是乱序的,特别是在有阻塞的情况下更容易发生这种事情。下面给出一个例子:

```
1   #_*_ coding:utf-8 _*_
2   import threading
```

```
3    import time
4
5    n = 0                # 全局变量
6    def foo(args):
7        time.sleep(1)
8        global n         # 全局变量
9        n += 1
10       print '[%d]=%d   ' % (args,n),   # 线程编号和全局变量，最后的逗号表示输出后不换行
11
12   for i in range(100):
13       t = threading.Thread(target=foo, args=(i,))
14       t.start()
```

执行结果：

[0]=1	[1]=2	[2]=4	[3]=3	[6]=6	[5]=7	[7]=5	[4]=8	[10]=10
[12]=11	[9]=12	[8]=13	[11]=9	[13]=15	[14]=16	[15]=14	[19]=18	[18]=19
[17]=20	[20]=18	[16]=19	[21]=17	[28]=21	[27]=22	[25]=23	[24]=24	[23]=25
[22]=26	[26]=20	[32]=28	[31]=29	[30]=30	[29]=31	[33]=27	[39]=33	[40]=32
[38]=34	[37]=35	[36]=36	[35]=37	[34]=38	[44]=40	[43]=41	[41]=42	[42]=39
[46]=43	[45]=44	[50]=46	[51]=47	[49]=48	[48]=49	[47]=50	[53]=51	[52]=45
[57]=53	[56]=54	[55]=55	[54]=56	[58]=52	[62]=58	[61]=59	[59]=60	[60]=57
[63]=59	[64]=61	[65]=62	[66]=60	[67]=64	[68]=63	[71]=66	[70]=67	[69]=65
[77]=69	[75]=70	[76]=68	[74]=71	[72]=72	[73]=73	[84]=76	[83]=77	[80]=78
[78]=79	[79]=80	[82]=74	[81]=75	[89]=81	[87]=82	[88]=83	[85]=85	[86]=84
[95]=87	[92]=88	[91]=89	[90]=90	[94]=86	[93]=91	[99]=93	[97]=94	[96]=95
[98]=92								

在上面的代码中，100 个线程依次对同一个全局变量进行加 1 的操作，可以看到，最后的结果并不是 100，而是 92。有时候，连输出的信息也是混乱的，有可能一个 print 语句只输出一半的字符，这个线程就被暂停，转而执行另一个线程。所以我们看到的结果很乱，这种现象叫作"线程不安全"。

如果对全局变量加锁，使得该变量在被锁定期间只能被锁的持有者访问，则可以避免上面的情况。一个线程要修改全局变量时，首先加锁，此时其他线程无法访问这个变量。当修改完成之后，该线程释放锁，使变量可以被其他线程访问。被加锁的资源称为"临界资源"。和进程一样，当一个线程正在访问临界资源时，我们就称它位于"临界区"。这种在同一时刻只能有一个线程访问临界资源的机制称为"互斥"。

threading.Lock 是一个实现了锁的类，它的用法和 thread 中的锁也很相似。对于前面那段代码，现在我们给它加上锁。

```
1    #_*_ coding:utf-8 _*_
2    import threading
3    import time
4    num = 0
5    def foo(args):
6        time.sleep(1)
7        global num
```

```
8        if lock.acquire():   # 不要在休眠时加锁，否则休眠时其他线程无法获取 CPU，影响并发
9            num += 1
10           print '[%d]=%d    ' % (args,num),
11           lock.release()
12
13   lock = threading.Lock()
14   for i in range(100):
15       t = threading.Thread(target=foo, args=(i,))
16       t.start()
```

执行结果：

[4]=1	[3]=2	[1]=3	[0]=4	[2]=5	[6]=6	[8]=7	[7]=8	[5]=9
[10]=10	[12]=11	[9]=12	[11]=13	[16]=14	[15]=15	[13]=16	[14]=17	[20]=18
[21]=19	[19]=20	[18]=21	[17]=22	[27]=23	[26]=24	[25]=25	[24]=26	[22]=27
[23]=28	[32]=29	[31]=30	[29]=31	[28]=32	[30]=33	[35]=34	[37]=35	[36]=36
[34]=37	[33]=38	[41]=39	[40]=40	[39]=41	[38]=42	[45]=43	[44]=44	[43]=45
[42]=46	[48]=47	[47]=48	[46]=49	[51]=50	[50]=51	[49]=52	[53]=53	[52]=54
[58]=55	[57]=56	[56]=57	[54]=58	[55]=59	[61]=60	[62]=61	[60]=62	[59]=63
[63]=64	[67]=65	[66]=66	[65]=67	[64]=68	[71]=69	[70]=70	[68]=71	[69]=72
[73]=73	[72]=74	[75]=75	[74]=76	[79]=77	[78]=78	[76]=79	[77]=80	[80]=81
[81]=82	[82]=83	[84]=84	[83]=85	[89]=86	[88]=87	[87]=88	[86]=89	[85]=90
[90]=91	[93]=92	[92]=93	[91]=94	[94]=95	[98]=96	[97]=97	[96]=98	[95]=99
[99]=100								

从结果可以看到，虽然线程执行的先后顺序仍然是乱的（代码并没有控制线程启动的顺序），但全局变量的值是按顺序增长的。把 Lock.acquire() 作为 if 语句的条件式并不是必须的，但这样可以增加可读性。Lock.acquire() 和 Lock.release() 作为锁的边界，包含哪些语句是有考究的，读者可以尝试着改变它们的位置，看看程序执行结果有什么不同。

13.3.4 死锁

死锁是进程管理中一个常见术语，同样可以推广到线程中。在满足互斥的条件下，有可能有两个或两个以上的线程，都在等待对方释放临界资源。不幸的是，它们都要先获取到对方的资源，才会释放自己的资源，这导致双方陷入永久性等待。

有时候，线程需要重复申请临界资源，也就是说，当线程在获取临界资源后，又需要再次获取，这就形成了嵌套的死锁。但是，Lock 对象并没有标识，线程无法判断哪一个 acquire() 对应哪一个 release()，因此它和自身形成了死锁，如以下代码所示：

```
1    import threading
2    import time
3    num = 0
4    def foo(args):
5        time.sleep(1)
6        global num
7        if lock.acquire():
8            num += 1
9            print '[%d]=%d    ' % (args,num),
```

```
10          if lock.acquire():
11              num += 1
12              print '[%d]=%d    ' % (args, num),
13              lock.release()
14          lock.release()
15
16  lock = threading.Lock()
17  for i in range(100):
18      t = threading.Thread(target=foo, args=(i,))
19      t.start()
```

执行结果：

[0]=1   （注：永久阻塞）

threading 模块还有一个 RLock 类，称为可重入锁。该锁对象内部维护着一个 Lock 和一个 counter 对象。counter 记录请求的次数，使得资源可以被多次请求。最后，当所有的 RLock 请求被释放后，其他线程才能获取资源。在同一个线程中，RLock.acquire 可以被多次调用，利用该特性，可以解决部分死锁问题。对于上述代码，只需要将第 16 行中的 threading.Lock()改为 threading.RLock()，即可正常执行，得到正确的结果。

13.3.5 信号量

信号量（Semaphore）是一种带计数的线程同步机制，可以看作一种带有可使用次数的锁。每当一个线程通过信号量访问临界资源时，减少计数；每当一个线程释放临界资源时，增加计数；当计数为 0 时，资源不可访问。在 Python 中，信号量是 threading 模块定义的类，和 Lock 类一样提供了 acquire()和 release()两个方法。当调用 acquire()时，减少计数；当调用 release()时，增加计数；当计数为 0 时，资源不可访问，线程自动阻塞，等待 release()被调用。

threading 提供了两种信号量，即 Semaphore 和 BoundedSemaphore，区别在于后者有一个可设置的计数上限，在调用 release()函数时，会检查增加的计数是否超过上限，这样就保证了访问临界资源的线程数量是可控的。下面是一个使用 BoundedSemaphore 的示例：

```
1   #_*_ coding:utf-8 _*_
2   import threading
3   import time
4   num = 0
5   def foo(args):
6       global num
7       if sem.acquire():                      # 访问资源，信号量+1
8           time.sleep(1)
9           num += 1
10          sem.release()                      # 释放资源，信号量-1
11          print 'args=【%d】, value=%d;    ' % (args,num)
12
13  sem = threading.BoundedSemaphore(4)        # 信号量上限为 4
14  for i in range(100):
15      t = threading.Thread(target=foo, args=(i,))
```

```
16        t.start()
```

在这段代码中,信号量作为一把特殊的锁,上限被设置为 4,即最多允许 4 个线程访问临界资源,因此即使 100 个线程同时运行,同一时刻也只有 4 个线程能够访问全局变量。代码的执行结果请读者自行查看。

13.3.6 全局解释器锁

全局解释器锁(Global Interpreter Lock, GIL)是 Python 的一个高级特性。在讨论什么是 GIL 之前,先来看一个问题,运行下面这段"死循环代码",你认为它会使 CPU 占用率达到多少?

```
#_*_ coding:utf-8 _*_
def dead_loop():          # 请勿在工作中模仿,危险:)
    while True:
        pass
dead_loop()
```

对于一个单核、没有超线程技术的 CPU,它可以使 CPU 负载达到 100%。但对于具有 4 个核 CPU,其负载最多只会达到 25%。

那么,我们在 4 个子线程中运行 4 个这样的死循环试试看:

```
from threading import Thread
def dead_loop():
    while True:
        pass
for i in range(4):
    t = Thread(target=dead_loop)
    t.start()
```

按道理它应该能做到占用 4 核 CPU 资源,可是实际运行情况没有什么改变,还是只占了 25%。这又是为什么呢?其实这就是 GIL 的作用。

在 Python 语言的主流实现 CPython 中,GIL 是一个"货真价实"的全局线程锁,解释器解释执行任何 Python 代码时,都需要先获得这把锁才行,在遇到 I/O 操作时,由于 CPU 必须等待 I/O 操作的结果,因此会释放这把锁,即释放 CPU。

纯计算的程序没有 I/O 操作,解释器会每隔 100 次操作就释放这把锁,让其他线程有机会得以执行。这个次数可以通过 sys.setcheckinterval()函数来调整,如果用户调整过它但又忘记了具体的值,则可以通过 sys.getcheckinterval()来查看。

虽然 CPython 的线程库直接封装操作系统的原生线程,但 CPython 进程作为一个整体,同一时间只会有一个获得了 GIL 的线程在运行,其他线程都处于等待状态(等着 GIL 释放)。这也就解释了我们上面的实验结果:虽然有多个死循环的线程,但因有多核 CPU 以及 GIL 的限制,多个线程只是分时切换,总的 CPU 占用率不会超过单个核心和所有的比率。

追溯其由来,GIL 算是一个历史遗留问题。在 20 世纪 90 年代,很难预见到对称多处理器和多核 CPU 会是今后的主流硬件架构,由一个全局锁实现多线程安全在那个时代应该是最简单、经济的设计了。到了今天,想要移除 GIL,用更好的方案来代替它,已经变得非常困难了,开发者们面对的是有二十多年历史的 CPython 代码树，而且很多第三方的代码也依赖于 GIL。

虽然目前没有 GIL 的替代方案，但用户还是有办法可以绕过 GIL 的。

1）使用多进程来代替多线程。虽然线程有着开销小、创建和销毁方便、利于共享数据等种种优点，但进程胜在健壮、容错性好、更容易实现互斥，在 UNIX/Linux 系统中有更好的性能表现。从版本 2.6 开始，Python 在标准库中引入了 multiprocessing，大大简化了多进程代码的编写。稍后会介绍 multiprocessing 的使用。

2）使用其他解释器。像 JPython 和 IronPython 这样的解释器由于实现语言的特性，不需要 GIL 的帮助。然而由于用了 Java 或者 C#用于解释器的实现，它们也失去了利用社区众多 C 语言模块有用特性的机会，所以这些解释器也一直都比较小众化。

3）在局部使用 C/C++的程序中，一般计算密集性的程序会用 C 代码编写并通过扩展的方式集成到 Python 脚本（如 NumPy 模块）中。就完全可以用 C 创建原生线程，而且不用 GIL，充分利用了 CPU 的计算资源。

4）使用 ctypes。ctypes 与 Python 扩展不同，它可以让 Python 直接调用任意的 C 动态库的导出函数。用户所要做的只是，用 ctypes 写些 Python 代码即可。最特别的是，ctypes 会在调用 C 函数前释放 GIL。所以，我们可以通过 ctypes 和 C 动态库来让 Python 充分利用物理内核的计算能力。

有了这些选择，开发者足以应付多核时代的挑战，是否在 CPython 移除 GIL 已经不重要了。况且，对于 I/O 密集型应用，CPython 中的多线程仍然可以产生正面效果。

13.4 任务 4 掌握 Python 中的多进程编程

对于 UNIX/Linux 平台，多进程比多线程有更好的性能表现，即使在本来就支持多线程的 Windows 平台，由于 GIL 的存在，对于 CPU 密集型应用，多进程也是更好的选择。

13.4.1 multiprocessing 模块

multiprocessing 包是 Python 中的多进程管理包。与 threading.Thread 类似，用户可以使用 multiprocessing.Process 对象来创建一个进程。该进程可以运行在 Python 程序内部编写的函数。该 Process 对象与 Thread 对象的用法相同，也有 start()、run()、join()等方法。此外，multiprocessing 包中也有 Lock、Event、Semaphore、Condition 等类（这些对象可以像多线程那样，通过参数传递给各个进程），用于同步进程，其用法与 threading 包中的同名类基本上一致。所以，multiprocessing 的很大一部分与 threading 使用同一套 API，只不过换到了多进程的情境。在使用这些共享 API 的时候，我们要注意以下几点：

❑ 在 Windows 平台下，Python 程序创建子进程的时候，会在每个进程中将自身的.py 源代码文件作为模块导入，而导入之后就会被执行，然后再导入，再执行，形成死循环。因此，对于在 Windows 平台下使用了 multiprocessing 模块的代码，需要将主程序语句包含在"if __name__ == '__main__'"语句块中。而 UNIX/Linux 平台由于通过调用 fork()函数来完成创建进程的工作，因此没有此问题。

❑ 在 UNIX/Linux 平台上，当某个进程终结之后，该进程需要被其父进程调用 wait，否则进程成为僵尸进程（Zombie）。所以，有必要对每个 Process 对象调用 join()

方法（实际上等同于 wait）。对多线程来说，由于其只有一个进程，所以不存在此必要性。

13.4.2 Process 类

Process 类用于创建、执行和终止一个进程。和 threading.Thread 一样，用户可以将函数及参数元组放进 Process 的构建函数，然后通过 Process.start()启动新进程。Process.pid 中保存了进程 ID，如果进程还没有被 start()启动起来，则进程 ID 为 None。下面的代码演示了如何在 UNIX/Linux 平台下创建子进程，并获取对应的进程 ID：

```python
# ./process.py
#_*_ coding:utf-8 _*_
import multiprocessing
import os
import time

def info(title):
    print title
    if hasattr(os,'getppid'):              # 如果 os 模块中有 getppid（getppid 仅在 UNIX/Linux 下有效）
        print "%s's Parent Process ID: %s" % (title, os.getppid())    #
    print "%s's PID: %s" % (title, os.getpid())
    time.sleep(20)       # 阻塞 20 秒，以供读者查看进程 ID

def subProcess(name):
    info('Function subProcess')
    print 'hello', name

if __name__ == '__main__':
    info('Main Process')
    print __name__
    print '----------------'
    p = multiprocessing.Process(target=subProcess, args=('BraveStarr',))
    p.start()
    p.join()
```

在 Linux 下的执行结果：

```
Main Process
Main Process's Parent Process ID: 2714
Main Process's PID: 2909
__main__
----------------
Function subProcess
Function subProcess's Parent Process ID: 2909
Function subProcess's PID: 2912
hello BraveStarr
```

根据代码中的 time.sleep()函数，程序会有两次各 20 秒阻塞，此时在 Linux 中另打开一个

终端,使用以下命令查看进程 ID:

```
[root@localhost ~]# ps –ef
……
root     2909   2714   0 00:41 pts/0    00:00:00 python process.py
root     2912   2909   0 00:42 pts/0    00:00:00 python process.py
```

在查询的结果中,找到最后几行,可以看到由 Python 解释器执行的两个进程,前 3 个字段分别表示系统当前用户、进程 ID、进程的父进程 ID,和程序的执行结果是一致的。

13.4.3 跨进程全局队列

由于每个进程只能访问自己的内存空间,因此多个进程之间实际上并不存在直接的数据共享手段,如果涉及进程间的协作,则通常需要通过 IPC 来实现。一个常用的 IPC 方法是使用跨进程队列 multiprocess.Queue。和之前使用的 Queue.Queue 不同,Queue.Queue 是进程内非阻塞队列,是进程私有的,而 multiprocess.Queue 是由一组进程共同使用的。

multiprocess.Queue 的用法和 Queue.Queue 基本上是相同的,同样提供了 put()、get()、qsize() 等方法,下面给出一个示例,让 10 个进程各自往同一个队列中添加一条数据,最后统一取出这些数据。代码如下:

```
1   #_*_ coding:utf-8 _*_
2   import multiprocessing
3   def run(q, n):
4       q.put([n,'hello'])
5   if __name__=='__main__':
6       q = multiprocessing.Queue()
7       for i in range(10):
8           p = multiprocessing.Process(target=run, args=(q,i))
9           p.start()
10          p.join(1)
11      print q.qsize()          # 显示队列长度
12      while not q.empty():     # 如果队列不为空,则取出队列中的资源
13          print q.get()
```

执行结果:

```
10
[0, 'hello']
[1, 'hello']
[2, 'hello']
[3, 'hello']
[4, 'hello']
[5, 'hello']
[6, 'hello']
[7, 'hello']
[8, 'hello']
[9, 'hello']
```

为了使程序得出正确的结果,我们在第 10 行使用了 Process.join() 函数来确保每个进程至

少执行 1 秒才被换出。如果时间设置得太短，则可能在访问临界资源之前释放 CPU，这也证实了多进程在创建、启动等阶段不如多线程那么高效。相对线程而言，进程是较为重量级的执行单元，因此不宜用于执行粒度太细的任务。这就好比在北方的冬天，你花 20 分钟来使汽车发动机预热，却只开往不足 100 米的目的地。

13.4.4 Value 类和 Array 类

除了使用跨进程队列外，也可以使用 multiprocessing.Value 和 multiprocessing.Array 这两个类来实现消息传递和数据共享。子进程可以通过 Value 和 Array 共享父进程中的数据。因此，子进程可以修改来自父进程中由 Value 和 Array 定义的数据。下面演示这两个类的用法：

```
1   #_*_ coding:utf-8 _*_
2   from multiprocessing import Process, Value, Array
3   def foo(num, arr, raw_list):
4       num.value = 3.1415927
5       for i in range(5):
6           arr[i] = arr[i]*arr[i]
7       raw_list.append(9999)
8       print 'array in sub process: ',arr[:]
9       print 'raw_list in sub process: ',raw_list
10
11  if __name__=='__main__':
12      num = Value('d', 0.0)              # Value 的构造函数，参数是数据类型和值
13      arr = Array('i', range(10))        # Array 的构造函数，参数是数据类型数组
14      raw_list = range(10)               # 创建一个 Python 原生的数组（即列表），用于对比
15      print 'num.value: ', num.value     # 输出 Value 对象的值
16      print 'arr[]: ',arr[:]             # 输出 Array 对象中的所有元素
17      print 'raw list: ',raw_list        # 输出 Python 原生数组
18      p = Process(target=foo, args=(num, arr, raw_list))
        # 创建子进程，参数分别是 Vaule 对象、Array 对象和原生的列表
19      p.start()
20      p.join()
21      print 'num.value: ', num.value
22      print 'arr[]: ',arr[:]
23      print 'raw list: ',raw_list
```

执行结果：

```
num.value:  0.0
arr[]:  [0, 1, 2, 3, 4, 5, 6, 7, 8, 9]
raw list:  [0, 1, 2, 3, 4, 5, 6, 7, 8, 9]
array in sub process:  [0, 1, 4, 9, 16, 5, 6, 7, 8, 9]
raw_list in sub process:  [0, 1, 2, 3, 4, 5, 6, 7, 8, 9, 9999]
num.value:  3.1415927
arr[]:  [0, 1, 4, 9, 16, 5, 6, 7, 8, 9]
raw list:  [0, 1, 2, 3, 4, 5, 6, 7, 8, 9]
```

这里特别对 Value 和 Array 构造函数的参数说明一下。第 1 个参数表示数据类型，第 2 个

参数表示对应的值。虽然 Python 是弱类型语言，但 Value 和 Array 的函数原型定义了它的第 1 个参数必须是 ctypes 类型，或者是一个代表 ctypes 类型的字符代码。例如，c_double 和 "d" 是等同的，因为 "d" 是 c_double 的代码。ctypes 提供和 C 语言兼容的数据类型，可以很方便地调用 C 动态链接库中的函数。

在这段代码中，主进程定义了 3 个变量，分别是 Value 对象、Array 对象和 Python 列表对象。3 个变量都被送进子进程，并在子进程中接受修改。但是，最后输出的结果显示出对 Value 和 Array 的修改生效，而对 Python 列表对象的修改无效，因为后者不是跨进程共享数据的，它只是在子进程中生成了一个副本。

13.4.5 Manager 类

使用 Manager 类也是一种 IPC 方法。在用法上，Manager 比 Array 和 Value 简单，支持的类型更多，但速度相对较慢。下面是一个使用 Manager 的简单例子：

```
1    #_*_coding:utf-8_*_
2    from multiprocessing import Process, Manager
3    def foo(d, l, i):
4        d[1]='1'
5        d['2']=i
6        d[2.25]=i*i
7        l.reverse()
8    
9    if __name__=='__main__':
10       manager = Manager()
11       d=manager.dict()
12       l=manager.list(range(10))
13       for i in range(4):
14           p=Process(target=foo, args=(d,l,i))
15           p.start()
16           p.join()
17           print d
18           print l
```

执行结果：

{2.25: 0, 1: '1', '2': 0}
[9, 8, 7, 6, 5, 4, 3, 2, 1, 0]
{2.25: 1, 1: '1', '2': 1}
[0, 1, 2, 3, 4, 5, 6, 7, 8, 9]
{2.25: 4, 1: '1', '2': 2}
[9, 8, 7, 6, 5, 4, 3, 2, 1, 0]
{2.25: 9, 1: '1', '2': 3}
[0, 1, 2, 3, 4, 5, 6, 7, 8, 9]

在这个例子中，manager.dict() 和 manager.list() 分别返回了一个特殊的字典和列表，和 Python 原生的字典和列表不同，它们是跨进程共享的，因此多个进程分别对它们进行了修改，最后输出的信息展示了每个进程修改后的差异。

13.4.6 进程池

进程池，即 multiprocessing.Pool 类，允许一次创建多个进程，并通过 Pool.map()方法批量启动这些进程。Pool.map()方法类似于 map()函数，准备一个需要执行的函数，其参数的多种不同的值作为一个序列来提交，这样就能得到对应的每一种运行结果。在下面的例子中，我们计算 0~99 的每一个整数的二次方，但由 Pool.map()来执行。Pool 的构造函数指定了有多少个子进程参与计算。代码如下：

```
1   #_*_ coding:utf-8 _*_
2   from multiprocessing import Pool    # Pool 类的实例是一个进程池
3   import time
4   def foo(x):
5       time.sleep(0.1)
6       return x*x
7
8   if __name__ == '__main__':
9       p = Pool(5)                     # Pool 的构造函数决定了最多允许 5 个进程
10      l1 = range(100)
11      print(p.map(foo,l1))
```

执行结果：

[0, 1, 4, 9, 16, 25, 36, 49, 64, 81, 100, 121, 144, 169, 196, 225, 256, 289, 324, 361, 400, 441, 484, 529, 576, 625, 676, 729, 784, 841, 900, 961, 1024, 1089, 1156, 1225, 1296, 1369, 1444, 1521, 1600, 1681, 1764, 1849, 1936, 2025, 2116, 2209, 2304, 2401, 2500, 2601, 2704, 2809, 2916, 3025, 3136, 3249, 3364, 3481, 3600, 3721, 3844, 3969, 4096, 4225, 4356, 4489, 4624, 4761, 4900, 5041, 5184, 5329, 5476, 5625, 5776, 5929, 6084, 6241, 6400, 6561, 6724, 6889, 7056, 7225, 7396, 7569, 7744, 7921, 8100, 8281, 8464, 8649, 8836, 9025, 9216, 9409, 9604, 9801]

13.4.7 异步和同步

互斥，即当涉及临界资源时，进程之间相互排斥，此时进程之间的关系是异步的。与之相反，同步是指进程之间相互依赖的关系。例如，前一个进程的输出作为后一个进程的输入，当第一个进程没有输出时，第二个进程必须等待。具有同步关系的一组并发进程相互发送的信息称为消息或事件。

进程池对象提供了特定的方法来决定池中进程之间的关系。Pool.apply()使池中进程以同步的关系启动，主进程会因为子进程而阻塞；Pool.apply_async()是异步的，主进程不会阻塞，在主进程结束后，即使子进程还未结束，整个程序也会退出。

虽然 apply_async()是非阻塞的，但其返回结果的 get 方法是阻塞的。在下面的例子中，result.get()会阻塞主进程，因此可以这样来处理返回结果。代码如下：

```
1   #_*_ coding:utf-8 _*_
2   from multiprocessing import Pool
3   from time import time, sleep
4   start_time = time()    # 主进程开始的时间
5   def foo(x):
```

```
6        sleep(1)
7        return "Time: %s, Value:[%s]" % (time()-start_time,x*x)
8        # 返回自主进程启动，截至目前耗费的时间；返回参数的二次方
9
10   if __name__=='__main__':
11       p = Pool(3)    # Pool 最多允许 3 个进程
12       result_list=[]
13       for i in range(1,10):
14           result=p.apply_async(foo, [i,])      # 异步的启动进程
15           result_list.append(result)
16
17       for r_item in result_list:
18           print r_item.get(timeout=3)          # 超时则抛出异常，参数可省略，表示不超时
```

执行结果：

```
Time: 1.05399990082, Value:[1]
Time: 1.04399991035, Value:[4]
Time: 1.02600002289, Value:[9]
Time: 2.05399990082, Value:[16]
Time: 2.04399991035, Value:[25]
Time: 2.02699995041, Value:[36]
Time: 3.05399990082, Value:[49]
Time: 3.04699993134, Value:[64]
Time: 3.02699995041, Value:[81]
```

如果我们对返回结果不感兴趣，那么可以在主进程中使用 Pool.close() 与 Pool.join() 来防止主进程退出。注意 join() 一定要在 close() 之后调用。在下面的代码中，我们修改了子进程运行的函数，使它没有返回值，而是直接输出结果；同时在主进程中删去了和 result 有关的所有语句，程序运行之后得出了相同的结果。代码如下：

```
1    # _*_ coding:utf-8 _*_
2    from multiprocessing import Pool
3    from time import time, sleep
4    start_time = time()
5    def foo(x):
6        sleep(1)
7        print "Time: %s, Value:[%s]" % (time()-start_time,x*x) # 直接输出而不返回
8
9    if __name__=='__main__':
10       p = Pool(3)    # Pool 的构造函数决定了最多允许 5 个进程
11       for i in range(1,10):
12           p.apply_async(foo, [i,])      # 异步的启动进程
13       p.close()
14       p.join()
```

13.4.8 再论多进程和多线程

相对于多线程而言,多进程需要更大的开销,数据共享必须通过 IPC 来实现,但由于数据是分开的,同步也比较方便。通过内存隔离,单个进程的崩溃不会导致这个系统的崩溃,而且进程环境下编程方便测试、编程简单。表 13-2 列举了在不同维度下多进程和多线程各自的优势,可以看出它们各有优劣。但考虑到 CPython 中的 GIL 机制,表 13-2 中多线程的某些得分点恐怕要大打折扣。另外,多进程在 UNIX/Linux 下有更好的表现,而多线程在 Windows 下表现更好。

表 13-2 多进程和多线程对比

对比维度	多进程	多线程	对比结果
数据共享、同步	数据共享复杂,需要使用 IPC；数据是分开的,同步简单	因为共享进程的内存空间,数据共享简单,但是也因此导致同步复杂	各有优势
内存、CPU	占用内存多,切换复杂,CPU 利用率低	占用内存少,切换简单,CPU 利用率高	线程占优
创建销毁、切换	创建、销毁、切换均很复杂,速度慢	创建、销毁、切换都很简单,速度很快	线程占优
编程、调试	编程简单,调试简单	编程复杂,调试复杂	进程占优
可靠性	进程间不会相互影响	一个线程崩溃可能导致整个进程崩溃	进程占优
分布式	适应于多核处理器、多机分布式计算架构；扩展到多台计算机相对简单	适应于多核处理器	进程占优

下面是对如何选择多进程和多线程的总结:

1)需要大量的计算。如果在实际的应用中需要大量的计算,那么可以优先使用线程。大量的计算会耗费很多的 CPU 并且切换会很频繁,而线程的切换简单且 CPU 的利用率高。

2)需要频繁创建和销毁。如果需要频繁创建和销毁,则推荐使用线程。例如,对于常见的 Web 服务器,建立一个连接就建立一个进程,然后连接断了就进行销毁,进程的创建和销毁很麻烦,所以选用线程会更好。

3)强相关、弱相关。我们先看一个例子,一般的服务器需要完成如下任务:消息收发、消息处理。它们是弱相关的任务,而"消息处理"任务可能又分为"消息解码""业务处理",相对来说,这两个任务的相关性就要强多了。一般来说,强相关的处理使用线程,弱相关的处理使用进程。

上面只是简单地举了一些例子,但是如果多进程及多线程都可以满足其要求,那么用户可以选择自己最为熟悉的方法。

13.5 小结

本项目从并发的角度介绍了多线程和多进程的概念,并讲解了 threading 和 multiprocessing 在多线程和多进程编程中的应用,同时通过实际的例子引出了互斥、死锁、异步等概念。

- ❑ 并发:多道程序、对称多处理。
- ❑ 进程和线程。

- thread 模块。
- threading 模块。
- 守护线程。
- 抢占和释放 CPU。
- 队列。
- 锁、临界资源、互斥。
- 信号量。
- 全局解释器锁。
- multiprocessing 模块。
- 跨进程全局队列。
- 进程间通信方法。
- 进程池。
- 多线程和多进程的优劣及选择。

13.6 习题

1．进程和线程的区别是什么？

2．在 Python 中运行 I/O 密集型负载应用时，多线程和多进程哪个表现更好？对于 CPU 密集型负载呢？

3．假设我们要读取一个超长的文件，并从其中统计某个词出现的次数（例如在《哈姆雷特》中统计"哈姆雷特"出现的次数），尝试使用多线程方法来完成。

4．尝试用多进程方法来处理生产者-消费者模型。

项目 14

Web 开发

Web 应用是一种可以通过 Web 访问的应用程序,用户很容易访问应用程序,只需要有浏览器即可,不需要再安装其他软件。最广为人知的 Web 应用程序就是动态网站,包括企业内部常用的各类信息系统;此外,自云计算兴起以来,出现了大量的基于浏览器访问的 SaaS(Software as a Service,软件即服务)产品,它们都属于 Web 应用程序。下面将介绍一些 Web 的基本知识,然后引入 Python 下用于快速开发 Web 应用的框架 Django,向读者展示如何用 Django 开发一个 Blog。最后,我们还会介绍一种特殊的 Web 客户端——爬虫。

14.1 任务 1 了解 Web 基本知识

Web 就是在 HTTP 基础之上,利用浏览器进行访问的网站,Web Page 指网站内的网页。我们常说的 WWW(World Wide Web,万维网)就是这个概念下的内容。

14.1.1 B/S 架构

应用程序常见的两种模式分别是 C/S(客户端/服务器)架构和 B/S(浏览器/服务器)架构。C/S 架构分为客户端和服务器端,两者各自是一个完整的应用程序,能够独立运行,但又彼此协作。B/S 架构仍然有服务器端,但依靠浏览器代替传统的客户端。

Web 应用遵循 B/S 架构。要强调的是,一个 Web 应用程序首先是"应用程序",它和用通用程序语言(如 C、C++等)编写出来的程序没有本质上的不同。然而 Web 应用又有自己独特的地方,就是它是基于 Web 的,而不是采用传统方法来访问的。

一个 Web 应用由完成特定任务的各种 Web 组件(Web components)构成,并通过 Web 将服务展示给外界。在实际应用中,Web 应用由多个 Servlet、JSP 页面、HTML 文件及图像文件等组成。所有这些组件相互协调为用户提供一组完整的服务。

通常,服务器端被设计为能够长时间运行。例如,在一些要求高可用性的场景中,它必须

7×24 小时可访问。

用户通过浏览器，可能向服务器端发出各种请求。这些请求可能包括获取一个页面、提交一个包含数据的表单等。这些请求经过服务器端的处理，然后会以特定的格式返回给浏览器。

Web 交互的标准协议是 HTTP（超文本传输协议）。HTTP 是 TCP/IP 协议的上层协议，因此它依靠 TCP/IP 协议来进行低层的交流工作，如路由或者传递消息。HTTP 仅仅通过发送、接收 HTTP 消息来处理客户端的请求。

HTTP 属于无状态协议，它不跟踪从一个客户结点到另一个客户结点的请求信息，这点和 C/S 架构很像。服务器端持续运行，但是客户结点的活动是按照这种结构独立进行的：一旦一个客户的请求完成后，活动将终止。新的请求会被处理成独立的服务请求，这导致每个请求都缺乏上下文背景，因此有些 URL（Uniform Resource Locator，统一资源定位符）会有很长的变量和值作为请求的一部分，以便提供一些状态信息。另外，也可以通过 Cookie（保存在浏览器缓存中的客户状态）来提供一部分信息。

14.1.2 网页与 HTML

简单来说，Web 应用就是一组网页（包含 HTML 网页、图片和相关文档）的集合，其主要功能是响应使用者的请求，并且与使用者进行互动。

基本上，Web 应用程序就是一种 Web 基础（Web-based）的资讯处理系统。使用资讯处理模型建立的应用程序，分为资讯处理模型和资讯传递模型两种。

资讯传递模型是传统 Web 网站，所有资讯内容均使用 HTML 语言撰写的静态 HTML 网页，我们可以直接使用网页编辑工具或 HTML 语言来建立网站内容，如图 14-1 所示。

图 14-1　资讯传递模型

使用者在浏览器的网址栏输入 URL 网址后，通过 HTTP 通信协定取得 Web 服务器的 HTML 网页。资讯传递模型的 Web 服务器只是负责存储和传递 HTML 网页，并不进行额外处理。一般来说，使用者只能阅读网站提供的资料，并不能与网站进行互动。

资讯处理模型的主要目的是建立互动的 Web 网站内容，Web 服务器的角色不只是传递资料，而是一个完整资讯处理系统的执行平台，我们需要使用服务器端网页技术（程序是在 Web 服务器执行的网页技术），如使用 PHP 技术建立的 Web 应用程序，如图 14-2 所示。

图 14-2　Web 应用程序

图 14-2 所示的是一般的处理过程，但因为现在的 JavaScript 和 HTML5 拥有存取本地资料库和档案的能力，现在的 Web 应用程序并不一定需要独立的服务器，在浏览器所在的本地计算机上同样可以使用客户端网页技术来执行资讯处理模型的 Web 应用程序，如使用 Web SQL Database、Local Storage 和 Session Storage 存储数据，用某个编程语言来计算处理

数据。

14.1.3 URL

URL 是对可以从互联网上得到的资源的位置和访问方法的一种简洁的表示，是互联网上标准资源的地址。互联网上的每个文件或其他对象都有一个唯一的 URL，它包含的信息指出文件的位置，以及浏览器应该怎么处理它。URL 最初用来作为万维网的地址，现在它已经被万维网联盟编制为互联网标准 RFC1738 了。

基本 URL 包含协议名、服务器名称（或 IP 地址）、路径和文件名，例如：

prot_sch://net_loc/path;params?query#frag

URL 的组成部分及其含义见表 14-1。

表 14-1 URL 的组成部分及其含义

组 成 部 分	描　　述
prot_sch	网络协议
net_loc	服务器位置
path	路径
params	可选参数
query	查询
frag	标志

其中，net_loc 可进一步拆分为多个部分，有些是必需的，有些是可选的。其字符串表示如下：

user:password@host:port

net_loc 的组成部分及其含义见表 14-2。其中只有 host（主机名）是必需的。port（端口号）仅当 Web 服务器端运行在其他非默认端口上时才会被使用。user:password 部分（账户名和密码）只有在使用 FTP 连接时候才有可能用到；而即使是 FTP，很多时候也是允许匿名访问的。

表 14-2 net_loc 的组成部分及其含义

组 成 部 分	描　　述
user	登录名
password	密码
host	服务器的机器名或 IP 地址
port	端口号（默认 80）

完整的、带有授权部分的普通 URL 语法如下：

protocol://username:password@host.subdomain.domain.top-level-domain:port-number/dir/filename.suffix?parameter=value#sign

协议://账户名:密码@主机名.子域名.域名.顶级域名:端口号/目录/文件名.文件后缀?参数=值#标志

14.2 任务2 认识 Python 中的 Web 开发工具

Python 有许多用于 Web 开发的工具，下面先做一个简单的总体介绍，然后针对其中最成熟、使用最广泛的 Django 进行详细介绍。

14.2.1 用于 Web 开发的著名框架

Python Web 框架有 Django、Flask、Pyramid、Tornado、Bottle、Diesel、Pecan、Falcon 等。通常，开发者需要根据实际的需求从中选择一个框架来完成项目，并且能继续做更多事情。这里简单介绍 Flask、Pyramid 和 Django。它们是微框架和商业级 web 服务的典范。

1. Flask

Flask 是这 3 个框架中最"年轻"的一个，创始于 2010 年，而 Pyramid 和 Django 分别创始于 2005 年和 2006 年。Flask 是一个微框架，主要面向需求简单的小应用。对于非 Django 框架，目前最流行的 ORM（Object-Relational Mapping，对象关系映射）是 SQLAlchemy，也有很多其他选择，如 DynamoDB 和 MongoDB，亦或是像 LevelDB 和 SQLite 这样的简单本地持久化存储。尽管 Flask 的历史较短，但它能够从以前的框架学到一些东西并且将它的目标设定在了小型项目上。它在一些仅有一两个功能的小型项目上得到了大量应用。例如 httpbin 这样的项目，简单但非常强大，是一个帮助调试和测试 HTTP 的库。

2. Pyramid

Pyramid 和 Django 都是面向大的应用，但是在可扩展性和灵活性上有不同的关注点。Pyramid 关注灵活性，让开发者选择合适的工具来开发项目，这意味着开发者可以选择数据库、URL 结构、模板风格等。Pyramid 对 ORM 的选择和 Flask 类似，最流行 SQLAlchemy，但也支持其他选择。使用 Pyramid 构建应用之前，选择组件的时候会给开发者带来更多的灵活性，可能有的应用场景不适合使用一个标准的 ORM，或者需要与不同的工作流和模板系统交互。Pyramid 包含路由和验证，但是模板和数据库管理需要第三方库。Pyramid 和 Django 都是非常成熟的框架，积累了大量的插件和扩展来满足不同需要。

3. Django

Django 的目标是提供 Web 应用开发的一站式解决方案，所以相应的模块比较多。这能让开发者不用在开发之前就在选择应用的基础设施上花费大量时间。Django 有模板、表单、路由、认证、基本的数据库管理等内建功能。和 Pyramid 及 Flask 不同，Django 自身包含了一个 ORM 模块。在社区活跃度方面，Django 是当之无愧的王者，在 Stack Overflow 上有超过十万个相关问题、大量的博客和强大的用户。Flask 和 Pyramid 的社区就没有这么大了，但是它们的社区在邮件列表和 IRC 里还是挺活跃的。

14.2.2 Django 简介

Django 是一个开放源代码的 Web 应用框架，由 Python 写成，采用了 MTV 的框架模式，即模型（Model）、模板（Template）和视图（Viw）。它于 2005 年 7 月在 BSD 许可证下发布。

Django 的主要目的是简便、快速地开发数据库驱动的网站。它强调代码复用，多个组件可以很方便地以"插件"形式服务于整个框架。Django 有许多功能强大的第三方插件,用户甚至可以很方便地开发出自己的工具包,这使得 Django 具有很强的可扩展性。它还强调快速开发和 DRY(Do not Repeat Yourself)原则。

Django 的其他特点如下。

- ORM:以 Python 类形式定义数据模型,ORM 将模型与关系数据库连接起来,因此可以得到一个非常容易使用的数据库 API,同时也可以在 Django 中使用原始的 SQL 语句。
- URL 分派:使用正则表达式匹配 URL,可以设计任意的 URL,没有框架的特定限定,非常灵活。
- 模版系统:使用 Django 强大而可扩展的模板语言,可以分隔设计、内容和 Python 代码,并且具有可继承性。
- 表单处理:可以方便地生成各种表单模型,实现表单的有效性检验;可以方便地从定义的模型实例生成相应的表单。
- Cache 系统:可以挂在内存缓冲或其他框架实现超级缓冲——实现所需要的粒度。
- 会话(session):用户登录与权限检查,快速开发用户会话功能。
- 国际化:内置国际化系统,方便开发出多种语言的网站。
- 自动化的管理界面:不需要花大量的工作来进行人员管理和更新内容。Django 自带一个 ADMIN site,类似于内容管理系统。

14.2.3 MVC 和 MTV 开发模式

MVC 是一种设计、创建 Web 应用的模式,它把 Web 应用分为模型(Model)、控制器(Controller)和视图(View)3 层,它们之间以一种插件式的、松耦合的方式连接在一起。其中,模型负责业务对象与数据库的映射(ORM),视图负责与用户的交互页面(页面),控制器接受用户输入调用模型和视图完成用户的请求,所图 14-3 所示。

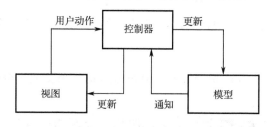

图 14-3 MVC 开发模式

Django 的 MTV 模式的本质和 MVC 是一样的,也是为了各组件间保持松耦合关系,只是定义有些不同,Django 的 MTV 分别如下:

- 模型(Mode)负责业务对象和数据库的对象关系映射(ORM)。
- 模板(Template)负责如何把页面展示给用户(HTML)。
- 视图(View)负责业务逻辑,并在适当时候调用模型和模板。

除了以上 3 层外,Web 应用还需要一个 URL 分发器,其作用是将一个个 URL 的页面请求分发给不同的视图处理,视图再调用相关的模型和模板。图 14-4 描述了 MTV 的工作方式,其流程如下:

1)Web 服务器(中间件)收到一个 HTTP 请求。

2）Django 在 URLconf 里查找对应的视图函数来处理 HTTP 请求。
3）视图函数调用相应的数据模型来存储数据，调用相应的模板向用户展示页面。
4）视图函数处理结束后返回一个 HTTP 的响应给 Web 服务器。
5）Web 服务器将响应发送给客户端。

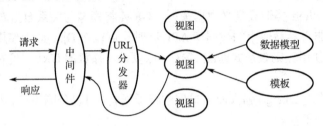

图 14-4　Django 的 MTV 模式

这种设计模式的关键优势在于各种组件都是松耦合的，每个由 Django 驱动的 Web 应用都有着明确的目的，并且可独立更改而不影响其他部分。例如，开发者更改一个应用程序的 URL 而不会影响这个程序底层的实现。设计师可以更改 HTML 页面的样式而不用接触 Python 代码。数据库管理员可以重新命名数据库表并且只需要更改模型，无须从一大堆文件中进行查找和替换。

14.2.4　Django 的安装

最后一个支持 Python 2.7 的版本是 Django-1.11。可以通过 pip 安装，命令如下：

```
pip install Django==2.0.1
```

也可以在 Django 官网上的 download 页面获得下载链接：

```
https://www.djangoproject.com/download/
```

下载获得的文件是打包好的源代码，将它解压缩，然后执行其中的 setup.py 脚本：

```
python setup.py install
```

安装完成后，可以在 Python 里通过 import django 语句来验证是否安装成功。

14.3　任务 3　使用 Django 开发一个 Blog

正如同我们反复强调的，Django 的最大优势就是它简便的开发模式和快捷的开发速度。但是，Web 开发毕竟是一个非常非常庞大的话题，我们也无法在有限的篇幅涵盖太多的内容。在这里，我们希望通过一个小例子——创建一个简单的 Blog 应用，使读者能够管中窥豹，了解 Django 的强大和便捷之处。

14.3.1　创建项目

在 Windows 平台下，Django 提供了一个名为 django-admin 的命令行工具，用于管理的项目。在早期的版本中，django-admin 是一个 Python 脚本文件，即 django-admin.py，而现在是一个可执行文件,它位于 Python 安装路径的 Scripts 文件夹中;在 UNIX/Linux 下,可执行文件和 Python 脚本文件均有提供,其使用上也是相同的,它们位于 Python 安装路径下的 bin 目录。为了方便使用(能够在项目所在的位置及子目录下直接使用 django-admin 而不必加上绝对路径),可把 django-admin 所在位置加入环境变量(Windows),或为其已加入环境变量的位置下创建软链接(UNIX/Linux)。

使用 django-admin 可以做很多事,输入"django-admin"后直接按 Enter 键,会显示所有可用的子命令。然后,可以使用下面的方法查询子命令的帮助信息:

django-admin help <subcommand>

下面使用 django-admin 来创建一个 web 项目:

django-admin startproject mysite

这样当前的目录下就有了一个名为 mysite 的文件夹,它也是项目的基址文件夹,其中的结构是这样的:

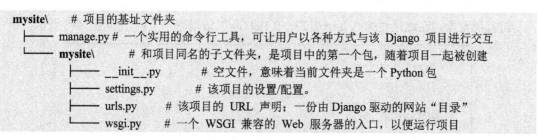

请注意文件夹的结构,实际上有两层以项目名称命名的文件夹(在这个例子中叫做 mysite),外层的 mysite 文件夹是项目的基址目录,它是在 settings.py 这个文件中定义的:

BASE_DIR = os.path.dirname(os.path.dirname(os.path.abspath(__file__)))
# 基址是该 Python 代码文件所在的绝对路径的上层目录的上层目录(即外层 mysite)

项目中所有的 Python 源代码都通过这个基址目录来寻找可用的包和模块。第一个包就是第二层 mysite 文件夹,它随着项目一起被创建,包含了 __init__.py 这个文件和另外几个 Python 代码文件。

14.3.2 内置的 Web 开发服务器

一般来说,用户需要将自己的 Web 资源部署到某种专用的 Web 服务器软件上(如 Apache、Nginx、IIS 等),然后才能通过浏览器访问。而 Django 为开发者提供了一个内置的 Web 服务器,可以在一台新的服务器或是没有服务器环境的开发机上,将 Web 部署起来,这对开发阶段的实验和测试是非常方便的。

此外,这个 Web 服务器还有许多人性化的设计,例如,它会自动检测用户对 Python 源代码的修改,并重新加载那些模块,无须手动重启 Web 应用。它还知道如何为 Admin 应用程序寻找并显示静态的媒体文件,所以可以直接使用它。

回顾我们在 14.3.1 节中创建的项目的文件夹结构,在其中有一个名为 manage.py 的文件,这是一个简单的包裹脚本,能直接告诉 django-admin 去读取项目特定的 settings.py 文件。在命令行中用 Python 解释器调用此脚本,并加上子命令 runserver,即可运行 Django 的 Web 服务器。

命令如下：

```
python manage.py runserver
```

接着会看到如下输出信息：

```
System check identified no issues (0 silenced).
You have 13 unapplied migration(s). Your project may not work properly until you apply the migrations for app(s): admin, auth, contenttypes, sessions.
Run 'python manage.py migrate' to apply them.
February 01, 2018 - 17:40:07
Django version 1.11.9, using settings 'mysite.settings'
Starting development server at http://127.0.0.1:8000/
Quit the server with CTRL-BREAK.
```

如果在 UNIX/Linux 平台，则最后一行的内容如下：

```
Quit the server with CONTROL-C.
```

打开浏览器，在地址栏输入 http://127.0.0.1:8000/ 以访问这个页面，如图 14-5 所示。

图 14-5　Django 内置的 Web 服务器

在访问该页面的同时，Django 的 Web 服务器记录并通过命令行终端输出以下内容：

```
[18/Jan/2018 12:17:05] "GET / HTTP/1.1" 200 61822
```

[18/Jan/2018 12:17:05] "GET / HTTP/1.1"分别表示时间戳、请求、HTTP 状态码，以及字节数。状态码 200 表示请求已成功，请求所希望的响应头或数据体将随此响应返回。

14.3.3　允许远程访问 Web 服务器

目前，这个 Web 站点只能通过服务器自身使用本地环回地址 127.0.0.1 进行访问。如果想要其他计算机能够远程访问，则需要满足一些条件。如何在广域网中获取可使用的 IP 地址或域名资源已经超出了本书要讨论的内容，所以这里只限于在一个单一的局域网中，或已经做好路由，可以相互通信的多个局域网中访问 Web 站点。

下面是一些必要的检查和设置：

1）确保服务器和客户端（使用浏览器的其他计算机）之间能正常通信。

2）在服务器上检查防火墙是否屏蔽了 8000 端口。

3) 打开项目中的 settings.py 文件，找到 ALLOWED_HOSTS=[ ]，在里面添加客户端的地址。ALLOWED_HOSTS 用于限定请求中的 host 值，以防止黑客构造包发送请求，只有列表中的主机才能访问。强烈建议不要使用*通配符去配置。

4) 重新运行 Web 服务器，使用下面的命令：

```
python manage.py runserver 0.0.0.0:8000
```

完成这些设置之后，即可通过其他计算机访问自己的站点。

14.3.4 创建 Blog 应用

有了项目以后，还需要在它下面创建应用（Django 称之为 app）。创建 app 会生成一个新的目录，此目录会成为一个包（即具有 __init__.py 文件）。创建 app 的命令如下：

```
python manage.py startapp blog
```

完成这步之后，文件夹结构变更为如下所示：

```
..\mysite\
├── db.sqlite3、manage.py
├── mysite\
│      └── settings.py、urls.py、wsgi.py、__init__.py
└── blog\          # 用户的 app
       └── views.py、models.py、__init__.py
```

app 也是一个包，可以被其他 Python 程序导入。现在 models.py 和 views.py 里还没有真正的代码，它们只是先"占住位子"而已。

要告诉 Django 这个 app 是项目里的一部分，需要去编辑 settings.py 文件。打开此文件并在其中找到 INSTALLED_APPS，把 app 名字添加到最后，就像这样：

```
INSTALLED_APPS = [
    'django.contrib.admin',
    'django.contrib.auth',
    'django.contrib.contenttypes',
    'django.contrib.sessions',
    'django.contrib.messages',
    'django.contrib.staticfiles',
    'blog',
]      # 注意结尾的逗号
```

在 Djang 中，INSTALLED_ APPS 用于决定系统中不同部分的配置，包括自动化的 admin 应用及测试框架。

14.3.5 设计 Model

现在我们来到了这个基于 Django 的 Blog 应用的核心部分：models.py 文件。这是我们定义 Blog 数据结构的地方。根据 DRY 原则，Django 会尽量利用用户提供给应用程序的 model 信息。我们先来创建一个基本的 model，看看 Django 用这个信息可以做什么。

打开 models.py 文件，会看到这样的占位文本：

```
from django.db import models
# Create your models here.
```

在此文件中加入以下代码：

```
class BlogPost(models.Model):
    title = models.CharField(max_length=150)
    body = models.TextField()
    timestamp = models.DateTimeField()
```

这是一个完整的 model，代表了一个有 3 个变量的 BlogPost 对象（严格来说应该有 4 个，Django 会默认为每个 model 自动加上一个自增的、唯一的 id 变量）。

这个新建的 BlogPost 类是 django.db.models.Model 的一个子类。这是 Django 为数据 model 准备的标准基类，它是 Django 强大的对象关系映射（ORM）系统的核心。此外，每一个变量都和普通的类属性一样，被定义为一个特定变量类（field class）的实例。这些变量类也是在 django.db.models 中定义的，它们的种类非常多，从 BooleanField 到 XMLField 应有尽有，远不止这里看到的 3 个。

14.3.6 设置数据库

作为练习项目，可以使用最快、最简单的方案：SQLite，它的数据库实例作为一个文件存放在文件系统上，访问控制就是简单的文件权限。也可以使用其他数据库，如 MySQL、PostgreSQL、Oracle 或 MSSQL。如果选择 MySQL，则 Django 推荐使用 mysqlclient 作为 Python 的数据库驱动。此外，对于任何外部的数据库服务器，必须用相应的数据库管理工具为 Django 项目创建一个新的数据库实例。在这里，我们给数据库取名为"djangodb"，不过用户可以选用任何喜欢的名字。

1. 配置 settings.py 中的数据库信息

当有了一个数据库以后，接下来只需要告诉 Django 如何使用它即可，这就需要用到项目的 settings.py 文件。这里有 7 个相关的设置：ENGINE、NAME、HOST、PORT、USER、PASSWORD、OPTIONS。它们的作用从名字上就可以看出来，用户只需要在对应的位置填入正确的信息即可。例如，MySQL 的设置看上去可能是这样的：

```
...
DATABASES = {
    'default': {
        'ENGINE': 'django.db.backends.mysql',      # 数据库引擎
        'NAME': 'test',                            # 数据库名
        'USER': 'root',                            # 账户名
        'PASSWORD': 'mypassword',                  # 密码
        'HOST': '',                                # 数据库服务器，默认为 localhost
        'PORT': '',                                # 数据库端口，MySQL 默认为 3306
        'OPTIONS': {                               # 其他选项
            'autocommit': True,
            'init_command': "SET sql_mode='STRICT_TRANS_TABLES'",
```

```
            },
        }
    }
    ...
```

如果使用 SQLite，那就方便多了。SQLite 非常适合测试，甚至可以部署在没有大量并发写入的情况下。因为 SQLite 使用本地文件系统作为存储介质，并且用原生的文件系统权限来进行访问控制，所以不需要主机、端口、账户或密码等信息。Django 只要知道以下两个设置就能使用 SQLite 数据库了：

```
'ENGINE': 'django.db.backends.sqlite3',
'NAME': os.path.join(BASE_DIR, 'db.sqlite3'),
```

如果用户想为这个项目的数据库实例起一个喜欢的名字，则可以在这里设置。

2. 创建表

现在我们可以告诉 Django 用我们提供的连接信息去连接数据库并且设置应用程序所需的表。命令如下：

```
python manage.py migrate
```

当看到如下输出信息的时候，表就创建好了：

```
Operations to perform:
    Apply all migrations: admin, auth, contenttypes, sessions
Running migrations:
    Applying contenttypes.0001_initial... OK
    Applying auth.0001_initial... OK
    Applying admin.0001_initial... OK
    Applying admin.0002_logentry_remove_auto_add... OK
    Applying contenttypes.0002_remove_content_type_name... OK
    ...
```

当执行 manage.py 的子命令 migrate 时，Django 会在 INSTALLED_APPS 列出的每一个 app 对应的包里去查找 models.py 文件，并为找到的每个 model 都创建一张数据库表。如果使用的是 SQLite，则 django.db 数据库会在用户指定的位置上被创建出来。

INSTALLED_APPS 的其他默认条目也都拥有 model。manage.py migrate 的输出就确认了这一点，Django 为每个 app 都创建了一个或多个表。到此，数据库的初始化就完成了。需要注意的是，之后如果我们添加了 app 或 model，则需要告诉 Django 我们的模型有一些变更。命令如下：

```
python manage.py makemigrations
python manage.py migrate
```

14.3.7 设置 admin 应用

Django 提供了基于 Web 的管理工具。Django 自动管理工具 admin 是 django.contrib 的一部分。我们可以在项目的 settings.py 的 INSTALLED_APPS 看到它。django.contrib 是一套庞大的功能集，它是 Django 基本代码的组成部分。在早期的版本中，用户需要编辑 urls.py，为 admin

应用指定一个 URL 以供访问。在新版本中，它会在用户生成项目时在 urls.py 中自动设置好，urls.py 的相关内容如下：

```
urlpatterns = [
    url(r'^admin/', admin.site.urls),     # 第一个参数使用了正则表达式
]
```

确保 Web 服务器正在运行，然后通过浏览器访问 http://127.0.0.1:8000/admin，则可以看到图 14-6 所示的页面。

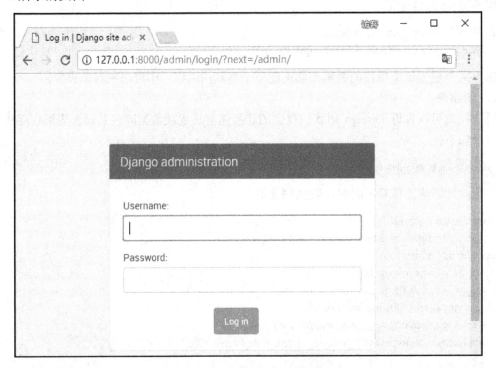

图 14-6　admin 应用的登录界面

为了登录这个管理后台，我们需要一个超级用户。使用 manage.py 可以创建超级用户，命令如下：

```
python manage.py createsuperuser

Username (leave blank to use 'administrator'): admin
Email address: admin@mysite.com
Password:
Password (again):
Superuser created successfully.
```

创建成功后，使用此超级用户登录图 14-6 所示的界面，登录成功后可以看到管理后台，如图 14-7 所示。

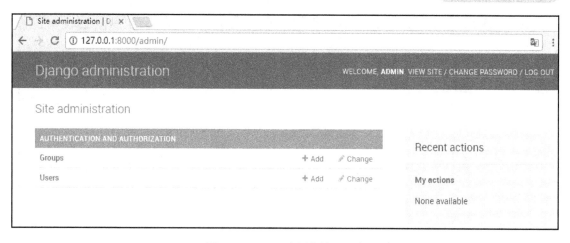

图 14-7　admin 应用的管理后台

最后，应用程序需要告诉 Django 要在 admin 界面显示哪一个 model 以供编辑，也就是说，要将该 model 注册到 admin。打开 mysite/blog/admin.py 文件，确认导入了 admin 应用，然后在最后加上一行注册 model 的代码。请回顾 14.3.5 节的内容：我们在 models.py 中创建了 BlogPost 类，它就是现在我们要注册的 models，把它添加到 admin.py 中，整个文件的内容如下：

```
# mysite/blog/admin.py
from __future__ import unicode_literals
from django.contrib import admin
from blog.models import BlogPost

admin.site.register(BlogPost)
```

在 admin 管理后台刷新页面，可以看到现在有 BlogPost 这个模型了，如图 14-7 所示。现在这个博客已经初具雏形了，只是目前还没有任何内容。单击右侧的 Add 选项，即可创建新的文章，如图 14-8 所示。

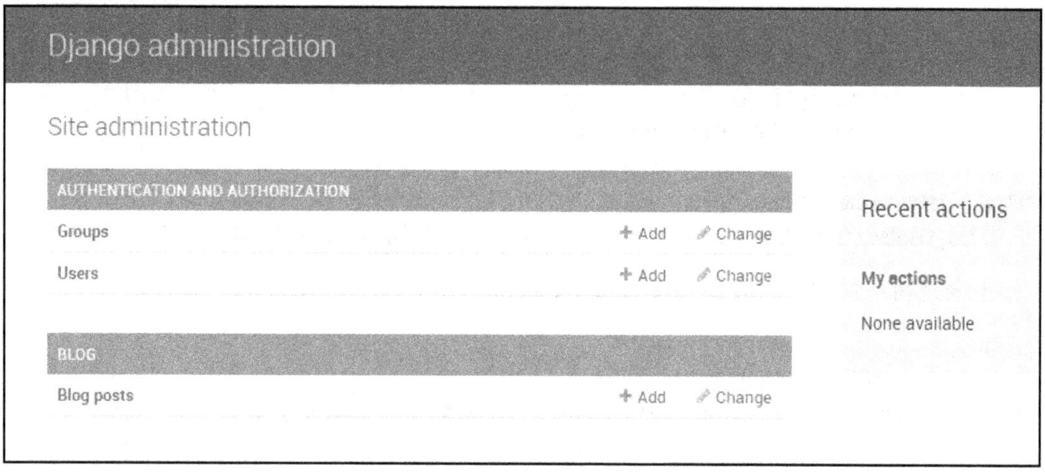

图 14-8　admin 应用中添加的 model

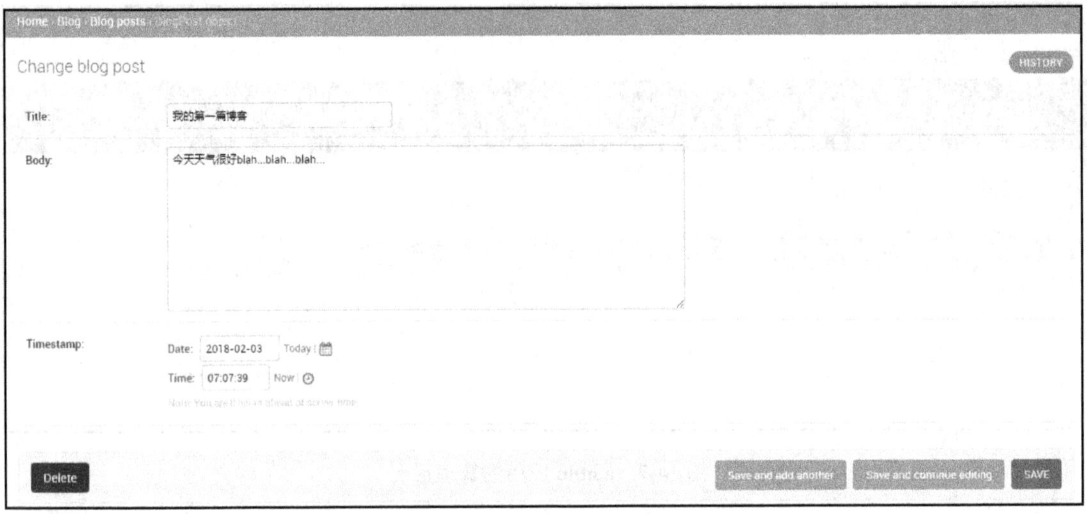

图 14-9 发布文章的界面

在编辑文章的页面能做的并不多，除了标题和正文，用户可以单击日历和时钟图标以选择一个日期和时间，也可以直接单击 Today 图标和 Now 图标获得当前的日期时间。编辑完成后，单击页面右下角的 SAVE 按钮，所编辑的文章就会出现在 BlogPost 模型下的文章列表里了。不过，文章的名称叫作 BlogPost Object，很遗憾，这就是 Django 默认的显示样式。

为了让文章列表更美观，需要创建一个新的模型来显示它。打开 mysite\blog\models.py，新添加一个 BolgPostAdmin 类。更改过后的 models.py 如下：

```python
# 粗体字表示新增加的代码
from __future__ import unicode_literals

from django.db import models
from django.contrib import admin          # 导入 admin 这个模块

class BlogPost(models.Model):
    title = models.CharField(max_length=150)
    body = models.TextField()
    timestamp = models.DateTimeField()

class BlogPostAdmin(admin.ModelAdmin):     # 继承 admin 模块中的 ModelAdmin 类
    list_display = ('title','timestamp')   # 显示标题和时间戳这两个数据字段
```

接下来把新增加的类注册到 mysite\blog\admin.py，更改后的 admin.py 如下：

```python
from __future__ import unicode_literals
from django.contrib import admin
from blog.models import BlogPost, BlogPostAdmin    # 粗体字表示新增加的代码

admin.site.register(BlogPost, BlogPostAdmin)
```

保存了代码之后，开发服务器会自动重新加载它们，所以用户只需要刷新页面就可以了。如图 14-10 所示，现在可以看到相对美观的文章列表了。由于在 models.py 里为它定义了 Title

和 Timestamp，用户可以单击这两个标签来对文章进行排序。

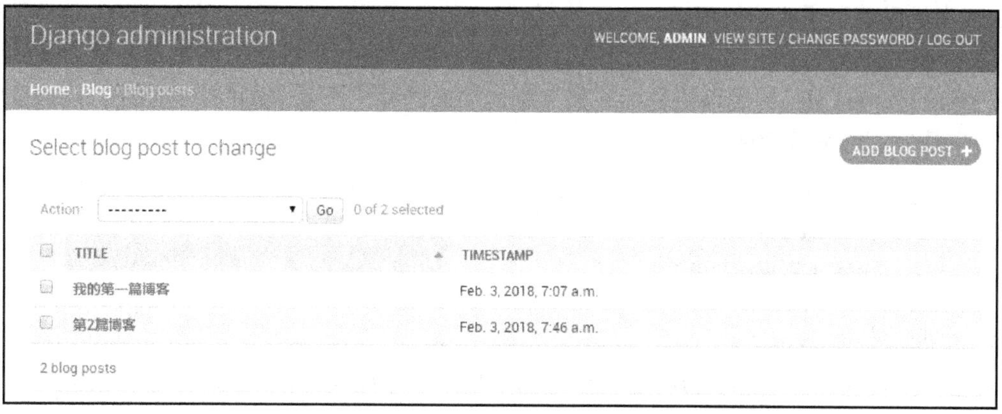

图 14-10　Blog 中的文章列表

14.3.8　建立页面

完成应用的数据库部分和 admin 部分后，现在来看看面向公众的页面部分。从 Django 的角度来说，一个页面具有 3 个典型的组件。

1）模板（template）：负责将传递进来的信息显示出来（用一种类似 Python 字典的对象 Context）。

2）视图（view）函数：负责获取要显示的信息，通常从数据库取得。

3）URL 模式：用来把收到的请求和视图函数进行匹配，有时也会向视图传递一些参数。

1. 创建模板

模板必须位于名叫 templates 的文件夹里，templates 可以放在对应的 app 文件夹里（不是项目的基址目录）。模板文件的名字可以是任何合法的文件名，但文件夹的名字必须是 templates。Django 在默认情况下会在搜索模板时逐个查看项目基址目录下每一个 app 目录下的每一个 templates 目录，而不只是当前 app 中的代码只在当前的 app 的 templates 文件夹中查找。各 app 的 templates 形成一个文件夹列表，Django 遍历这个列表，逐一查找，当在某一个文件夹找到的时候就停止，当遍历完后还找不到指定的模板时就提示 Template Not Found（过程类似于 Python 导入包）。这样设计有利也有弊，有利的地方是一个 app 可以用另一个 app 的模板文件，弊端是有可能会找错。所以，我们使用的时候可以在 templates 中再建立一个 app 同名的文件夹，把模板文件放进这个文件夹里。

Django 的模板语言相当简单，我们直接来看代码。这是一个简单的显示单个 Blog 帖子的模板：

```
<h2>{{ post.title }}</h2>
<p>{{ post.timestamp }}</p>
<p>{{ post.body }}</p>
```

它其实是一段 HTML 代码（虽然 Django 模板可以用于任何形式的输出）加上一些大括号里的特殊模板标签。这些是变量标签（variable tag），用于显示传递给模板的数据。在变量标签中，用户可以用 Python 风格的点记号来访问传递给模板对象的属性。例如，这里假设传递了一个名为"post"的 BlogPost 对象。这 3 行模板代码分别从 BlogPost 对象的 title、timestamp 和 body 变量里获取了相应的值。

现在我们稍微改进一下这个模板，通过 Django 的 for 模板标签让它能显示多篇 Blog 帖子。需要注意的是，HTML 的代码块由标签来控制，块间的缩进不是强制的，通常在 HTML 中使用缩进只是为了增强可读性。

```
{% for post in posts %}
    <h2>{{ post.title }}</h2>
    <p>{{ post.timestamp }}</p>
    <p>{{ post.body }}</p>
{% endfor %}
```

原来的 3 行代码没有动，我们只是简单地增加了一个叫作 for 的块标签（block tag），用它将模板渲染到序列中的每个元素上。其语法和 Python 的循环语法是一致的。注意和变量标签不同，块标签是包含在{% ... %}中的。

把上面的 5 行模板代码保存到文件 archive.html 中，然后把文件放到 templates 目录下，例如这样的路径：

mysite/blog/templates/archive.html

2. 创建视图函数

现在我们来编写一个从数据库读取所有 Blog 帖子的视图函数，并用我们的模板将它们显示出来。打开 blog/views.py 文件并输入以下代码：

```
1   from __future__ import unicode_literals
2   from django.template import loader, Context
3   from django.http import HttpResponse
4   from django.shortcuts import render
5   from blog.models import BlogPost
6
7   def archive(request):
8       posts = BlogPost.objects.all()
9       t = loader.get_template("archive.html")
10      c = t.render({ 'posts' : posts })
11      return HttpResponse(c)
```

先略过 import 那几行（它们载入了我们需要的函数和类），我们来逐行解释一下这个视图函数。

第 7 行：每个 Django 视图函数都将 django.http.HttpRequest 对象作为它的第一个参数。它还可以通过 URLconf 接受其他参数。

第 8 行：当我们把 BlogPost 类作为 django.db.model.Model 的一个子类时，我们就获得了 Django 对象关系映射的全部内容。这一行只是使用 ORM 的一个简单例子，用于获取数据库里所有 BlogPost 对象。

第 9 行：这里我们只需告诉 Django 模板的名字就能创建模板对象 t。因为我们把它保存在基址目录下的 templates 目录里，Django 无须更多指示就能找到它。

第 10 行：Django 模板渲染的数据是由一个字典类的对象 context 提供的，这里的 context

对象 c 只有一个键值对。

第 11 行：每个 Django 视图函数都会返回一个 django.http.HttpResponse 对象。最简单的方法就是给其构造函数传递一个字符串。这里模板的 render 方法返回的正是一个字符串。

3. 创建一个 URL 模式

我们的页面还差一步就可以工作了——和任何网页一样，它还需要一个 URL。当然我们可以直接在 mysite/urls.py 中创建所需的 URL 模式，但是那样做只会在项目和 app 之间制造混乱的耦合。Blog app 还可以用在别的地方，最好的方法是它能为自己的 URL 负责。这需要两个简单的步骤。

第一步和激活 admin 很相似。在 14.3.7 节中，我们已经见过了在 mysite/urls.py 中是如何为 admin 定义 URL 模式的：

```
urlpatterns = [
    url(r'^admin/', admin.site.urls),    # 第一个参数使用了正则表达式
]
```

现在只需要为 urlpatterns 添加一个元素，修改过后的 mysite/urls.py 文件如下：

```
from django.conf.urls import url, include    # 粗体字表示新添加的代码
from django.contrib import admin

urlpatterns = [
    url(r'^admin/', admin.site.urls),
    url(r'^blog/', include('blog.urls')),
]
```

这会捕捉任何以 blog/开始的请求，并把它们传递给一个马上要新建的 URLconf。

第二步是在 blog 应用程序包中定义 URL。创建一个新文件 mysite/blog/urls.py：

```
1 from django.conf.urls import *
2 from blog.views import archive
3 urlpatterns = [
4     url(r'^$',archive),
5 ]
```

它看起来和基本的 URLconf 很像。其中的关键是第 4 行，注意 URL 请求中和根 URLconf 匹配的 blog/已经被去掉了——这样 blog 应用程序就可以重用了，它不用关心自己是被挂接到 blog/下，或是 news/下，还是其他路径下。第 5 行的正则表达式可以匹配任何 URL，如/blog/。

视图函数 archive 是在模式元组第二部分里提供的。现在来看看效果吧，在浏览器里输入 http://127.0.0.1:8000/blog/，就可以看到一个简单朴素的页面，页面显示了所有输入的帖子，包括标题、发布时间和帖子本身。

14.3.9 其他工作

现在，我们的 Blog 仍然非常简陋。为了使它的风格更美观一些，我们需要做一些美工方面的事。Django 允许一个模板继承另一个模板，这样能在页面风格方面减少很多工作量。

假设我们的站点有一个 Blog、一个相册和一个链接页面，并且我们希望所有这些都能基于

同一个基础风格,该怎么办?你不能指望简单地使用复制、粘贴的办法做出 3 个几乎完全一样的模板。在 Django 中,正确的做法是创建一个基础模板,然后在此基础上扩展出其他特定模板,这就像我们在使用面向对象编程的时候用到的派生。

在 mysite/blog/template 目录中创建 base.html 模板,其内容如下:

```html
<html>
<style type="text/css/">
    body { color:#efd; background: #453; padding:0 5em; margin:0 }
    h1 { padding: 2em 1em; background:#675 }
    h2 { color: #bf8; border-top: 1px dotted #fff; margin-top: 2em }
p {margin 1em 0}
</style>
<body>
<h1>mysite.example.com</h1>
{% block content %}
{% endblock %}
</body>
</html>
```

虽然此模板不完全符合 XHTML Strict 标准,不过基本效果已实现了。这里要注意的细节是{% block ... %}标签。它定义了一个子模板可以修改的命名块(named block)。修改 archive.html 模板,让它引用新的基础模板和它的 content 块,就能在 Blog app 中使用它了。

```
{% extends "base.html" %}
{% block content %}
    {% for post in posts %}
        <h2>{{ post.title }}</h2>
        <p>{{ post.timestamp }}</p>
        <p>{{ post.body }}</p>
    {% endfor %}
{% endblock %}
```

这里的{% extends ... %}标签告诉 Django 去查找一个叫作 base.html 的标签,并将这个模板中的命名块的所有内容填入到那个模板相应的块中。现在刷新页面,看看 Blog 列表的显示是否有所改善。

14.4 小结

本项目主要介绍了 Web 相关的基本知识,并通过 Django 这一优秀的开发框架介绍了如何快速开发一个简单的 Blog 应用。

- B/S 架构。
- 网页和 HTML。
- URL。
- Python 下的 Web 开发框架。
- Django 简介。

- MVC 和 MTV 开发模式。
- Django 的安装。
- 创建项目。
- 使用内置 Web 服务器。
- 创建应用和 Model。
- 数据库。
- admin 应用。

14.5 习题

1. 用 Django 制作一个网页版的 Hello World,并在另一台计算机上访问它。
2. 用 Django 实现一个同学录。
3. 改写本项目的 Blog 程序,允许用户注册新账户并发表文章。

反侵权盗版声明

电子工业出版社依法对本作品享有专有出版权。任何未经权利人书面许可，复制、销售或通过信息网络传播本作品的行为，歪曲、篡改、剽窃本作品的行为，均违反《中华人民共和国著作权法》，其行为人应承担相应的民事责任和行政责任，构成犯罪的，将被依法追究刑事责任。

为了维护市场秩序，保护权利人的合法权益，我社将依法查处和打击侵权盗版的单位和个人。欢迎社会各界人士积极举报侵权盗版行为，本社将奖励举报有功人员，并保证举报人的信息不被泄露。

举报电话：（010）88254396；（010）88258888
传　　真：（010）88254397
E-mail：dbqq@phei.com.cn
通信地址：北京市海淀区万寿路173信箱
　　　　　电子工业出版社总编办公室
邮　　编：100036